印刷設計概論

林行健 著

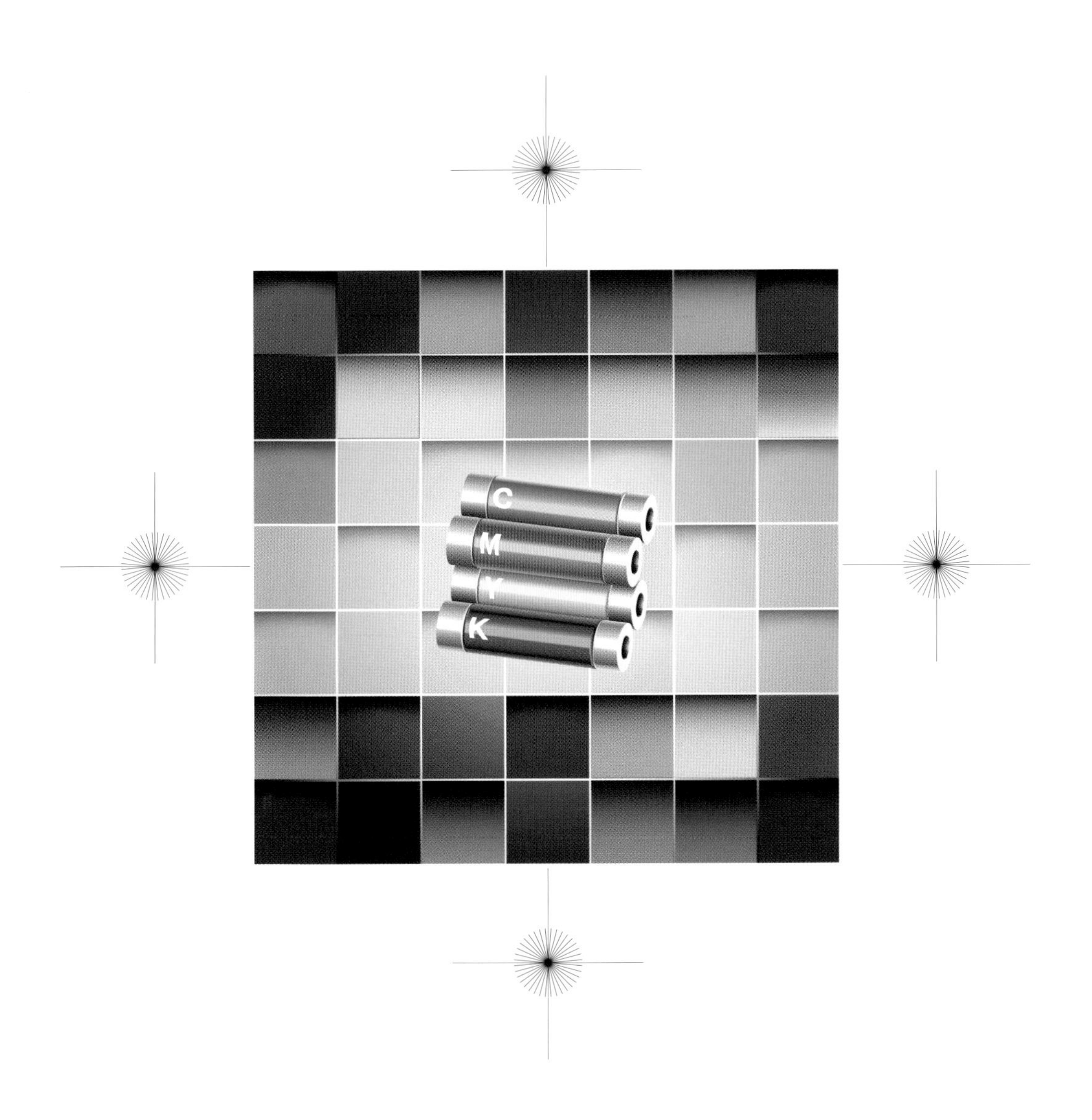

視傳文化事業有限公司

自　序

人類的文明發展與圖文傳播有著密不可分的關係。遠自上古時期穴居生活的人類，就已經將生活經驗用繪畫圖象表達於壁面上，作爲經驗的傳承。到了有文字記載的時代，在中西方則分別將其生命經驗以文字、圖飾用手繪或書寫、雕刻等方式，表達於泥板、陶器、甲骨、竹木簡、羊牛皮……上，正式展開圖文傳播的手寫時代。人類文明的巨輪到這時候才剛開始啓動，以牛車般的速度平緩的向前滾動，直到紙張與印刷術發明後，人類便正式進入圖文傳播的印刷時代，文明的巨輪遂以火車般的速度向前推進，在中國產生了漢唐盛世；在西方興起了文藝復興的風潮。此時由於印刷術結合科技與時俱進，乃能不斷地推陳出新，依照其演進過程，可分爲下列三個時期：

一、圖文複製時期（Print）1950 年代以前

此時期的印刷術，是以能將作者的原稿忠實複製爲主要目標，印刷品大多以文字爲主，圖面爲輔的黑白或套色印刷品居多。

二、圖文藝術時期（Graphic Arts）1950 ～ 1980 年代

因著電子、鐳射科技影響，使原本複雜困難的彩色分色製版技術，變得更容易掌控且富於多變性與藝術性，印刷品也逐漸彩色化、圖象化。此時期的印刷科技已是從事平面設計工作者必備的知識，方能將圖文傳播藝術化。

三、圖文傳播時期（Graphic Communication）1980 年代～

1980 年代之後，電腦科技不斷地被印刷業吸納、融入，使原本圖文印刷製版技術，起了革命性的改變。首先，文字排版全面改爲電腦排版；其次，圖片影像處理也逐年改變爲電腦分色、電腦繪圖、電腦影像處理、電腦製版、拼版………等全電腦化印刷作業。圖文的「載體」也由傳統的印刷版與紙張，改變爲磁片與光碟；圖文的傳送方式也由傳統印刷品郵寄改爲網路傳送。使圖文的複製性、圖文傳送的立即性、圖文的再利用性、

儲存方式，均與昔時大相脛庭，不僅圖文傳播進入全電腦化時代，同時也使人類文明的巨輪更以太空梭般的速度向前大幅躍進。因此，以印刷科技爲主的圖文傳播技術更已成爲人們不可或缺的日用知識。

本書即植基於上述印刷歷史發展敷衍成篇，全書共分爲三大篇，第一篇印刷概論，是介紹印刷的定義與文化傳播、民生、設計的關係。第二篇印刷基本知識，是以一位平面設計工作者不可或缺的印刷基本知識爲主要內容。第三篇印刷正稿製作，是介紹印刷正稿的工具、文字原稿處理技術、圖片原稿處理技術、印刷正稿製作的範例，以引領讀者進入印刷設計的領域。

本書內容係結合前賢心血結晶及筆者多年來自學及實務經驗的成果。在工作繁重之際得能順利出書，除了感謝引領筆者進入印刷領域的多位師長及前輩，也特別要感謝視傳文化的顏經理，多年來持之以恆的鼓勵與支持。

成書後最深的感觸是「印刷」一詞長久以來未受到國人應有的重視，甚至以片面性的「刻板印象」誤解它的內涵。筆者實願藉本書，使讀者對印刷概念起「改頭換面」的積極作用，然而限於能力、學識，上述心願能達成多少，尚祈方家不吝賜教、指正。

林行健
paul

目 錄

印刷正稿製作

第1篇……印刷概論

印刷概論

壹、印刷的定義

印刷的方式、型態，隨著時代與科技的演進，其技術發展與適印範圍不斷蛻變、更新、擴充，影響力已遍及人類所有生活中。如今印刷的風貌已由二千多年前的印章紋飾複製技術，進步到圖文整合的電腦印刷傳播技術。因此，「印刷」一詞有重新再定義的必要性。一般西方學者以下列三個英文字來定義印刷發展的三個時期：

一、PRINT（印刷發明~1950年）

是指印刷發明到1950年代之圖文複製技術，此階段的印刷技術由手工慢慢轉型到機械印刷，印刷品大多保留在以文字爲主、圖片爲輔的單色或套色印刷品，彩色印刷品尚未普及。此時印刷技術是以如何忠實的將圖文複製而已。PRINT在中文即譯爲「印刷」。

二、GRAPHIC ARTS（1950~1984）

隨著電子分色機、鐳射分色機，照相打字、IBM打字陸續盛行，使原來難以控制的複雜分色、拼版、組版技術大幅提昇，設計者的創意不再受限於製版技術可以海闊天空的透過印刷製版技術完成。印刷品也由單色、套色印刷品改變爲以圖片爲主的彩色印刷品。此時印刷、製版技術已是平面設計工作者實現創意不可或缺的專業知識，歐美各國不再以「PRINT」稱「印刷」工作，而改以「GRAPHIC ARTS」一詞代替。

三、GRAPHIC COMMUNICATION（1984~現在）

由於電腦組版（頁）系統的帶動與電腦繪圖、電腦排版的盛行，使繁複的圖文整合工作與傳播方式起了革命性的改變。例如：經過圖文整合處理的原稿是以數位訊號的型態存在磁片中，不再以傳統的網片方式保存。印刷時只要將磁片數位訊號透過無版印刷機即可進行大量印刷，也可將磁片透過網片輸出機輸出網片經晒版進行印刷。同時數位訊號可透過網路傳送到世界各地進行印刷。

因此，自1984年APPLE電腦的MAC系統推出以來，使DTP桌上出版系統更加容易方便，印刷科技也再度由GRAPHIC ARTS圖文藝術的時代一躍轉變成爲GRAPHIC COMMUNICATION的圖文傳播時代。

由以上可知，印刷的定義已由

PRINT（圖文複製）

↓

GRAPHIC ARTS（圖文藝術）

↓

GRAPHIC COMMUNICATION（圖文傳播）

進入全面電腦化的圖文傳播新領域。

貳、印刷與文化傳播

人類的文化傳播史，是由口語傳播、手寫傳播、印刷傳播、電波傳播一直演進到現在的多媒體傳播。其中以印刷傳播對人類文化傳播影響最深且廣。因為，印刷傳播不受時空限制，閱讀者有完全的主控權決定其閱讀速率，決定何處讀起？在什麼場所閱讀？用什麼姿勢閱讀？並可隨時重複閱讀、選擇性閱讀。同時印刷媒體的型態、種類變化萬千，具有其他傳播媒體無可取代的特性。因此，自古印刷即與文化傳播有著密不可分的關係。

在早期印刷術為中西方宗教文化舖設了康莊大道，在中國初唐時，大量印製佛像圖案、經咒，同時也印行曆書、陰陽五行書等，但都只限民間私人印行，到了五代後唐（西元九三二年）宰相馮道奏由國子監彫印九經三傳，印刷出版工作才正式由官方出面倡導。馮道之後四百年中，偉大的刻書匠們，雕印了所有值得保存的經典之作，以雕版印刷品作為傳播思想及普及教育文化的媒介，這是在此之前的世界所沒有的。而在西元十五世紀文藝復興以前，西方尚無印刷術發明，但並不表示當時沒有書籍，在當時想要擁有一本書，唯一的辦法就是用鵝毛筆逐字逐句的抄寫，用手抄的複製書籍不但使文化傳播緩慢吃力，也常會錯誤百出。直到西元1440~1450年間德國顧登堡先生發明鉛字活版印刷術，才使得知識與觀念的傳播速度突飛猛進，文化教育普及比以前快上數十倍，更加速十五世紀和十六世紀文藝復興時期的知識爆炸與十六世紀的宗教改革，印刷術的發明確實功不可沒。

近代的印刷科技不斷推陳出新，更加速文化傳播的深度與廣度。現代的文化出版品：報紙、雜誌、書刊、教科書、兒童讀物也拜印刷科技精進之賜，不斷朝彩色化、圖像化、精緻化、立體化發展，對人類精神文明的提昇，具有關鍵性的作用。

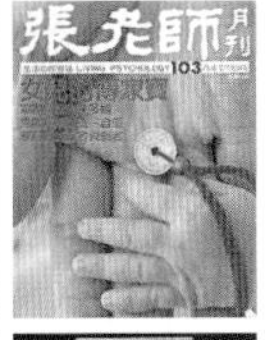

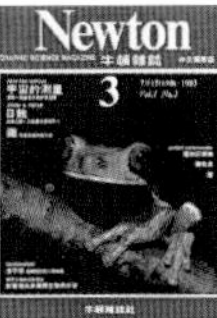

參、印刷與民生

人類文明愈進步，對印刷需求愈迫切，可由食、衣、住、行、育、樂的民生需求得到明證。

食的方面：由於食品包裝印刷的精進，使傳統雜貨店的行銷方式，逐漸被超市、超商精美包裝的印刷食品所取代。

衣的方面：各式精緻美麗花色的布料和流行T恤印刷，帶給人們賞心悅目的感受。

住的方面：美麗的窗花、壁紙、地磚、壁磚、貼皮等建材印刷，大大美化人們居住空間。

行的方面：海、陸、空各式交通工具的外殼圖案印刷，及其精密儀表板、電路板印刷，還有交通標誌的印刷，皆有賴印刷科技才能確保行的安全。

育的方面：各級學校教科書、文化出版品的印刷品質提昇，對促進教育的普及與國民文化水準皆有重大的貢獻。

樂的方面：休閒娛樂之各式紙牌、玩具上之圖案、運動休閒器材上之圖文，皆有賴印刷技術美化其圖紋，塑造品牌形象，帶來歡樂氣氛。

以上所舉皆犖犖大者，足見印刷與人類日常生活關係之密切。

肆、印刷與設計

任何平面設計的最後成品，都要透過印刷來完成。因此，每一位美術設計工作者，除了要有良好創意訓練和高超的描繪能力與設計技巧外，對印刷品的全部製作程序與製版技法也要有通盤的了解與認識，才能勝任愉快。例如：一張海報其底色要印橙色，在不同紙張上所呈現的橙色就會有不同的色差；同時疊色印刷的橙和用特別色混色印刷的橙也不同；有上光、沒上光、上亮面光、上霧面光的橙色也不同。因此，要想印出原先預期的橙色，必須對印刷基本知識、原理要能充分了解掌控才能印刷出合適的色彩，否則其效果必然會大打折扣。

由上述可知，一個平面設計師若缺乏印刷專業知識，將使平面設計稿件在付印時發生重重的技術性困擾，甚至無法印製，即使能上機印刷，其所得效果也不盡理想，有時會因選擇印刷方式不妥當造成印刷費用超出成本預算甚多。相反的，一位具有印刷專業知識與經驗的平面設計師，當從客戶手中接到稿件時，即會思索該採用何種印刷方式？何種紙張？何種厚薄？何種製版技法？何種印刷油墨？套色、疊色順序？何種裝訂、摺紙、上光……等加工方式？要如何落版才能節省成本達到預期目標等問題。

如今電腦科技更以迅雷不及掩耳的速度，飛快革新平面設計與印刷作業流程，使過去傳統印刷業從打字、排版、編排、美工設計、正稿製作、分色製版及印刷等需要十餘人的分工層次，已逐漸壓縮到一個人即可完成上述作業。因此，過去的平面設計師，只要具備一般印刷常識，其餘分色製版工作，可透過分色製版廠來協助完成。而現在的印刷品要完成須靠設計師自己一人獨立完成印前作業，所以在電腦化的設計時代，平面設計師需要具備更多的印刷專業知識與經驗，才能完成滿意又富有創意的印刷成品。

伍、印刷五大要素

無論傳統手工印刷到現代最新的數位印刷科技，要製作任何印刷品時都必須具備：原稿、印刷版、印刷機、油墨、被印物等五大要素，才能構成一件印刷品。所以，要學好印刷設計，必須先能掌握這五大要素的特性與應用。

一、原稿：

印刷原稿分爲文字原稿與圖像原稿兩大類。1. 文字原稿包括手寫字體、印刷字體等。2. 圖像原稿包括攝影、插畫、圖案等。文字原稿與圖像原稿必須經由圖文處理與圖文整合編排後製作成印刷正稿(印刷完稿)，才能製版成爲印刷版。

二、印刷版：

印刷共分爲凸版、平版、凹版、孔版、數位版等五大版式。每種版式又有3-5種不同材質與特色的衍生版種，例如凸版又可分爲：銅凸版、鋅凸版、橡皮凸版、樹脂凸版、木刻凸版等各有不同特質、特徵、特色的凸版。同樣，平版、凹版、孔版、數位版也有不同材質與特色的衍生版種。因此，每位設計師必須充分了解、掌握五大版式的特質、特徵、特色、適用範圍，才能選用合適的版式，做出最佳印刷品。

三、印刷機：

印刷機依構造可分爲平版平壓式、平版圓壓式、圓版圓壓式、無壓噴墨式等四種型態。又可依版式分爲凸版、平版、凹版、孔版、數位版等五類印刷機；依開數大小可分爲八開機、四開機、對開機、全

開機、雙全開機；依色數可分爲單色機、雙色機、四色機、五色機、六色機、八色機等。所以，如何依照印刷品的印製需求與成本控制，選擇合適的印刷機亦是設計師應具備的知能。

四、油墨：

印刷油墨依不同的版式、印刷機性質、乾燥方式、發色方式、效果適性、特殊用途來區分共有上千種不同性質與類型的油墨。所以，對這些五花八門的油墨的特性與應用能充分了解，是不容忽視的課題。

五、被印物：

印刷的載體我們稱爲被印物。最常使用的被印物爲紙張及紙器，其次有塑膠、布料(棉、麻、絲綢、毛料)、金屬(鋁罐、鐵罐)、木頭、陶瓷……等上萬種不同性質的被印物。對於不同被印物的印刷條件與油墨顏色的再現性、耐抗性與色牢度的了解與應用，也是設計師不可或缺的知能。

第2篇
印刷基本知識
Print
Graphic Arts
Communication

壹、印刷發展史

印刷術發源於中國，已是中外史家均公認的事實。然若以印刷的四大版式：凸版、平版、凹版、孔版而言，並非每一種版式皆為我國所創，現以凸、平、凹、孔四大版式的順序，敘述其發展史略。

一、凸版印刷史略

從印刷發展的歷史來看，凸版印刷是最早被人類使用的印刷方式。根據文獻資料，早在西元前三、四百年中國的春秋戰國時代就已經應用印刷術原理於印章及玉璽上。如以印刷過程而言，印章乃是雕刻凸版印刷的雛形。印章即是印版，印泥即是油墨，蓋印即像印刷機的壓印過程，

戰國時代與漢代的印章

PHOTO: 篆刻藝術

春秋戰國時代的印章

而刻印的工作即屬最早的製版技藝。而今有些史家不察，誤以為漢靈帝時（西元183年），所發明的「拓印」方法，為中國最

漢熹平石經殘石

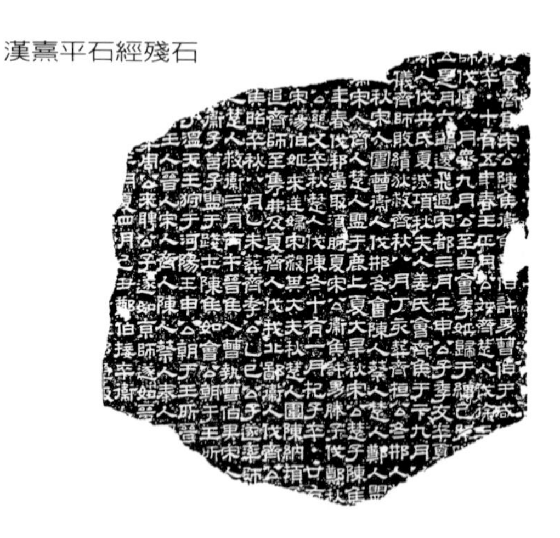

早的印刷術起源。殊不知凸版印刷的圖文印紋必須是反刻的，印章上的圖文正符合此條件，而拓印所用的碑文卻是正刻的。另外從印刷過程來看，印章是將印泥（相當於油墨）粘佈於印面上，再壓印於被印物上。其過程和凸版印刷將油墨先塗佈於印版上，再壓印於被印物上是完全一致的。反觀，拓印的方法需先將白芨水塗刷於碑文版面上，再將紙張濕潤後平貼於凹陷的碑文上面，以刷子刷平，讓文字部份自然凹陷，然後用墨包在紙面上拍拓，此時凹陷的紙張就不會沾到墨色，就成了黑底反白字的拓片。由上面的拓印過程可知，其程序、方法皆和雕刻凸版有很大的差異，充其量只能算是凸版的特殊技法而已，且其年代遠晚於春秋戰國時代四、

梁武帝時的反書倒讀石刻

五百年之久，實不能算是中國最早的印刷方式。由以上論證可知，中國最早的印刷方式，應該起源於印章。戰國時代主張合縱政策的蘇秦已是「腰繫六國相印」，足見印章在當時已於官方廣爲流傳。秦始皇統一中國後，得楚人和氏璧，命丞相李斯篆書「受命於天既壽永昌」八字，由玉工孫壽刻爲玉璽，對外代表皇帝信守，於是廢除前代之符節而改用印章。及至漢代，印章之制已由宮廷、官府普及民間。東漢以後，佛教傳入，佛教徒與道教徒爲傳

木刻印刷版

唐代王玠木刻金剛經首頁是現存中國發現最早的印刷品，目前被收藏於英國大英博物館

播佛經符咒，於是仿印章刻印方式，刊印佛像、符咒，天下風行。從而由印章摹刻而進入彫刻凸版印刷的初階。到了西元593年隋文帝開皇十三年間，則正式以木刻版印刷書籍。

元代王楨所創的韻輪活字盤

由於中國文字結構複雜，雕版工作一直非常緩慢費時，到了西元1041年（宋仁宗慶曆元年），杭州冶金鍛工畢昇發明了「膠泥活字版印刷術」，改善了當時木刻版印刷、雕版、改版不易的困擾，同時也成爲中國四大發明之一。有關膠泥活字版印刷術，在宋代博學之士沈括所著的<夢溪筆談>卷十八有詳細的記載：「板印書籍，唐人尚未盛爲之。自馮瀛王始印五經，以後典籍，皆爲板本。慶曆中，有布衣畢昇，又爲活板。其法用膠泥刻字，薄如錢唇，每字爲一印，火燒令堅。先設鐵版，其上以松脂蠟和紙灰之類冒之。欲印則以一鐵範置鐵板上，乃密布字印。滿鐵範爲一板，持火就煬之，藥稍鎔，則以一平板按其面，則字平如砥。若止印三二本，未爲簡易，若印數十百千本，則極爲神速。常作二鐵板，一板印刷，一板已自布字，此印者纔畢，則第二板已具，更互用之，瞬息可就。每一字皆有數字，如「之」「也」等字，每字有二十餘印。以備一板內有重覆者。不用則以紙貼之。每韻者爲一貼，木格貯之。有奇字素無備者，旋刻之，以草火燒，瞬息可成。不以木爲之者，木理有疏密，沾水則高下不平，兼與藥相粘，不可取。不若燔土，用訖再火令藥鎔，以手拂之，其印自落。殊不沾污。昇死，其印爲予群從所得，至今寶藏。」。之後至西元1314年（元仁宗元祐元年），王楨將膠泥活字改良爲木刻活字，並創韻輪字盤檢字排版印書，使用木刻活字排印了六萬多字的「旌德縣志」。

PHOTO.THE STORY OF PRINTING

西方雕刻木版印刷術

在畢昇發明活字版

鉛字活版印刷術
發明人一
德國顧登堡先生雕像

印刷術之後四百年，在德國梅因茲市的金匠約翰·顧登堡於1445年（明英宗正統十年）用鉛80%銻15%錫5%熔合的鉛合金，用銅模鑄成一個個鉛活字，創造了第一套鉛鑄活字。顧登堡又仿照榨葡萄機方式，製作第一部木造手動印刷機，於1455年用鉛鑄活字印製第一本「42行聖經」正式問

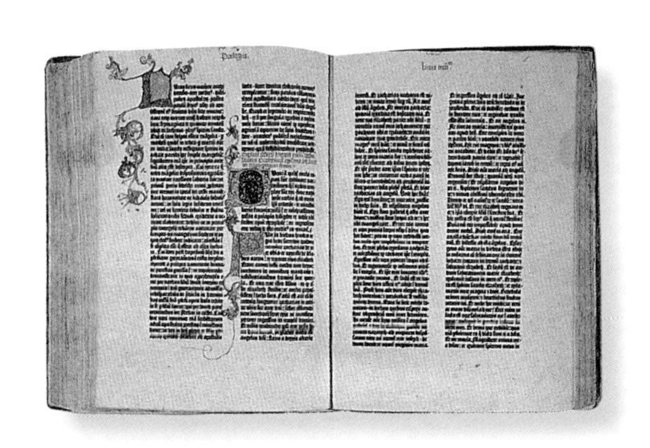

顧登堡所印的第一本印刷品—「42行本聖經」

市。由於顧登堡對印刷的重大貢獻，所以西方印刷界尊稱顧登堡爲現代印刷之父。其所發明的鉛鑄活字，在五百年後的今天，仍有人使用作爲排版印刷之用。

（註：顧登堡又譯爲古騰堡或谷騰堡）

二、平版印刷史略

在介紹平版印刷的發展之前，首先要從平版印刷的始祖「石版印刷術」開始了解。在西元1798年，奧地利的作曲家塞納菲爾德先生，利用產於巴伐利亞的石灰石，及精心調製的油墨在石灰石上書寫反向圖文。印刷時，先使整個版面上水膠，再上油墨，由於油水互不相容產生排斥的關係，印紋部份吸油墨，非印紋部份吸水，互不干擾重疊，將紙張覆蓋在石版上，輕壓印後即可清晰將所畫製之圖文轉印到紙張上面。以上即是塞納菲爾德利用油水互不相容原理所發明的石版印刷術。

塞納菲爾德發明石版印刷術之後，曾研究將鋁和鋅版來代替石版，將此兩種版材的表面經加工研磨成微粒磨砂狀，使其親水性和石版相似，但因當時鋁材價格昂貴而未被普遍採用，有一段時間鋅版一直

平版印刷術發明人—塞納菲爾德先生畫像

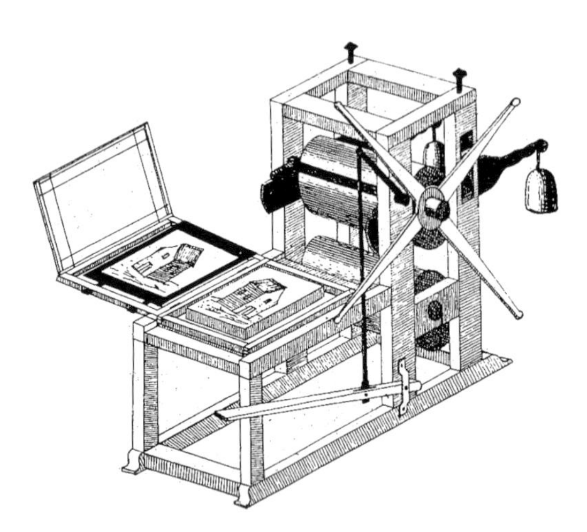

塞納菲爾德發明的石版印刷機

被使用，直到冶鋁技術改善，鋁價下跌後才被廣泛使用。

廿世紀以前的平版印刷皆是採直接印刷的印刷方式。在西元1905年美國魯貝爾先生發明了第一部橡皮轉印平版印刷機（中國大陸稱為“膠印機”，香港稱為“柯式印刷機”）。這種印刷機是在傳統的印版滾筒和壓力滾筒之間，加上一個橡皮滾筒，作油墨轉印之用。從此印版上的印紋不必反寫，可以從正紋印版，反印到橡皮版上，再轉成正紋於紙上。使傳統平版印刷必須將圖文反向製版的麻煩，完全消除。所以平版印刷已由直接印刷改良成間接印刷（Offset Printing）。

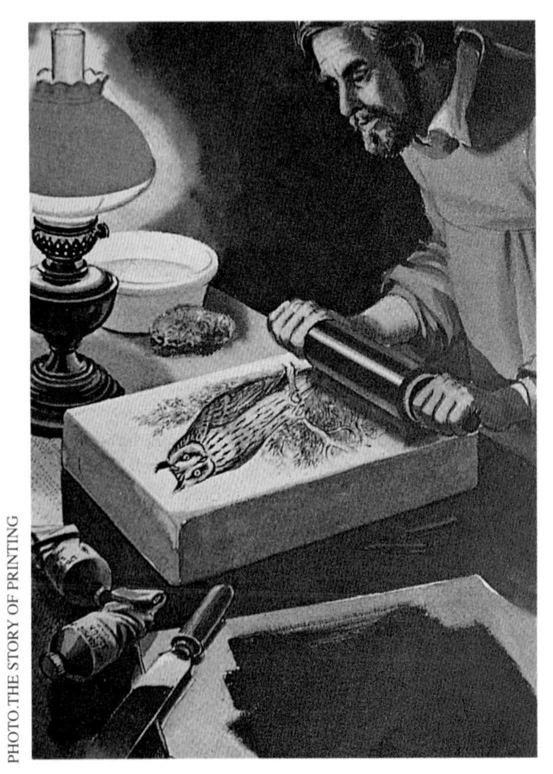

PHOTO.THE STORY OF PRINTING

石版印刷製作情形

三、凹版印刷史略

西元1460年義大利的金飾雕刻匠菲尼古拉先生，常為顧客雕刻凹刻的金飾

雕刻凹版作品

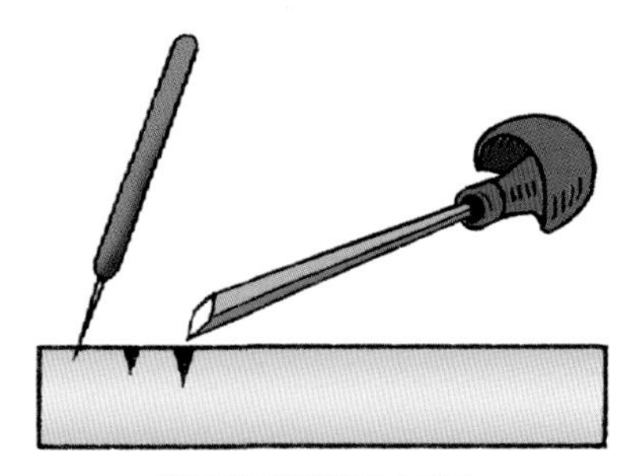

雕刻凹版製作工具

雕刻凹版製作情形

品，完成時在凹刻處塗上色彩艷麗的顏料作爲裝飾，有一天趕夜工將蠟燭油誤滴於所雕刻的金屬版上。次晨揭起蠟油竟發現色料附著其上，成爲凸起之花紋美麗動人。於是靈機一動將油墨塗於凹刻版上，擦去平面無凹紋之油墨，再以紙覆於版上重壓，而得精美的印紋，於是發明了凹版印刷術。接著又有些凹版製版的改良技術陸續提出：

◎1513年德國雷福（W.Graf）發明腐蝕凹版法。

◎1826年尼布斯（J·N·Niepce）發明了照相凹版。

◎1838年間俄國賈科俾（Jacobi）與英國施賓賽（T·Spencer）發明了以雕刻凹版用電鍍術複製成銅版。

◎1852年英國福斯·達保特（Fox Talbot）發明了照相凹版用網線製版術。

◎1862～1864年間英國斯萬（J·W·Swan）發明了碳素膠紙。

◎1878年捷克卡爾·寇里格（Karl Klic）研究用格子網線在碳素膠紙上晒成網點。

◎1895年英國的藍勃蘭德公司發明了碳素膠紙照相輪轉凹版製版法。

四、孔版印刷史略

孔版印刷術早在活字版印刷術之前爲我國所發明。在宋代以前印染界所使用的鏤空型版即是最早的孔版型式，其發明年代已不可考。其後陸續出現謄寫版、網版等孔版型式，分述於下：

◎1886年發明家愛迪生發明謄寫版印刷術，後經日本人堀井新治郎改用鐵筆將蠟紙放在金屬版上書寫的謄寫版。

◎1905年英國薩姆埃爾·西蒙由日本的友禪型紙得到啓示，發明了絹版印刷法。

◎1924年日本萬石和喜政完成了今日所用的直接感光製版的照相網版法。

PHOTO.THE STORY OF PRINTING

手工網版印染

貳、印刷設計的程序

印刷品從接洽客戶了解需要到完成印刷成品時，通常要經過下列的程序：

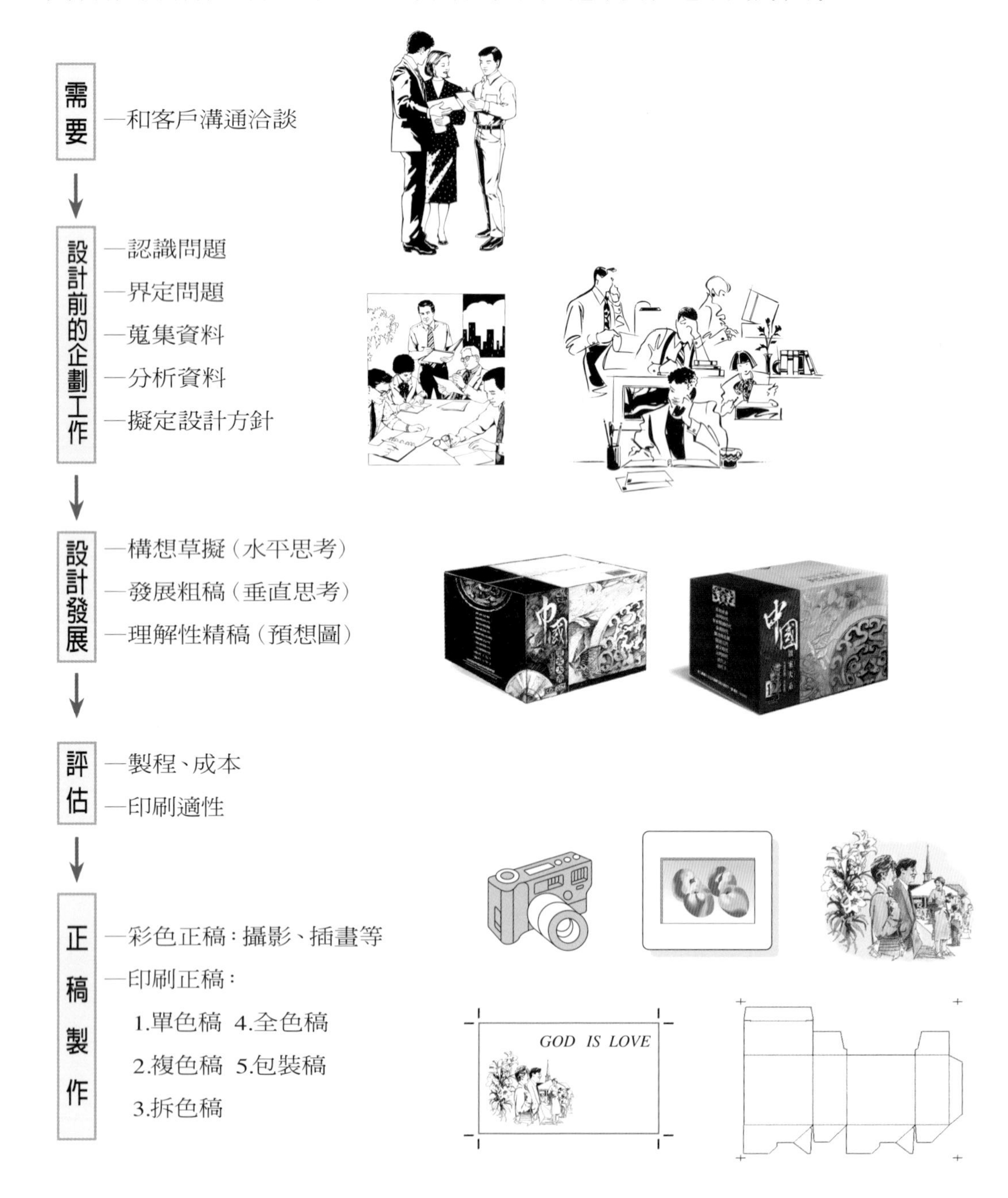

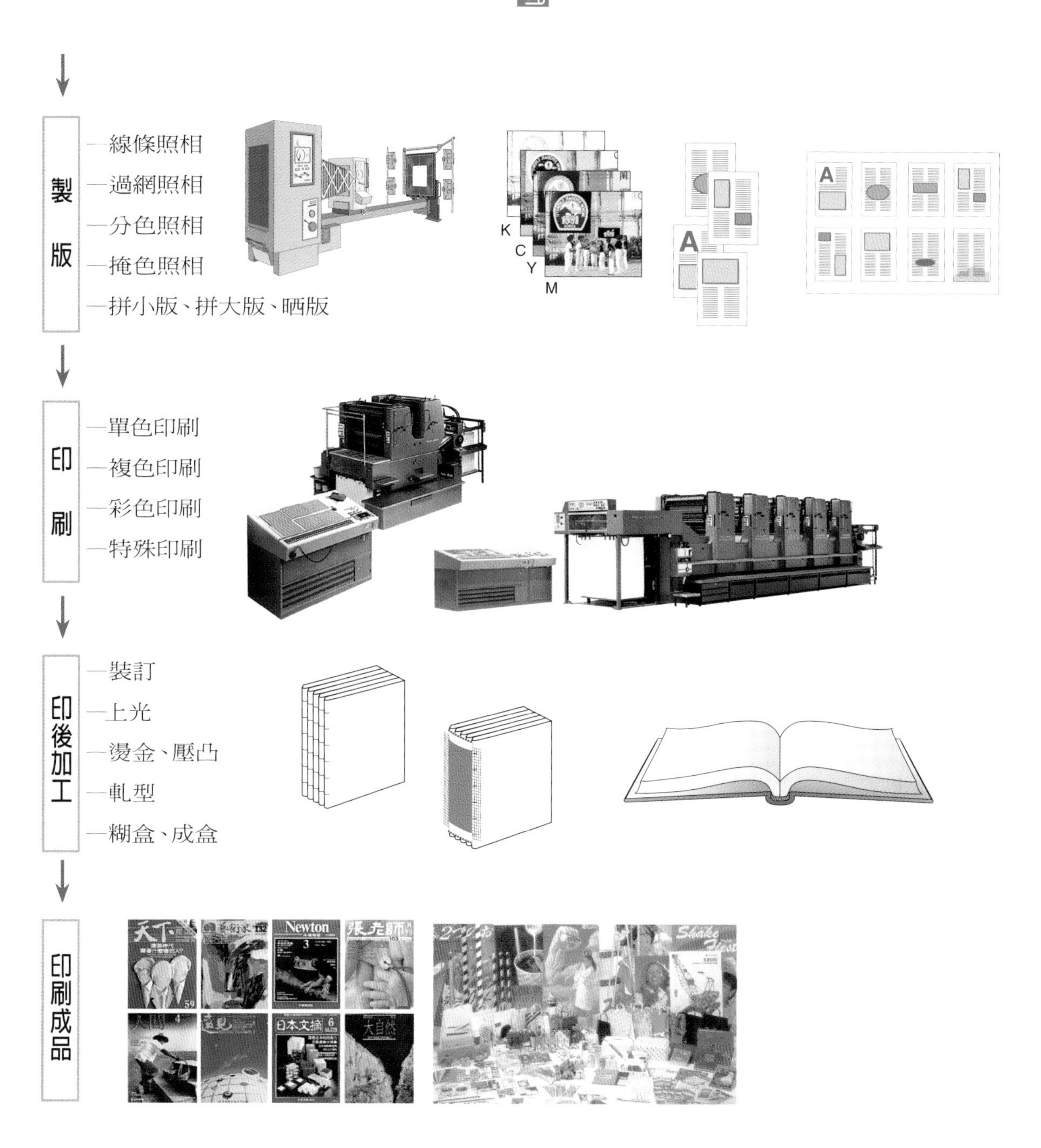

一般我們將上面的印刷程序分爲三個階段：

一、印前作業：是指製版以前的作業，包括印刷企畫、設計、正稿製作、製版照相、拼版、晒版等作業。

二、印中作業：是指上版印刷到印刷完成洗版等印刷機上的作業。

三、印後作業：是指印刷品離開印刷機後的加工作業，包括上光、壓凸、燙金、裝訂、軋型、修切等作業。

參、各式印刷版式原理與特性

隨著科技的發展，印製技術和方法日新月異，操作方法及印刷的效果也不相同。目前使用的印刷方式主要可分為：凸版、平版、凹版、孔版及無版印刷五大類。以下即加以分述、說明：

一、凸版印刷

(一)凸版印刷的基本原理

凡是印刷版之印紋凸起，而非印紋部份凹陷於版面之下，在印刷時將油墨滾粘於凸起之印紋部份，而非印紋部份因凹陷於版面之下滾不到油墨，將紙張經過滾壓之後，紙張即可印出印紋，利用此種印紋凸起之印刷方式，即稱之為「凸版印刷」。

(二)凸版印刷的種類

凸版印刷流傳的年代最久，因此其發展出來的種類也最多，例如應用於版畫表現的木刻版畫、明清時代發展出來的餖版、拱花皆是藝術表現極高的凸版技術。而運用於商業、文化事業的凸版，則有活版（鉛字排版）、鋅凸版、銅凸版、橡皮凸版、樹脂凸版、壓凸版，可印製流水號碼（連續號碼）自動跳號的號碼機，可於包裝盒軋型的切線刀、罫（摺）線及印製為撕開紙張用的裂（針孔）線....等皆是凸版印刷的廣泛應用。

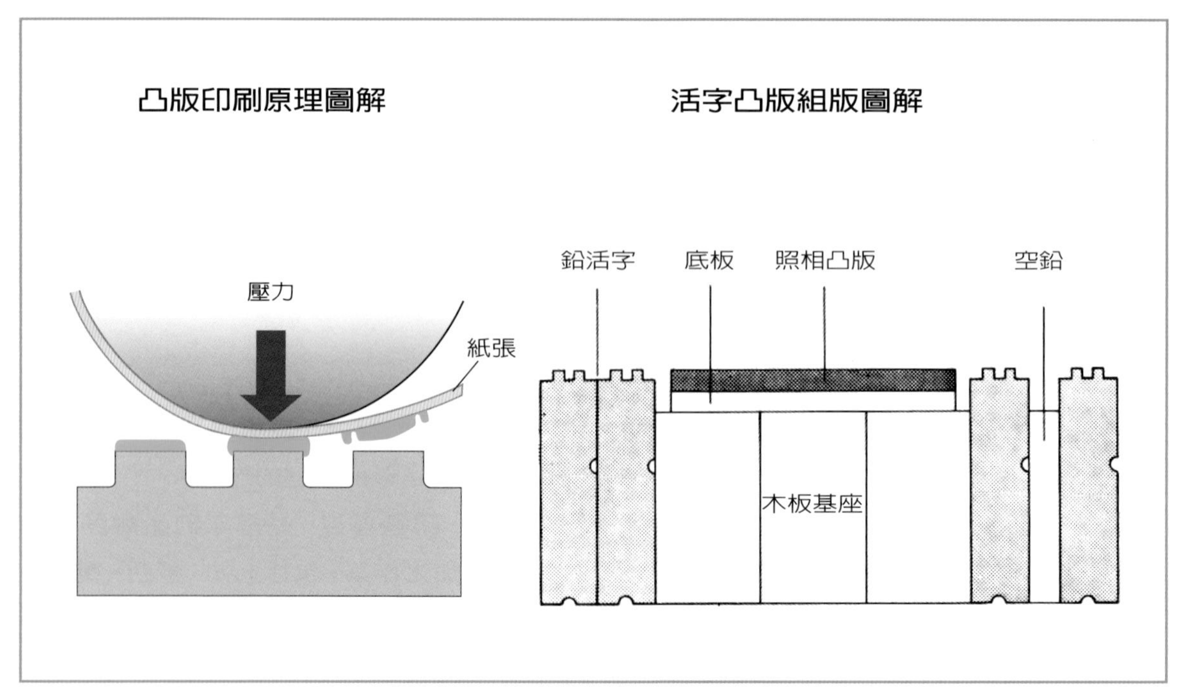

一般來說，活版印刷的版型是平面的，但在有些情況下也可將平面的印刷版複製成曲面的鉛凸版或鋅凸版，這樣曲面的鋅凸版就可以和橡皮凸版、樹脂凸版一樣裝於滾筒式的輪轉機上，以供大量印刷，如早期的報紙即是運用曲面鉛凸版來印刷的；最近流行的利樂包（鋁箔包裝）則絕大多數是利用樹脂凸版來印刷的，而大部份的瓦楞紙箱則是使用具有彈性輕壓的橡皮凸版來印刷。

(三)凸版印刷的優缺點

1.優點：是唯一可以印製流水號碼（連續號碼）、燙金、壓裂線、壓凸的印刷版式，油墨濃厚，色調鮮艷，油墨表現力強約爲80% 左右，字體及線條印紋清晰有力。

2.缺點：印刷不當時字體及線條易粗化，製版不易，費用亦高，不適合大版面印刷物，彩色印刷時成本較高。

(四)凸版印刷的適用範圍

1.信封
2.信紙
3.名片
4.請帖
5.標籤
6.事務表格
7.教科書
8.包裝紙
9.包裝盒、箱
10.燙金
11.壓凸
12.松香版印刷
13.塑膠袋、熱縮膜。

凸版印刷文字特徵

凸版印刷網點特徵

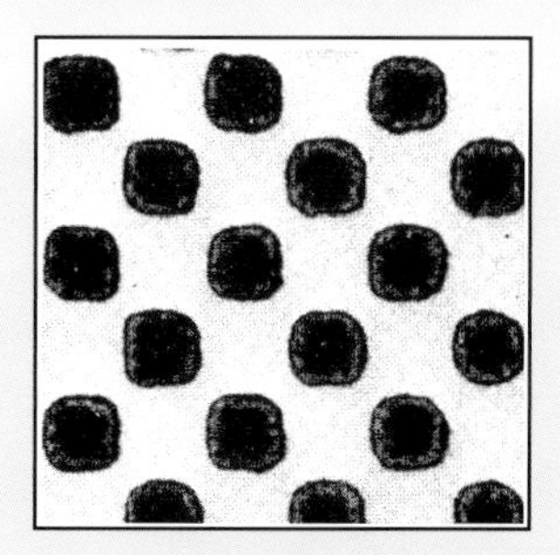

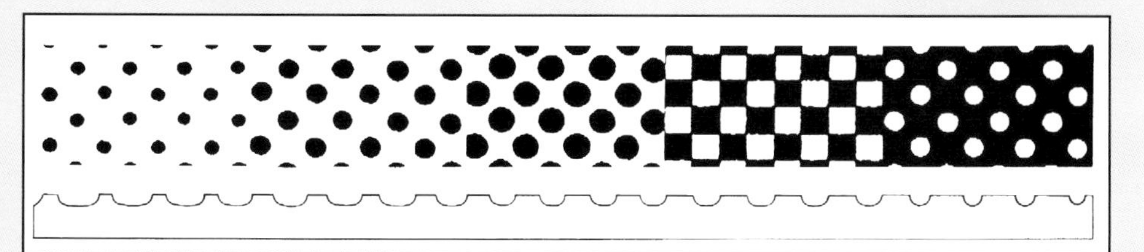

二、平版印刷

(一)平版印刷的基本原理

平版印刷是由石版印刷發展而命名的，早期的石版印刷是使用石灰質的版材經磨平後進行製版印刷，之後雖然將版材改良爲金屬鋁版或鋅版，但其基本原理是不變的。

凡是印刷版面上印紋部份與非印紋部份幾乎沒有高低落差，利用水油（墨）互不相容原理，使印紋部份爲具有抗水性親油性的油膜，而非印紋部份則爲具有親水性的膠膜或表面處理，在印刷時先刷水使非印紋部份因吸水而形成抗墨作用，而印紋部份具有抗水性不會吸水，再將油墨滾在印版上，此時非印紋部份已吸滿水而不粘油墨，而印紋部份則吸收油墨，利用此種原理的印刷方式，即稱爲「平版印刷」。

爲了進一步說明平版印刷的水油（墨）互不相容的原理，茲舉例補充如下：首先拿平滑透明玻璃及毛玻璃各一塊，分別在其上沾水寫字。平滑透明玻璃，因表面具有抗水性無法寫字成形，相反地在毛玻璃上卻很容易寫字，主要是因爲磨砂表面的毛玻璃具有強的親水性，此細緻的磨砂表面即是平版印刷所需的版面處理；接著我們在乾淨的毛玻璃上先用油性蠟筆畫圖寫字（寫反字），畫完後再用水刷塗刷毛玻璃表面，此時油性蠟筆所畫圖文皆有抗水性而不沾水，而其餘的版面皆沾滿一層薄水層，再用沾有油墨的滾筒在毛玻璃上滾刷，此時非印紋部份佈滿水而不沾油墨（因油水互不相容），而油性蠟筆具有親油性，故沾滿油墨。最後將紙覆蓋在版面上，經壓力擠壓後（壓力不可太大，否則玻璃易破），毛玻璃版面上的油墨即轉印到紙張上了，以上即是簡易的平版印刷說明。目前最常

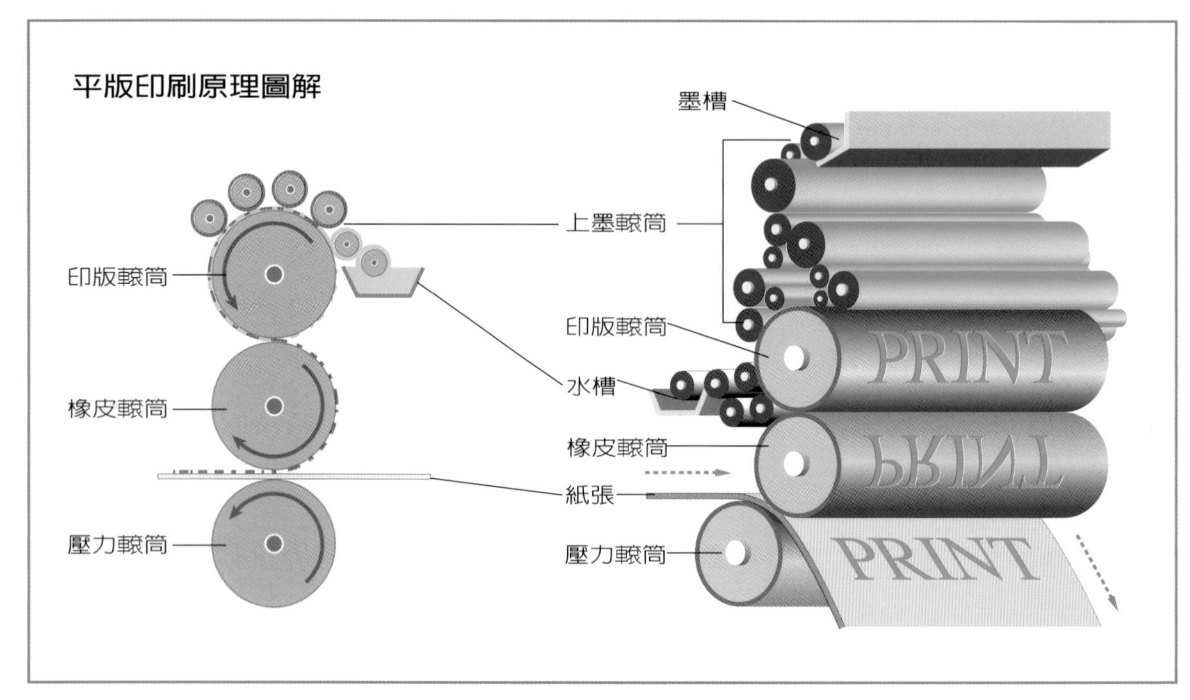

使用的平版印刷版材，如鋁版、鋅版其表面皆是像毛玻璃一樣，須經磨砂處理，使其具有親水性。然而，上述實驗有一困擾是：當毛玻璃版面上的油墨轉印至紙張時，紙張不是也會吸水變濕，甚至伸縮變形嗎？克服難題的方法爲：將平版印刷由直接印刷改爲間接印刷（Offset Printing），意即以印刷滾筒上的印紋，先轉印至橡皮滾筒上，再將之轉印至印刷紙張上。由於橡皮滾筒不僅具有只吸油墨不吸水的特性；其橡皮版質亦頗具彈性，故紙張平滑度要求可予降低，即使再粗糙不平的藝術用紙，如：龍紋紙，也能順利承印。因此，間接印刷（Offset Printing）也就成爲平版印刷的代名詞了。

(二)平版印刷的種類

平版印刷一般可分爲：平面版、平凹版、平凸版（乾平版）三大類。如圖所示的三種平版只是在印紋部份極微量的凹、凸差異而已。

平凹版因印紋部份略微凹下，儲存油墨較多，所以油墨的表現力，是三種平版中最好的。而平凸版俗稱乾平版，因非印紋部份經鐵弗龍處理，所以不吸油墨，在印刷過程不需先在版上刷水再上油墨，因此紙張無受潮影響，便於套印，常用於有

平面版：印紋與非印紋幾乎在同一平面

平凹版：印紋部份凹下 0.0003"

平凸版（乾平版）：印紋部份凸出 0.012"

平版印刷文字特徵

平版印刷網點特徵

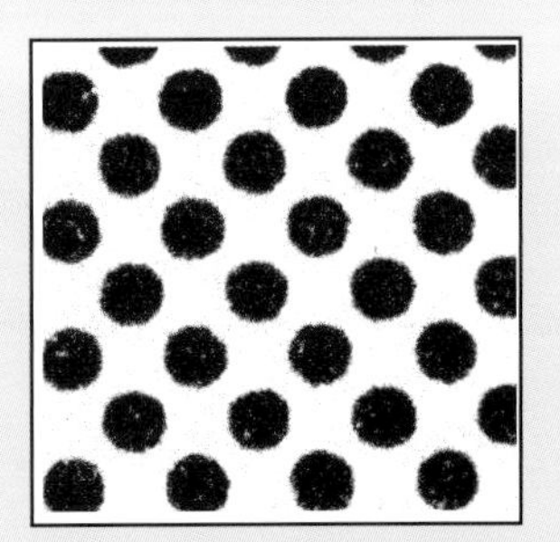

價証券之底紋套印。至於平面版則是平版中使用最多最廣的印刷版式，從早期的蛋白版、珂羅版（珂羅版是平版中最能忠實重現原稿階調的印刷版式，也是唯一以連續調方式印刷的版式，目前僅存於複製高級藝術品的行業中。）到目前最常使用的P.S 版、委安版、快速印刷版（紅版、銀版....）等。

(三)平版印刷的優缺點

1.優點：製版簡易、快速、版材成本低廉。印刷時裝版迅速、套色準確、可連結各式印前及印後裝置，達到一貫作業流程，並可承印大數量之印刷。
2.缺點：因印刷油墨受水膠影響容易產生乳化現象，且油墨是經由印版→橡皮滾筒再轉印到被印物上，因此，油墨在色調的再現力與油墨的轉移量都是最差的，所以印紋的色彩表現略受影響。

(四)平版印刷的適用範圍

1.書刊
2.雜誌
3.報紙
4.海報
5.傳單
6.型錄
7.月曆
8.文書用品－－信封、信紙、名片
9.明信片
10.卡片
11.包裝紙、包裝盒。

三、凹版印刷

(一)凹版印刷的基本原理

凡是印刷面之印紋凹陷於版面之下，而非印紋部份凸起於版面之上。在印刷時先將油墨滾在版面上，再用博士刀將版面非印紋上的油墨刮除，使油墨停留於凹陷的印紋中，再將紙張放在版面上，利用強大的壓力將存於凹陷印紋中的油墨吸附上來，完成印刷。凡利用凹陷部份爲印紋的印刷方式稱爲「凹版印刷」。

凹版印刷是將存留在凹下印紋中的油墨直接轉印到印件上的，所以屬於直接印刷，且其存藏於凹下印紋的油墨量比凸版、平版爲多，所以凹版印刷出來的印件上之圖紋，會有微微浮凸的感覺，表現出來的層次和質感都比凸版和平版爲佳。

由於凹版印刷的速度較快，印紋存藏的印墨量較多，油墨必須能迅速不斷的及

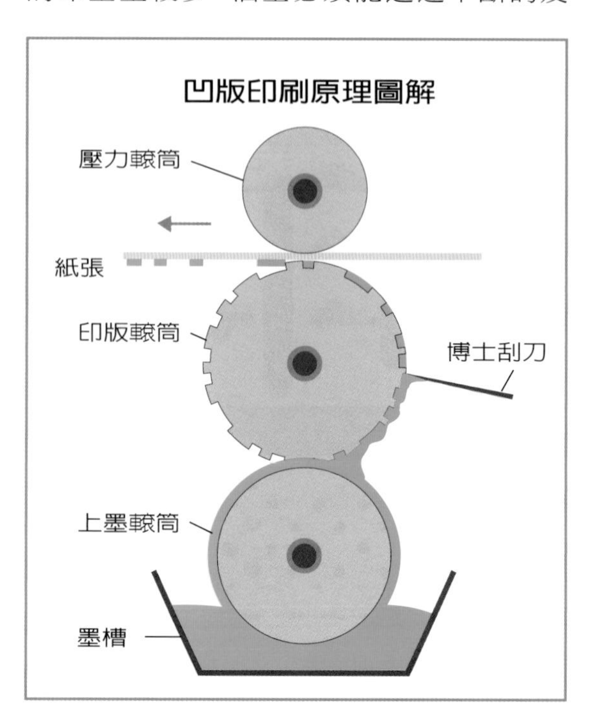

時填補，故凹版的油墨較一般油墨爲稀。

因爲凹版印刷所用油墨較多，故在供墨方面是將印版滾筒直接浸在油墨槽內，當印版滾筒轉離油墨槽時，附加的博士刮刀即將版面上多餘油墨刮除，而印紋因凹下故仍能保留油墨而移印於印件上。由於刮刀有彈性，所以當大面積的印紋，尤其是與印版滾筒平行之條狀印紋，在刮除油墨過程中，刮刀容易嵌入到凹下印紋中，而與印紋邊緣相撞，這樣不但會互相損傷，且大面積之印紋內油墨會因刮刀的觸及而刮除。同時，油墨是利用毛細現象而附著於印版滾筒，而大面積的印紋若沒有網目處理時，油墨分佈必不均勻。所以，都必須有一支撐體：網目格（如圖所示）。不過這些網目格，無論滿版色或深淺變化的色彩，皆由互相垂直相交之細線所組成的網目格。而其深淺調子的效果，即由網目的大小或深淺的印紋所產生。至於滿版色塊，雖有極細之網目格線，但當油墨從細小網目格中被吸離時，油墨即行互相匯合，所以就形成看不見網目格線的滿版色塊。因網目格的關係，若用放大鏡觀看凹版文字或色塊之邊緣線時，將會看見鋸齒狀的邊緣線，但因其鋸齒狀極爲細小，所以在明視距離下，受並置混合的影響，凹版的印紋並不會產生粗糙線條的感覺，而是線條平滑、色彩厚實的印紋。

(二)凹版印刷的種類

最常用的凹版印刷可分爲雕刻凹版和照相凹版兩大類。

1.雕刻凹版：

最早期的凹版印刷，大都是用手工或機械直接在金屬版面作大小點或粗細線的雕刻，印量在200-300張左右者用銅版，印量超過300張以上者則採用鋼版來

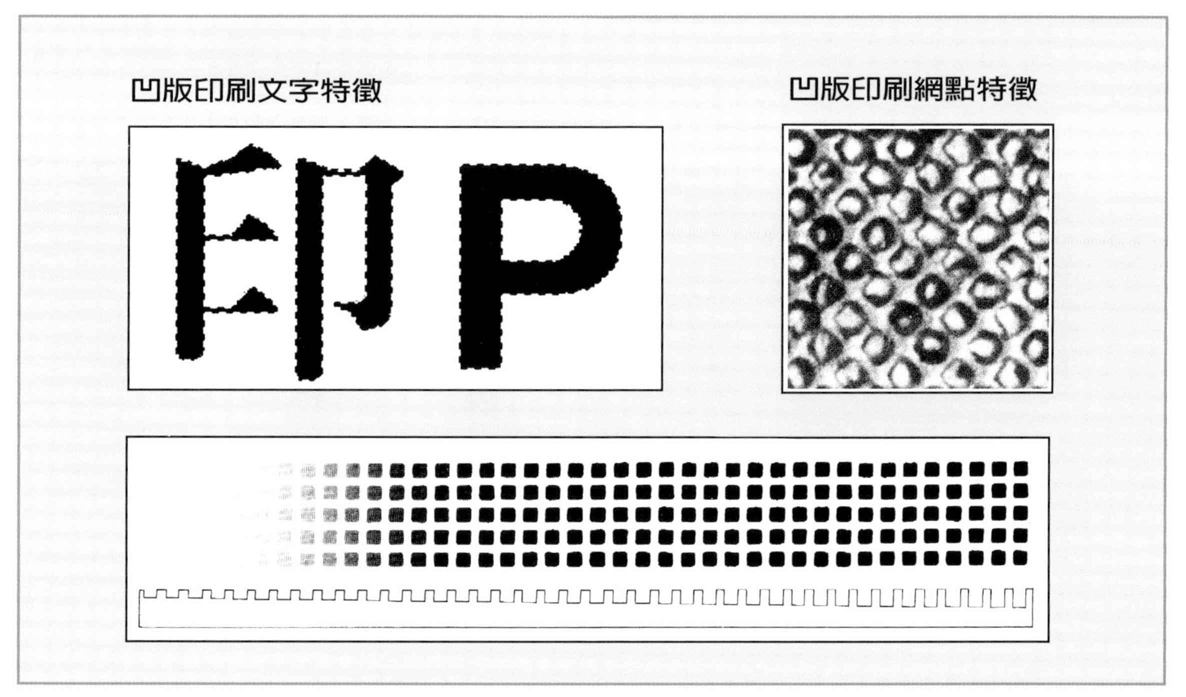

製版。但也有不直接雕刻金屬版，而是在金屬版面塗上抗腐蝕的蠟膜，再用製版用鋼針刻除點、線部份的蠟膜，最後以酸液腐蝕下凹，即可得凹版。目前兩種技法常併用，也統稱雕刻凹版。各種紙鈔上的圖案皆採用雕刻凹版印刷。

2.照相凹版：

係利用連續調正像的底片間接晒像於炭素膠紙上，經轉貼於銅版上，並予顯像，再以腐蝕液隨色調濃淡不同，蝕得網目大小不同、深淺不等的印紋的凹版製版法。而照相凹版依其製版過程的不同可分爲:實用照相凹版、網目式照相凹版、立體網目照相凹版三種，其優缺點如圖所示：

(三)凹版印刷的優缺點

1.優點：

a.油墨濃厚，色調表現最強，最適宜彩色藝術品之複製。

b.因製版困難具有高防僞性，適宜有價証券品之印刷。

c.耐印力特強，可達20萬刷以上，適合長版印刷品。

d.印刷滾筒是完整圓柱形，可進行無接縫連續印刷。

2.缺點：製版費時，費用昂貴，不適合少量多樣化的印刷品。

(四)凹版印刷的適用範圍

1.有價証券：鈔票、股票、郵票

2.名畫複製

3.建材、壁紙印刷

4.商業包裝

5.長版之印刷品 。

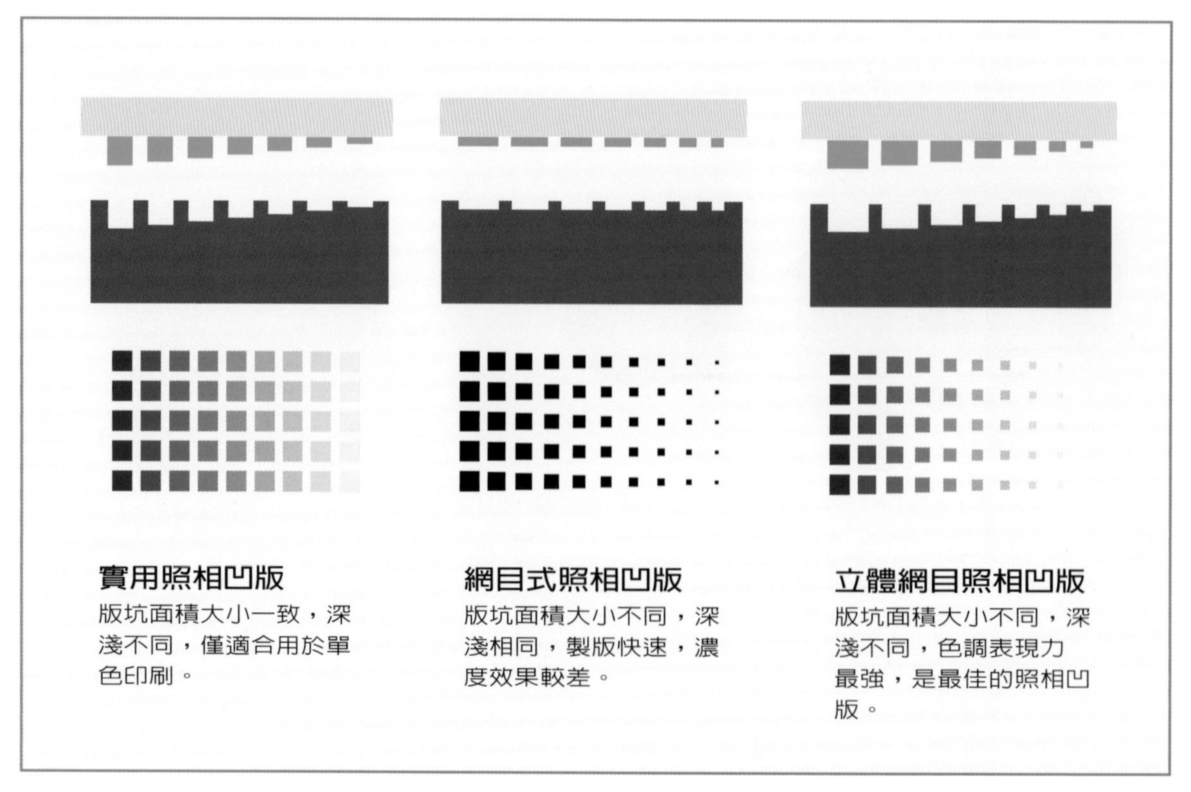

四、孔版印刷

(一)孔版印刷的基本原理

凡是印刷版之印紋部份鏤空，非印紋部份遮蓋保護，將油墨透過鏤空的印紋部份，透印到下面的被印物上之印刷方式，稱為「孔版印刷」。

(二)孔版印刷的種類

孔版印刷一般可分為紙型版、謄寫版（蠟紙版）、網版三大類。紙型版：是在卡紙上鏤刻出正像圖文，將刻好之紙型板放在被印物上，再用筆刷或噴槍在卡紙鏤空的部份塗刷或噴上顏料即可完成印刷。例如：機關學校椅背上的噴字、貨運卡車上的噴字、聖誕節商家在窗戶上噴上的雪花圖案等皆是紙型版的運用。而謄寫版（蠟紙版）是將製版用的蠟紙用鐵筆刮除圖文上的蠟，使之鏤空成為印紋部份，其餘被蠟保護遮蓋的部份即為非印紋部份，將刻好的蠟紙粘貼網版下面，即可在網版的正面上墨印刷，此種印刷方式盛行於六0年代以前，目前已將謄寫版由手工刻版、手動印刷改為電子製版的電動油印機型態。而使用最廣、貢獻最大的則是網版印刷（俗稱絹印）。網版是以絹布或金屬絲網所製成的網框，可利用彫刻製版、手繪製版、照相製版等方法將印刷之圖文構成於印刷網框上，使印紋部份鏤空，保留絹布的孔洞，而非印紋部份則以膠類將絹布上的孔洞遮蓋，印刷時油墨透過鏤空的絹布孔洞透印到下面的被印物上，達到印刷的目的。目前網版印刷在製版方面已大部份

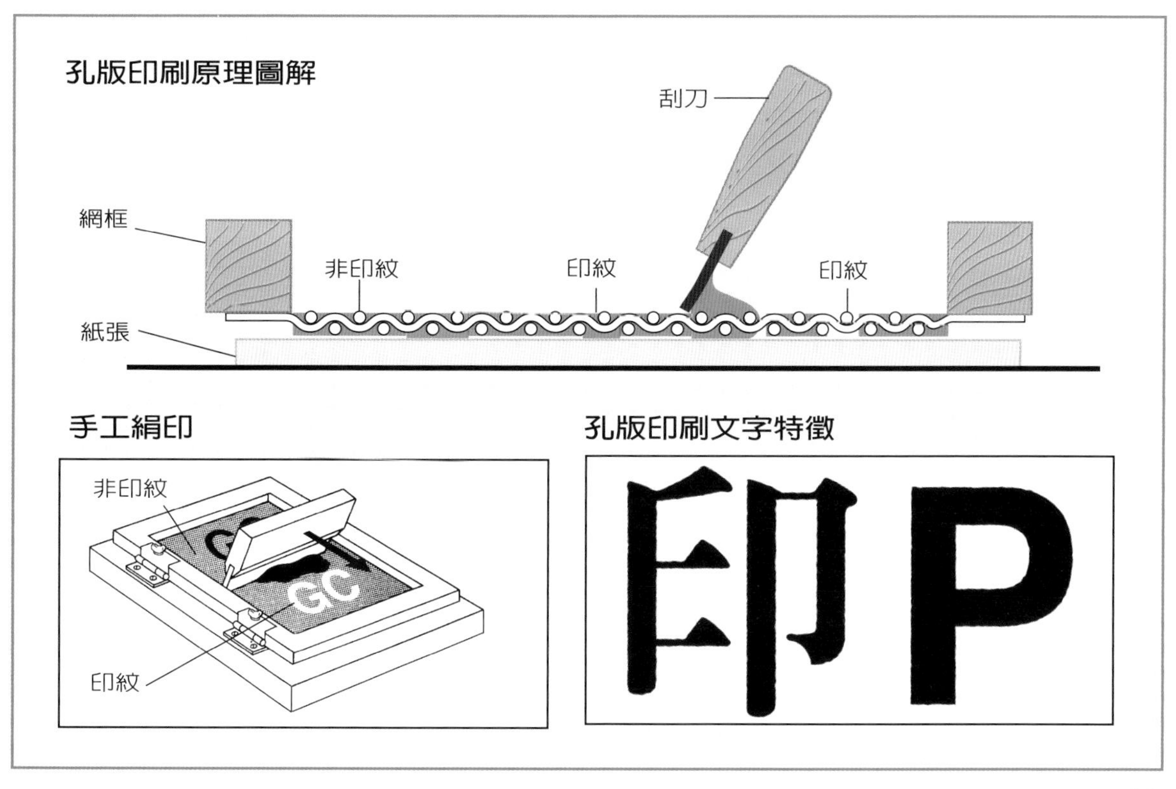

採用照相製版方式，使製版的粗密度逐年提昇中。而在印刷方面，也大幅改採全自動的印刷機械。

(三)孔版印刷的優缺點

1.優點：被印物寬廣不受限制，除空氣和水之外皆可印刷。油墨表現力變化萬千，色調鮮麗、濃厚。在平面、球面、曲面、凹凸面上皆可印刷。

2.缺點：印刷速度慢、生產量低，不適合快速大量之印刷品。

(四)孔版印刷適用範圍

1.大型車廂廣告

2.各式旗幟

3.花布

4.高精密度電路板印刷

5.銘版印刷

6.玻璃瓶

7.塑膠瓶

8.儀表板

9.家電用品外殼

10.T 恤

11.版畫、年畫

12.其他立體面之印刷

13.有關特殊印刷類。

五、數位印刷 (亦稱無版印刷)

以上所述之凸、平、凹、孔四大印刷版式，在印刷過程，均須經過製版照相、拼版、晒版、印刷加壓乃能將印版印紋部份之油墨移轉至被印物上。而現代各式彩色噴墨印表機、鐳射印表機、彩色數位無版印刷機，皆無需經過網片、拼版、晒版即可直接將電腦磁片上的圖文檔案直接列印成品，其品質與色彩表現和傳統印刷已無差距，特稱此類印刷方式爲「數位印刷」。

數位（無版）印刷過去被列爲特殊印刷，並不列入正式的印刷版中，但隨著電腦科技不斷的突飛猛進，各式彩色印刷機、數位無版印刷機的品質也日益提昇，已有逐漸取代傳統之凸、平、凹、孔四大版式的趨勢，衍然已成爲印刷的第五大版式，也是未來印刷的主流。

(一)數位印刷的基本原理

各式彩色印表機或彩色數位無版印刷機之原理及印刷方法紛陳，約可分爲三十多種，但歸納其原理粗略可區分爲鐳射電子照相印刷、LED 電子照相印刷、鐳射無水平版印刷、噴墨印刷四大類。

1.鐳射電子照相印刷：

是利用數位電腦訊號控制鐳射光束經由迴轉稜鏡或反射鏡反射至充電的影像滾筒使其產生帶靜電的圖文印紋，再利用正負靜電相吸原理將帶相反電荷的色粉（Toner）或色墨吸附到影像滾筒，再經由橡皮滾筒間接轉印到紙張上的印刷方法。

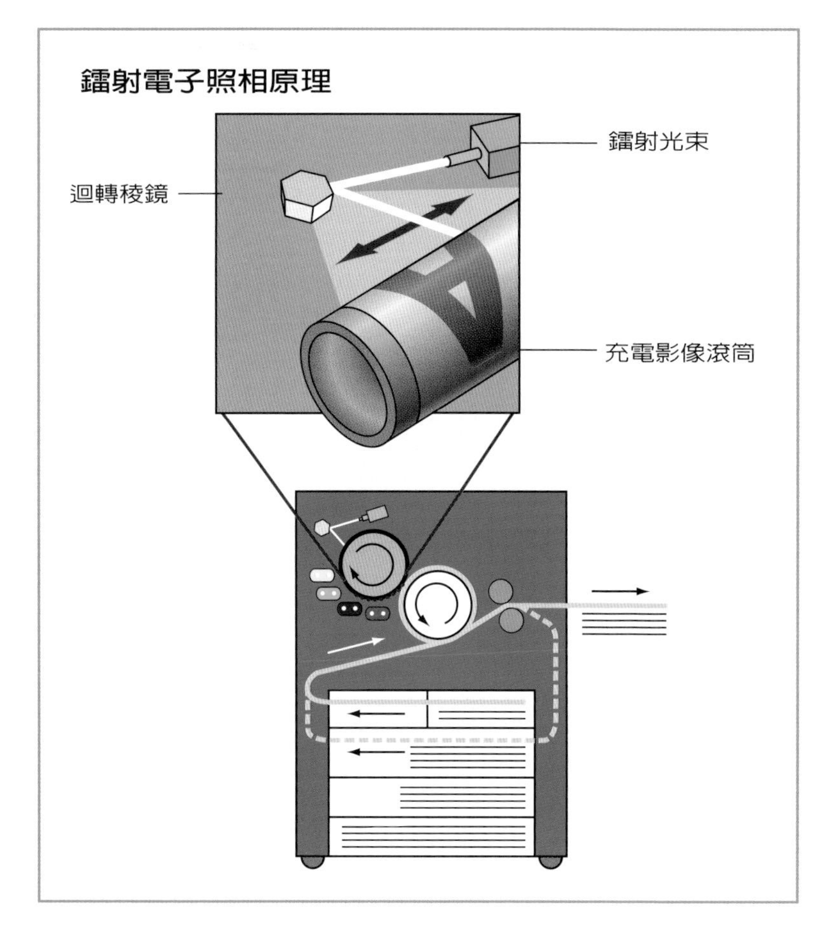

2. LED （發光二極體）電子照相印刷：

是採用和鐳射電子照相印刷相類似的方法，利用數位電腦訊號控制並排的LED光束，在充電的照相傳導滾筒上做不同強弱層次光線的掃描曝光，使其產生帶強弱電荷的圖文印紋，Y.M.C.K 四色粉（Toner）將會吸附在個別的照相傳導滾筒經掃描曝光的區域上，再直接將Y.M.C.K 色粉移轉到紙張上的印刷方法。

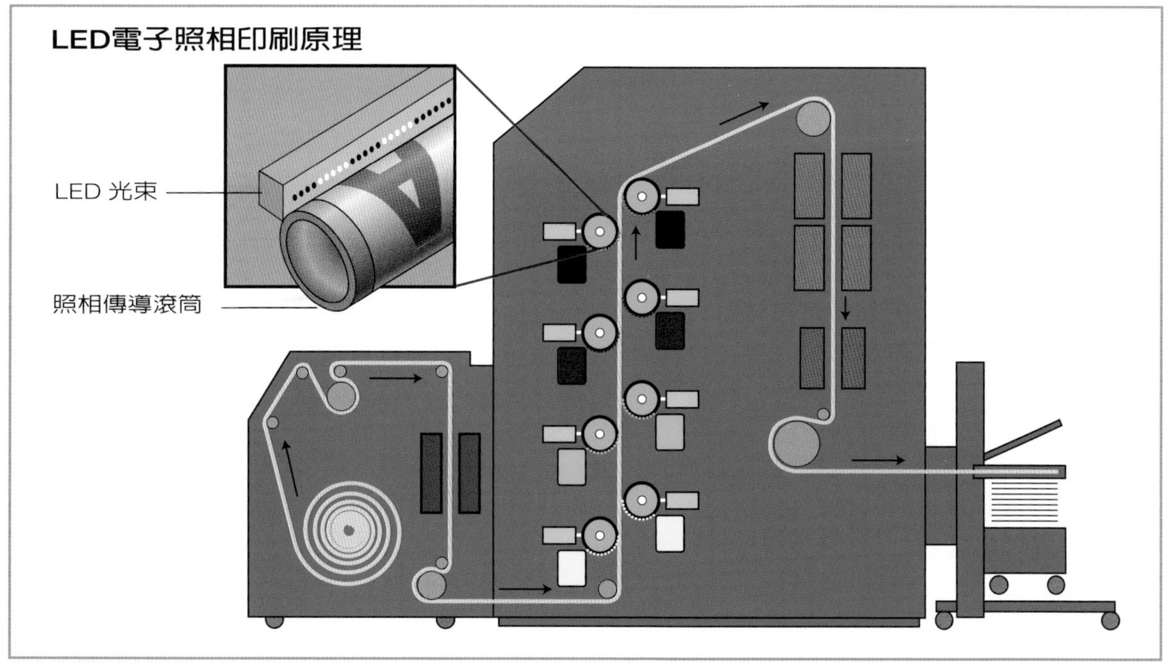

3.鐳射無水平版印刷：

是利用數位電腦訊號控制並排的鐳射光束，直接在塗有矽膠的印版滾筒上掃描製版，被鐳射光掃描到的區域會除去塗在上面的矽膠，產生細小凹陷小版坑的印紋部份，其餘沒被掃描到的部份仍為矽膠所覆蓋，為抗油墨的非印紋部份，再將油墨塗佈在經掃描後的印版上，此時油墨將會吸附在凹陷細小版坑的印紋上，而非印紋部份因有矽膠保護將不會吸附任何油墨，最後將印版上的印墨經橡皮滾筒再轉印到紙上的印刷方法。而鐳射無水平版印刷中所使用塗有矽膠的印版滾筒，在滾筒中藏有一卡式的膠捲，當印版在換版時不需更換印版滾筒，即可在印版滾筒上更新矽膠層重新製版印刷，其更新換版次數可達35版以上，才需更新印版滾筒。此法可說是印刷品質最接近傳統平版印刷的無版印刷。

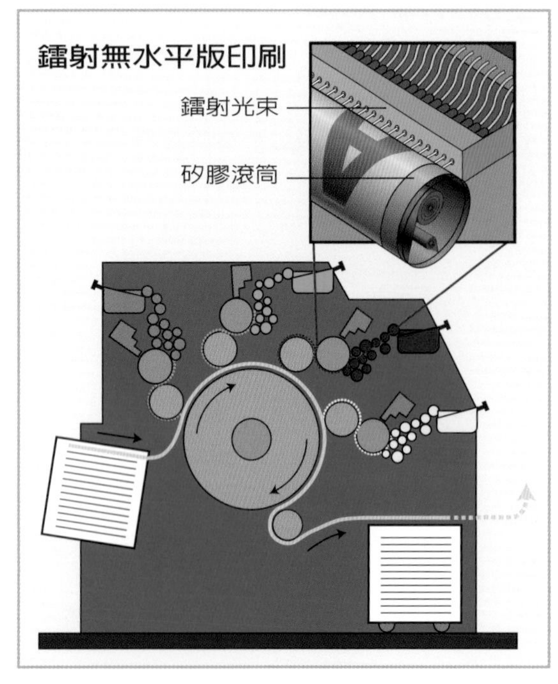

4.噴墨印刷：

是利用數位化電腦程式操縱一組數個噴嘴的噴筆，用電荷控制每一噴嘴所噴出的每一微粒墨點的大小疏密，而構成鮮銳的字跡和影像的印刷方式。

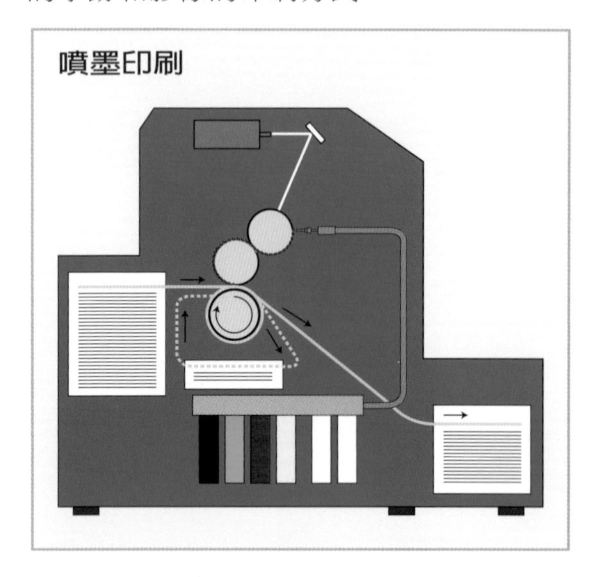

(二)無版印刷的優缺點：

1.優點：具有少量多樣化、立即性的印刷特質。原稿內容可輕易更動。原稿磁片保存複製容易，單一印件也可輕易印製。

2.缺點：機器設備昂貴，印刷材質、面積受限。不適合長版高速印刷。

(三)無版印刷的適用範圍：

1.少量多樣化之短版印刷品
2.商品製造日期標示
3.稅單、繳費單之印製
4.客戶名單地址之列印
5.展場海報
6.簡報、提案資料
7.餐廳菜單
8.公司 CI 手冊。

肆、製版概論

傳統印刷作業，在上印刷機正式印刷前，必須先將印刷正稿（俗稱：黑白完稿）送交製版廠進行：製版照相、拼版、打樣、照相製版（晒版）等四大製版作業程序，才能將印刷版上機印刷。

但隨著桌上出版系統、數位印刷系統與電腦繪圖的發展，使原本屬於製版廠的四大製版作業程序，已局部或全部轉移到設計者手中完成。因此，現代的印刷設計與平面設計工作者對製版技法與作業程序要比前代的設計師更加清楚熟悉，方能勝任愉快。因爲現代數位印刷系統與電腦繪圖所使用的專業印刷、出版軟體，皆是模擬傳統印刷作業流程而設計，若不對傳統各式印刷製版原理與技法有深入了解，根本無法駕馭專業印刷、出版軟體。

傳統印刷流程

電腦印刷製版流程

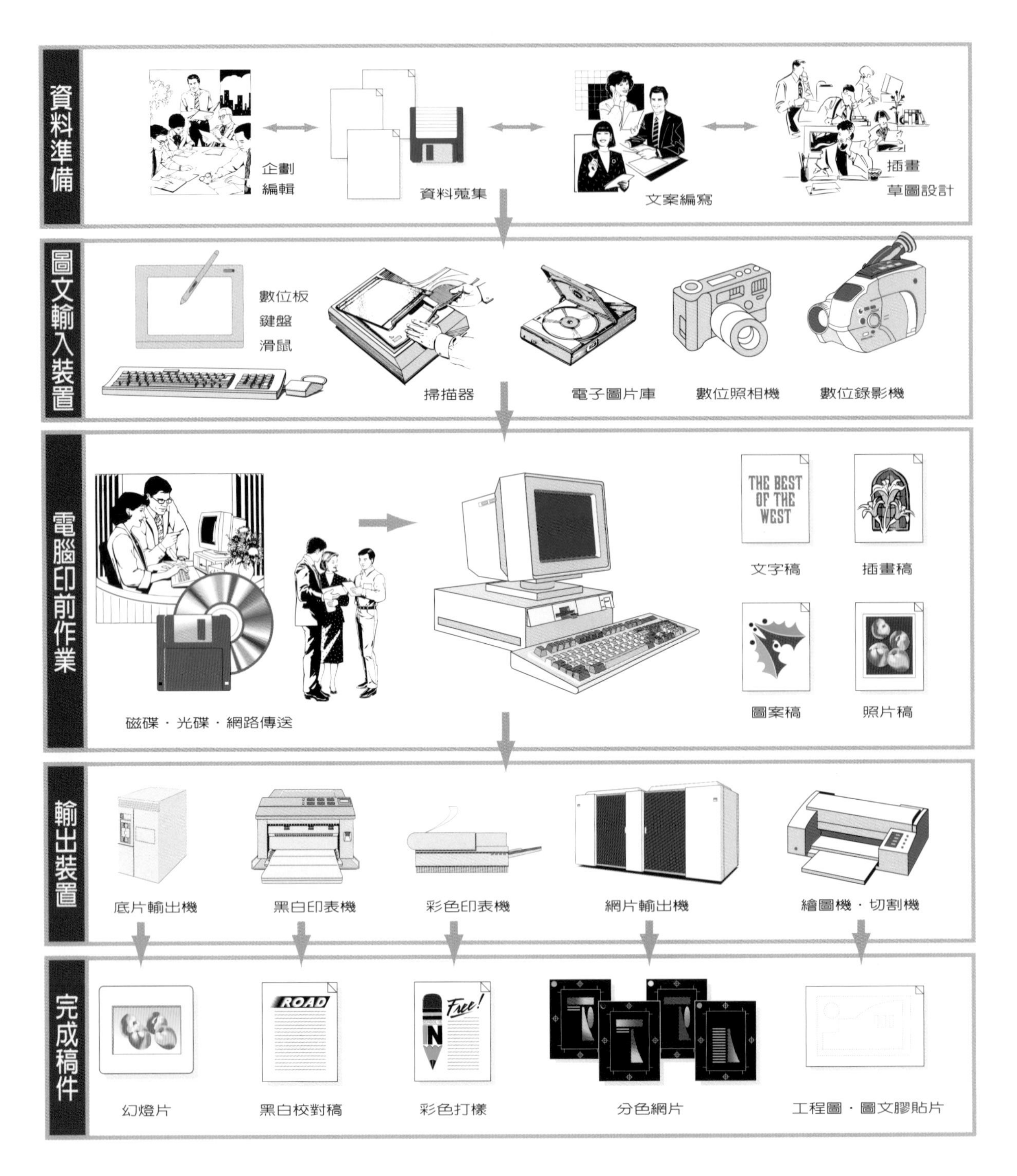
資料準備
企劃
編輯
資料蒐集
文案編寫
插畫
草圖設計
圖文輸入裝置
數位板
鍵盤
滑鼠
掃描器
電子圖片庫
數位照相機
數位錄影機
電腦印前作業
磁碟・光碟・網路傳送
THE BEST OF THE WEST
文字稿
插畫稿
圖案稿
照片稿
輸出裝置
底片輸出機
黑白印表機
彩色印表機
網片輸出機
繪圖機・切割機
完成稿件
ROAD
Free!
N
幻燈片
黑白校對稿
彩色打樣
分色網片
工程圖・圖文膠貼片

傳統印刷作業是設計者將完成的印刷正稿（黑白完稿），送給印刷製版廠進行製版作業。製版廠先依印刷正稿上的指示進行各類製版照相：線條、文字稿先進行「線條照相」，攝得線條陰片；黑白照片或單色連續調原稿進行「過網照相」，攝得半色調網點陰片；彩色幻燈片、相片等彩色連續調原稿則進行「分色照相」，攝得Y.M.C.K 四版之分色網陰（陽）片；需修色或去背景、合成處理的原稿則進行「掩色照相」，製得所需效果之網片。當上述作業皆完成後即進行「拼版」作業。也就是將在製版照相作業中所攝得之各類陰陽片及網片依Y.M.C.K 各版的位置進行拼貼工作，完成各色版的拼版工作。此時爲了檢查拼版是否錯誤，須進行「打樣」工作，單色版晒藍圖，彩色版打彩樣，確認無誤方可進行最後階段的「製版」工作。因爲是利用照相的原理來製版，所以稱此一階段工作爲「照相製版」。其方法是將拼版完成的各色版網片和塗有感光乳劑的印刷版材密接，進行曝光、顯影、腐蝕....等作業完成製版工作。最後將所製得的各色印刷版送廠印刷，此即傳統印刷、製版的基本流程。

目前已有大半印刷設計工作者將傳統手工完稿方式，改用電腦進行印刷正稿製作與製版工作，作業方式一般可分爲下面兩種作業流程。第一種作業流程：是先將文稿進行打字，建立電腦文字檔，圖片則以掃描機針對不同圖片性質分別以線條稿、半色調稿、分色稿等掃描方式建立影像檔，再利用圖文整合軟體將文字檔與影像檔依版面設計需求進行電腦拼版作業，最後設定輸出檔案格式即可完成電腦完稿作業。接下來是將完成的圖文磁片送輸出中心或印刷廠輸出四色網片，再接續進行傳統的拼大版與晒版、印刷等作業即可完成印刷品之複製。第二種作業流程：是在完成圖文整合之電腦檔後，不經拼、晒版，而直接將磁片交給印刷廠以無版印刷機印製印刷品。

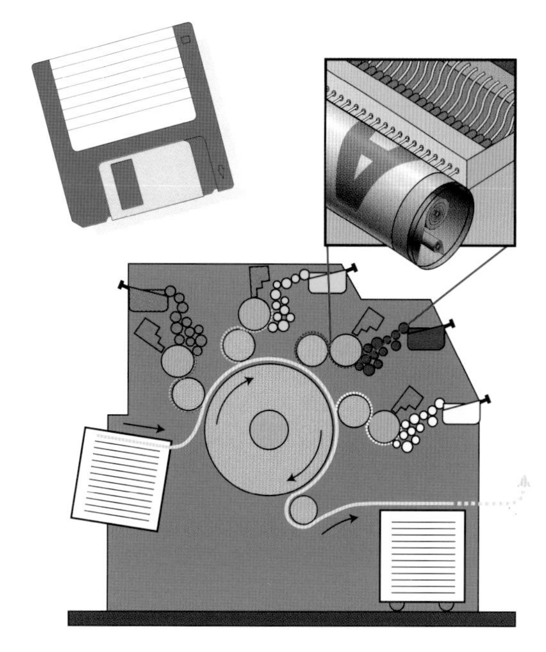

數位印刷系統

由以上傳統印刷製版與電腦完稿的作業流程可知，以傳統手工完稿的設計者只要將印刷正稿交給製版廠，其後所有作業即由製版廠接手處理。而使用現代科技電腦完稿設計者，不但工作沒有減輕，除原有印刷正稿作業外，還要將原本屬於製版廠負責處理的製版照相與拼版工作，合併獨立完成。所以，製版原理與技法在未來電腦完稿作業上將更形重要。

一、製版照相

照相一般可分為：普通照相與製版照相兩大類。普通照相即是指一般家庭在日常生活中所使用的小型相機或商業攝影的中、大型相機以立體景物為對象的照相。而製版照相則是以平面的印刷原稿為對象，以複製照相的方法製成網片供製版之需的工作。換言之，所謂製版照相是指製版之前的照相工作，它是根據印刷原稿的性質選用不同種類底片來拍攝陰、陽片供拼版之用。因此，在談製版照相之前應先對印刷原稿的種類、性質有所了解才是。

(一)印刷原稿的種類：

印刷原稿的分類一般以色彩、調子、透射、反射來區分：

1.以色彩來分類

a.單色稿：是以單一色調構成的原稿，如：素描、黑白相片、文字原稿……等。

b.複色稿：是指兩色以上所構成的原稿。如：統計圖表、複色調插畫....等。

c.彩色稿：是指由無數色彩所構成的全色原稿。如：彩色相片、彩色幻燈片、水彩畫、油畫....等。

單色稿

複色稿

彩色稿

2.以調子來分類

a.線條原稿：是指由粗細線條所構成的文字圖案原稿。如：文字稿、商標圖案等。

b.連續調原稿：是指由不同濃淡深淺色調所構成的原稿。如：黑白、彩色相片、幻燈片、水彩畫、炭筆素描等。

c.半色調原稿：是指由細小的網點、網線所構成的原稿，當原稿和眼睛在適當距離下，這些網點、網線在視網膜上會產生並置混合連續階調感覺，而無法知覺網點網線的存在，特稱此原稿爲「半色調原稿」。如：書報、雜誌上的印刷圖片，皆是半色調原稿。

線條原稿

連續調原稿

3.以透射、反射來分類

a.透射原稿：是指原稿必須放在光源和眼睛之間，透射成像的原稿。如：幻燈片、黑白正負片。其製版照相方法如圖示。

b.反射原稿：是指藉由反射光成像的原稿。如：黑白彩色相片、水彩畫、文字原稿等。其製版照相方法如圖示。

由以上分類可知，一件印刷原稿皆包含三類的屬性。例如：黑白相片是單色、連續調、反射原稿。彩色正片是彩色、連續調、透射原稿。標準字是單色、線條、反射原稿。

反射原稿製版照相圖解

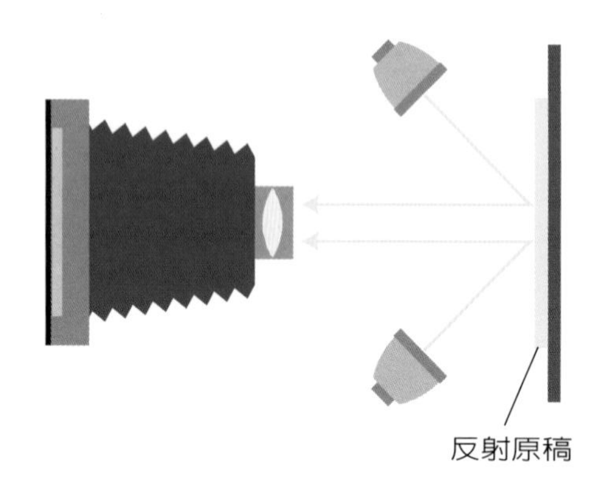

透射原稿製版照相圖解

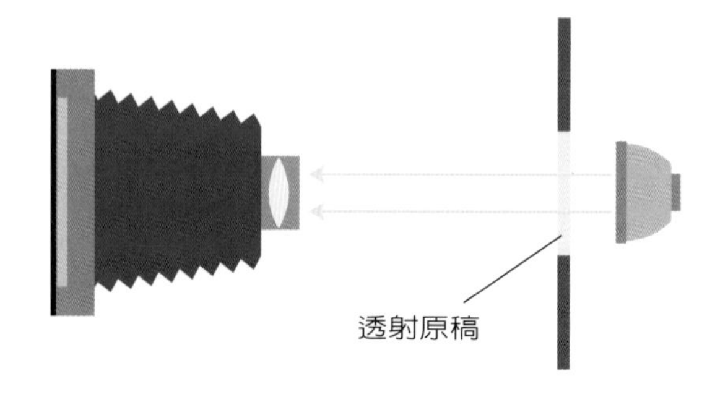

(二)製版照相的種類

1.線條照相

是以高反差之利斯片（Lith Film）將線條原稿經照相而得到黑白分明之陰片以供製版之用。如圖所示：

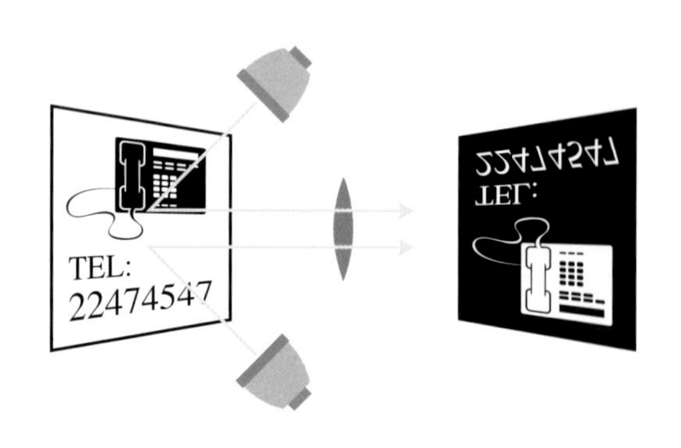

線條照相是製版照相中最基本的一種工作。 印刷原稿中的文字、線條圖案皆需經線條照相製得陰片或再翻成陽片才能製版。因此，線條原稿條件愈精密，所攝得到的陰片品質效果愈佳，黑白對比強烈，該黑的純黑，該透明的地方完全透明，是線條照相最重要的條件。

2.連續調照相

連續調照相和普通照相過程原理和所使用的底片亦相類似。它是針對珂王羅版、照相凹版所需之連續調陰片而設計的。將連續調原稿翻製成連續調的陰片供製版之用。

3.過網照相（半色調照相）

凡是連續調印刷原稿除上節所述珂𤩽版與照相凹版外，皆需經過網照相將連續階調之原稿轉變成由網點、網線所構成之半色調原稿，才能進行製版印刷。換言之，過網照相即是利用網屏將連續調原稿轉換成半色調原稿的製版照相。過網照相的種類與原理將另闢專章說明之。

4.分色照相

分色照相是應用補色對原理，利用R.G.B色光三原色濾色鏡，將彩色原稿分解爲Y.M.C.K 四色版的製版照相。分色照相又可分爲直接分色、間接分色、電子分色三大類。

5.掩色照相（Masking）

掩色照相可作爲分色片色彩修正之用，也可運用於去背景、圖文合成的製版技法中，現已廣於電腦組頁與電腦繪圖系統中使用。

以上五大類製版照相技法要依原稿性質不同交替運用，使製得的底片能符合設計者與製版者的標準，才能印製出精美印刷品。

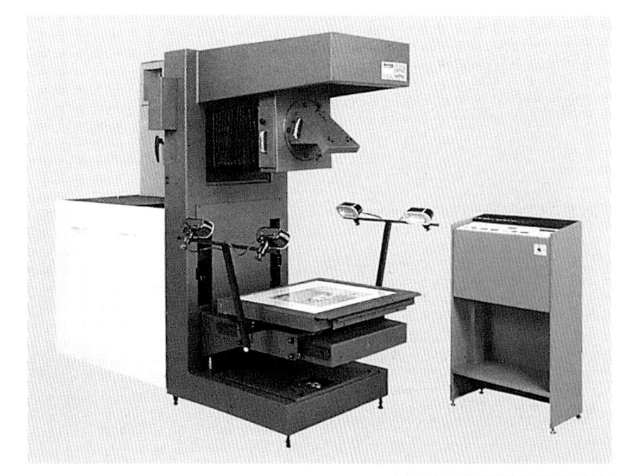

直立式製版照相機

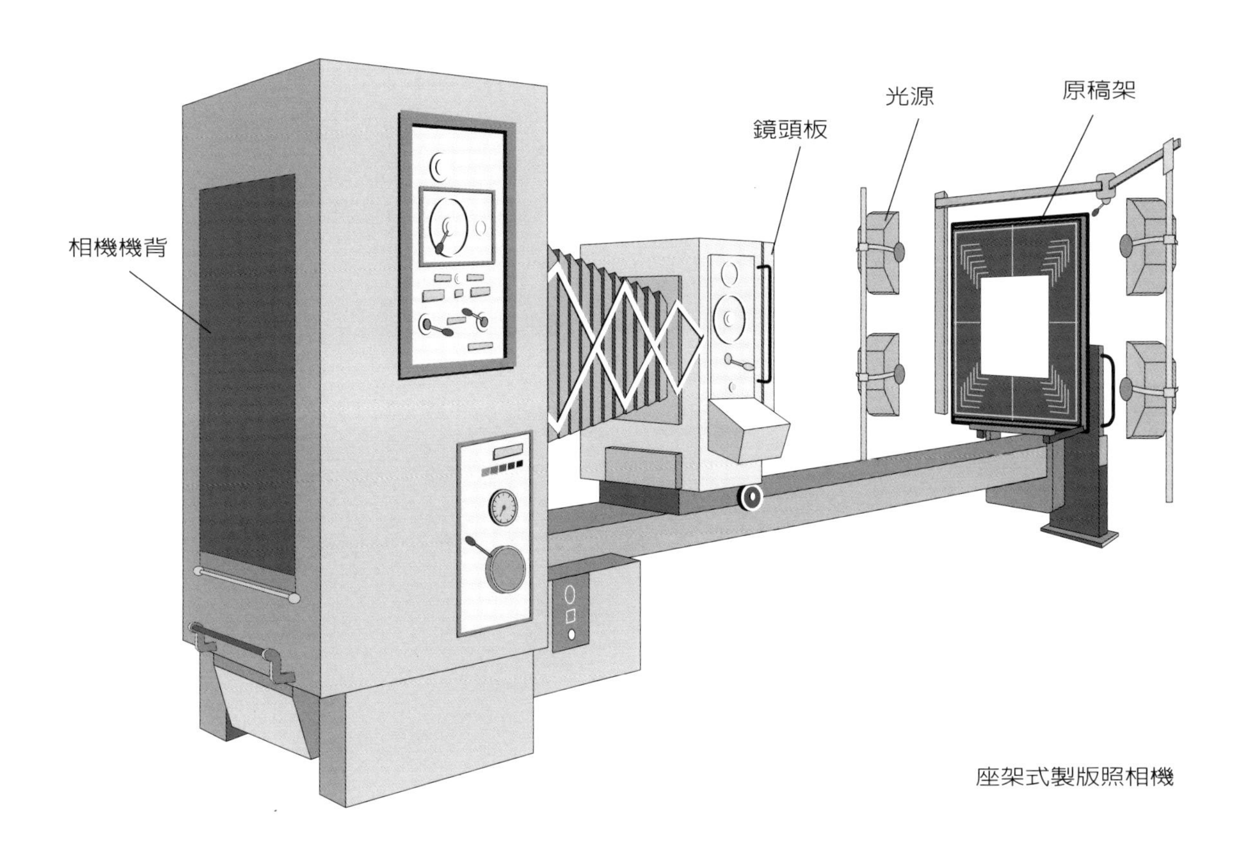

座架式製版照相機

二、過網照相（半色調照相）

凡是連續調印刷原稿除珂羅版與照相凹版外，皆要使用過網照相攝得網片才能製版，否則若直接用一般製版照相攝得的陰片去製版，原稿上原有明暗濃淡的連續階調，將會模糊不清，無法重現原有的連續調變化，就如同將連續調的相片用一般影印機影印時所產生的結果一樣，會變成高反差的模糊圖像。因此，要使連續調原稿的階調忠實重現，必須將連續調原稿經由過網照相處理使原稿的連續階調轉換成細小網點、網線所組成的半色調網片，才能進行製版印刷。

(一)過網照相原理

當連續調原稿放置在製版相機的原稿夾板上時，將光線由原稿反射或透射經過鏡頭，會先到達一接觸網屏（Contact Screen），這網屏（片）上佈滿極精密的暈點，若用高倍率放大鏡觀看網屏，可見到一個個中央透明呈環狀漸層變黑，不很結實、焦距不清般的暈點。當光線通過網屏，不同強弱的光，在製版的感光底片上會形成大小不同的網點，光線強時通過網屏會在底片上形成大的網點，反之，光線弱時會形成細小的網點，如圖所示。在印刷時雖然每個網點所印得的墨色濃淡均一，但因每個網點的大小面積不同，經並置混合後，大小面積的網點在視覺上會產生濃淡不一而有連續階調變化的效果。

上面所介紹半色調網點形成的原理，

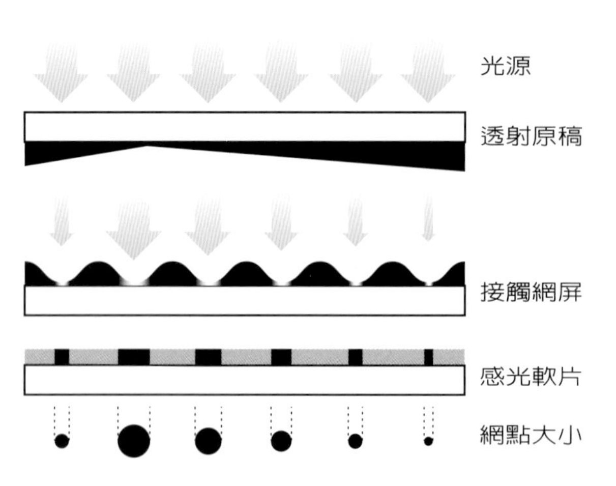

是使用傳統製版照相機，加上接觸網屏，在製版底片上產生半色調網點的情形。但現代印刷科技已逐漸使用數位式半色調過網技術，來取代傳統的過網照相技術。可是無論傳統或現代數位式半色調網點形成技術，皆要透過四個重要參數才能產生各種不同的網點效果。此影響半色調網點的四個重要參數是：1、網點濃度（又稱網點百分比）2、網線數（又稱過網頻率） 3、網點形狀 4、網屏（點）角度。以下即分項說明之。

(二)決定網點效果的重要參數

1.網點濃度（又稱網點百分比）

半色調是利用單位面積上網點大小及疏密度，透過並置混合的視覺現象，來表現呈現圖像的明暗程度。例如：在單位面積黑色網點所遮蓋的面積為10% 時，在適當距離下，這些細小網點和白紙會並置混合產生視覺錯覺而呈現淺灰色調，此種半色調網點即稱為10% 網點。同理在單位面積下若網點所佔面積為50% （呈西洋棋的黑白格），將會產生中灰色的視覺現象即稱此網點為50% 網點。其他各網點濃度可依此類推，如圖所示。

一般在平面設計和印刷行業裏，經常使用濃度計（Densitometer） 的專業儀器來測量網點濃度，使全部印刷作業流程的網點不致擴大造成偏色現象。目前，使用電腦繪圖系統設計時，網點濃度標示，可以從1%～100%來標示網點濃度大小，但過於細小的網點，複製過程較為困難，宜避免使用。

網點百分比放大圖解

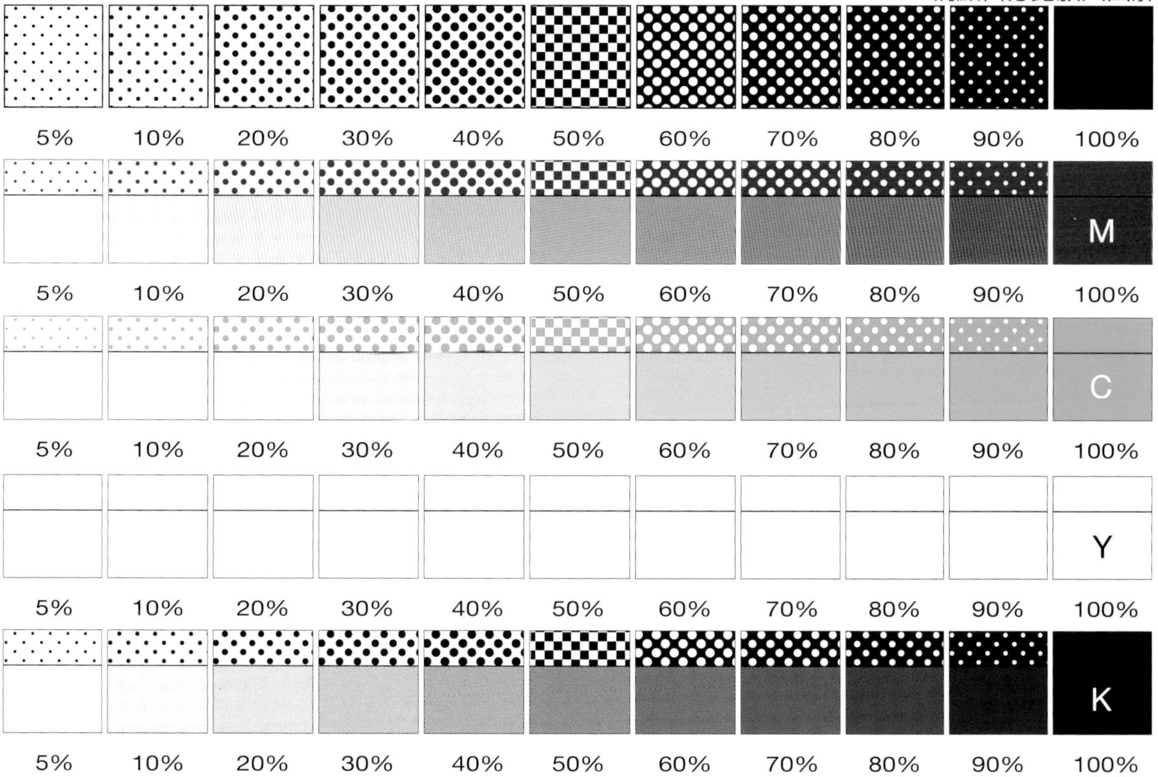

5% 10% 20% 30% 40% 50% 60% 70% 80% 90% 100%

M

5% 10% 20% 30% 40% 50% 60% 70% 80% 90% 100%

C

5% 10% 20% 30% 40% 50% 60% 70% 80% 90% 100%

Y

5% 10% 20% 30% 40% 50% 60% 70% 80% 90% 100%

K

5% 10% 20% 30% 40% 50% 60% 70% 80% 90% 100%

2.網線數（又稱過網頻率）

當我們用放大鏡觀察印刷品時，你會看到成行排列的大小網點，而每一印刷品其每英吋都有一定行數的網點，有些印刷品一吋內排列100行網點，即稱爲100網線（100lpi），有些印刷品則是每英吋可排列175 行網點，稱爲175網線（175lpi）。此種每英吋可形成的網點行數，稱爲網線數，單位爲lpi（每英吋的網線數line per inch）。

網線數愈高所印刷出來的印刷品，層次階調愈豐富，質感愈細緻。反之，網線數愈低，其所印刷出來的印刷品，階調層次愈平淡，質感愈粗糙。

網線數的多寡要依不同的印刷條件與

30 lpi

60 lpi

85 lpi

100 lpi

紙張需求來決定。例如：網版印刷以15～60網線印刷，報紙則多數以75～100網線印刷，模造紙、道林紙類印刷品一般以133～150網線印刷，銅版紙類的高級印刷品大都採用150～200網線印刷。最新FM過網技術所發展出來的水晶網點或鑽石網點，已能輕易將傳統都難達到的250lpi過網技術，一下提升至600～700lpi的超高水準。但相對的印刷條件與紙張品質也要一起配合，才能印製出超高水準的印刷品。

在電腦完稿前，圖檔的掃瞄解析度(ppi)要如何設定才能與網線數(lpi)配合呢？其公式如下：ppi ＝ lpi×2，例如150lpi的圖片掃瞄解析度要設定爲300ppi。

133 lpi

150 lpi

175 lpi

200 lpi

3.網點形狀

當我們使用不同形狀的網屏進行過網照相時，將產生不同形狀的網點，但一般網屏可分為實用網屏與特殊網屏兩大類。實用網屏依所產生網點形狀又可分為鏈形網屏、方形網屏、圓形網屏三種。一般鏈形網屏會產生橢圓形網點，網點顆粒較為柔細，最適合人像過網。而方形網屏可產生鑽石形網點，網點顆粒較為銳利，較適合家電科技產品之硬調影像。而圓形網屏可產生大小不同的圓形網點，適合一般階調的影像過網。但圓形網點在暗部階調複製時容易形成網點擴大情形，目前已有電腦軟體會自動將50% 以上的圓形網

圓形網屏 175 / lpi

方形網屏 175 / lpi

鏈形網屏 175 / lpi

圓形網屏 60 / lpi

方形網屏 60 / lpi

鏈形網屏 60 / lpi

點改為方形網點，使圓形網屏的缺點獲大幅度的改善。

一般情況下我們都是採用上述三種網屏來進行過網處理，但有時為配合設計的需要，也會採用特殊網屏，使單調的圖片，經富有變化的特殊網屏處理而產生新的視覺效果，達到設計者的訴求。較常用的特殊網屏有直線網屏、波浪網屏、同心圓網屏、粗砂目網屏、細砂目網屏....等。此外，當印刷原稿圖片品質太差時，也可利用特殊網屏發揮化腐朽為神奇的功能，提高印刷效果，因此時下青年刊物與海報即常使用此種技法。（可參考P.158的特殊網屏效果）

水平網屏 60 / lpi

砂目網屏 60 / lpi

波浪網屏 60 / lpi

垂直網屏 60 / lpi

細砂目網屏 100 / lpi

同心圓網屏 60 / lpi

4.網屏（點）角度

印刷網點一般排列整齊，所以應用上便有角度之分，如：單色印刷時，其網屏角度多採用45度，這是基於45度所形成的網點排列，最容易產生並置混合的視覺效果，也較不易感覺網點的存在。若網屏角度改爲90度時，其網點的並置混合效果最差，容易察覺網點的存在。但是當有兩色或兩色以上印刷時，其網點的排列角度一定要錯開，否則同一角度網點重覆疊印，無法使網點產生並置混合的混色效果以重現色彩。經實驗結果發現當兩色網點錯開疊印時很容易產生網花的干擾圖案，稱爲「撞網」（Moire） 現象。可是當兩色網點排列的角度相差在30度或60度時便不會出現撞網的現象。所以一般雙色印刷，主色或深色版的網屏角度用45度，淡色版則用75度。三色印刷時則各色版的網屏角度分別採用45度、75度、105度 等三個角度。如果是彩色印刷的四色版則分別採用黑45度、洋紅75度、黃90度、青105度 。這些角度各色並無一定限制，但黑版45度、黃版90度，通常是固定不動的，而青版和洋紅版的角度可以互換，視印刷品的需要而定。

目前爲了配合多數電腦繪圖以及桌上出版的PostScript印表機，美國 Adobe 公司發展出新的過網角度：黃版與黑版分別是0度和45度，青版改爲71.5度，洋紅版則改爲18.5度。

在我們將連續調原稿進行過網照相前，需先考慮上述四個決定網點效果的重要參數，做最合適的選擇，方能印製出符合需要的印刷品質。

撞網現象

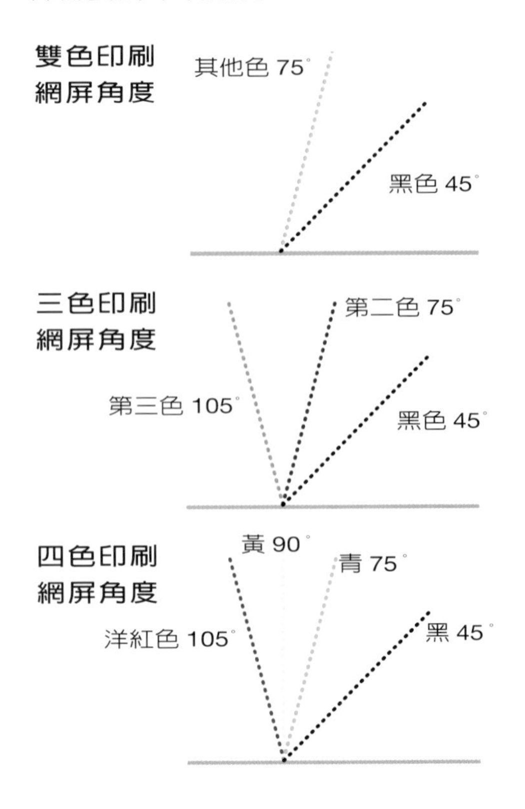

(三)調幅過網(AM)與調頻過網(FM)

自1980 年代開始，隨著電腦繪圖和印刷科技的結合，使傳統照相式的過網技術，逐漸被數位電腦所發展出來的調幅(AM)過網與調頻(FM)過網技術所取代。

1.調幅過網(AM Screening)

傳統的過網照相就是一種「調幅過網」技術：它們是網點位置固定但網點大小會變化的半色調網點，也就是利用固定的頻率使每個網點在等間距的位置上，再變化振幅的大小產生大小的網點。所以由調幅過網形成的網點和傳統過網照相產生的網點是一樣的，只不過改用數位式電腦的調幅過網技術，比傳統作業更加快速、便利。

2.調頻過網 （FM Screening）

傳統印刷網點容易產生撞網的現象，而全新的過網技術—調頻過網，則完全沒有撞網的困擾，也不要考慮過網的網屏角度。其主要原理是利用「調頻」的方式產生網點：它們的每一網點尺寸大小一樣，但網點位置會產生疏密變化的不規則排列。也就是利用固定不變的振幅使網點大小保持一樣大小，而改變頻率的高低使網點分佈產生疏密隨機排列。因此，調頻過網所產生的網點，通常稱爲亂數網點或隨機網點。

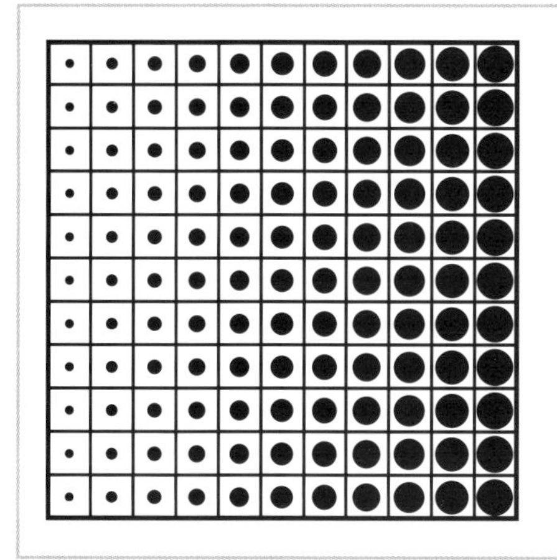

AM調幅過網

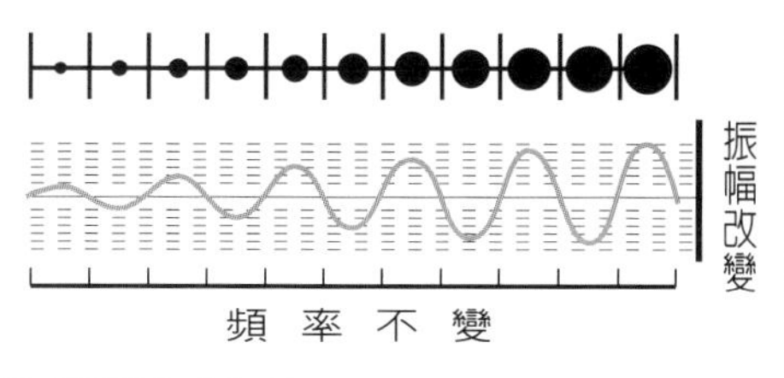

FM調頻過網

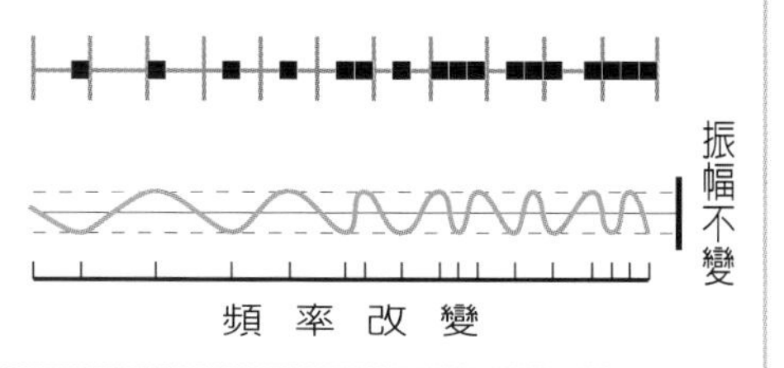

調頻過網的網點細小，直徑通常爲15～20微米，網點採隨機分佈。因此，使用調頻過網技術可大幅提升網線數達到700lpi以上的超高水準，其印刷品質與連續調攝影幾乎沒有多大差異。同時因其網點是亂數隨機分佈，不會有撞網的網花出現，有利於高傳眞四色版以上的彩色複製工程，將是未來彩色印刷的重要技術。

三、彩色複製技術——分色照相與色彩重現

近年來由於電腦繪圖軟硬體不斷的突破、創新，使原本複雜且難以掌控的彩色複製技術，變得更方便快捷且變化萬千。但人們對色彩的基本原理，卻常混淆不清。因此，在本章探討彩色複製技術之前，必須先對色彩學的一些基本原理加以廓清、說明。

(一)原色

大自然界的所有物質都是由最基本的一百多種「元素」所組成，例如：水（H_2O）是由兩個氫和一個氧所組成；雙氧水（H_2O_2）是由兩個氫和兩個氧所組成；硫酸（H_2SO_4）是由兩個氫一個硫和四個氧所組成。同樣的在萬千的色彩中，絕大多數的色彩是由兩種或兩種以上的基本色彩所混合而成的，但是有些色彩是不能由任何色彩混合而成，這些不能由任何兩種色彩混合而成的最基本色彩，稱爲「原色」（primary colors）。

目前我們將原色分爲下列兩個色系，一是色料三原色：洋紅（Magenta）、黃（Yellow）、青（Cyan ）三色。另一是色光三原色：紅（Red）、綠（Green ）、藍（Blue）三色。 但是，國內在上述的原色命名上可謂百家雜陳，混淆不清且錯誤百出，主要原因有二：一是早期色彩學相關名詞皆直接引用日文中的漢字所造成，如下表所示：

色彩	英文	中文	日文(漢字)
	Red	紅	あか 赤
	Green	綠	みどり 綠
	Blue	藍	あお 青
	Magenta	洋紅	マゼンタ 紅
	Yellow	黃	き 黃
	Cyan	青	あい 藍

然而，日本色彩學所稱之色料三原色：紅、黃、藍，與色光三原色：赤、綠、青和中文所指的原色有四個是不相同的，在翻譯時不可將日文中的漢字直接引用。如上表所示：中文的「紅」是日文的「赤」，日文的「紅」是中文的「洋紅」；中文的「藍」是日文的「青」，日文的「藍」是中文的「青」，絕對不可誤植。

其次是原色的命名，宜採用單一名詞，絕對不可採用複合名詞，因爲原色是最基本、最原始的色彩，所有色彩是由原色相互混合而成，它不能由其他色所構成，基於此論點在中、英文的三原色命名皆應採用單一名詞。近年來在西方色彩學及電腦軟體中所使用的原色名稱已逐一改爲單一名稱，眞是可喜的現象。爲了讓讀者對色彩三原色有更清楚的認識，特將正確色相名稱列表如下：

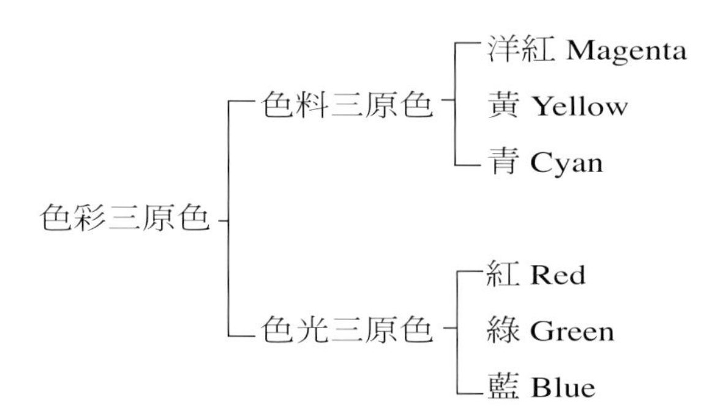

(二)色彩的混合

一般色彩學在談到色彩的混合時，會依其混色性質的不同分為：色料混合、色光混合、中性混合三種，但筆者認為色料混合與色光混合是一體的兩面，是一件事的兩種方法；在下面將分別說明色料與色光混合的現象，再以方程式的結構解析色彩產生的原理。最後再來分析中性混合現象。

1.色料混合

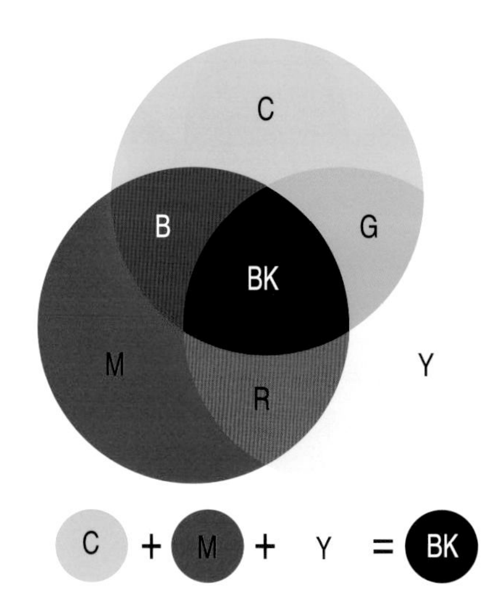

繪畫顏料或印刷油墨中的洋紅(Magenta)、黃(Yellow)、青(Cyan)為色料三原色，各種色相都是利用三原色依不同

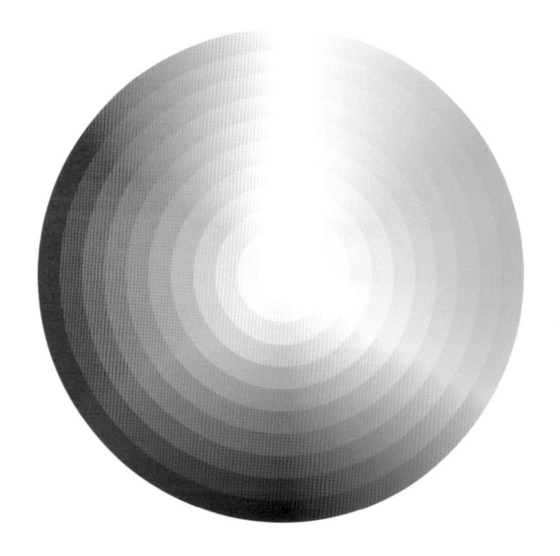

比例相互混合而成，若色料混合愈多，顏色愈黑暗，我們稱此種混合為「減法混合」。色料三原色具有下列特性：(1)不能用任何物理、化學方法再加以分解。(2)不能由其他色料混合而成。(3) 三原色等量混合時會變成黑色。(4) 任意兩原色等量相加混合時會有如下表的結果：(在理想狀態下)

Y(黃)＋ M(洋紅)＝R(紅)
Y(黃)＋ C(青)＝G(綠)
M(洋紅)＋ C(青)＝B(藍)
另因Y＋M＋C＝BK(黑)
所以Y＋B(＝M＋C)＝BK(黑)
M＋G(＝Y＋C)＝BK(黑)
C＋R(＝Y＋M)＝BK(黑)

由以上圖表可知黃和藍、洋紅和綠、青和紅互為補色對。(補色對就是任意兩色混合時會產生黑或灰的現象，我們稱此兩色互為補色對。在色彩學的意義是指互為補色之兩色，會相互吸收對方的光線，因此就會形成黑色。因為黑色是光線被完全吸收不反射任何光的現象。)

2.色光混合

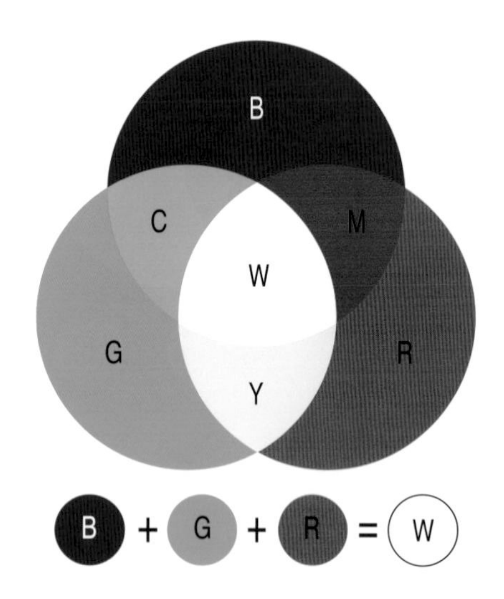

色光三原色是指：紅（Red）、綠（Green）、藍（Blue）。當三色光交互混合時會產生無數的色彩，且混合愈多得到愈明亮的色光，我們稱此種混合爲「加法混合」。三原色光具有下列特點：(1)不能用任何方法再分解。(2)不能由其他色光所混合。(3)三色光等量相加時會混合成白光。(4)任意兩原色等量相加混合時會產生如下表的結果：（在理想狀態下）

R(紅光)＋G(綠光)＝Y(黃光)

G(綠光)＋B(藍光)＝C(青光)

R(紅光)＋B(藍光)＝M(洋紅光)

上面的色光混合結果，一般只能以現象說明解釋之，並無法說明爲什麼紅色光加綠色光會產生黃色光。下面筆者將以自創的「色彩方程式」解釋之。

3.色彩方程式

色彩方程式可應用於色光、色料混合現象之解釋，但必須符合下面定義才能應用自如：(1)將色光、色料之混合視爲一體的兩面。(2)在方程式中以Y.M.C 爲基本三原色。(3)不管色光、色料中的R.G.B 皆要以Y.M.C 之組合出現，如：R 分解爲Y.M，G 分解爲Y.C，B 分解爲M.C 。(4)在色料混合時Y.M.C 等量相加會產生黑色或灰色，但在色光混合時Y.M.C等量相加即爲白光。現將色彩方程式應用說明如下：

R光 ＋ G光 ＝ Y光
Y M　　Y C　　Y. M. C相混和變白光剩下沒混合的Y光

G光 ＋ B光 ＝ C光
Y C　　M C　　Y. M. C相混和變白光剩下沒混合的C光

R光 ＋ B光 ＝ M光
Y M　　M C　　Y. M. C相混和變白光剩下沒混合的M光

R光 ＋ G光 ＋ B光 ＝ W光
Y M　　Y C　　M C　　Y. M. C相混和變白光沒剩下任何色光

爲什麼我們會看到黃色？因爲黃色色料和光線中的藍光互爲補色對，所以黃色將白光中的藍光完全吸收了，反射紅色光與綠色光，經混合後產生黃色光，進視網膜成像，所以產生黃色的影像視覺。

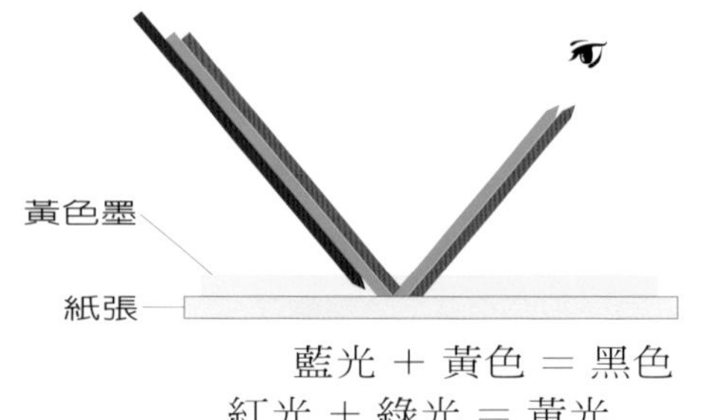

爲什麼看到洋紅色？因爲洋紅色與綠色光互爲補色對，將白光中的綠色光吸收了，反射紅光與藍光，經混合產生了洋紅色的視覺現象。

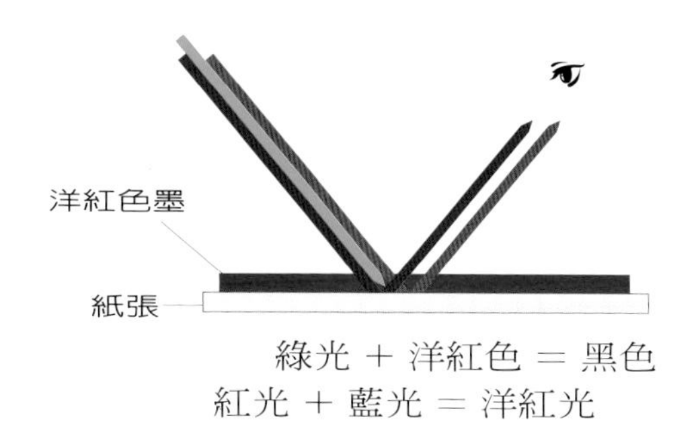

綠光 ＋ 洋紅色 ＝ 黑色
紅光 ＋ 藍光 ＝ 洋紅光

爲什麼看到青色？因爲青色與紅色光互爲補色對，將白光中的紅光吸收了，反射綠光和藍光，經混合產生了青色的視覺現象。

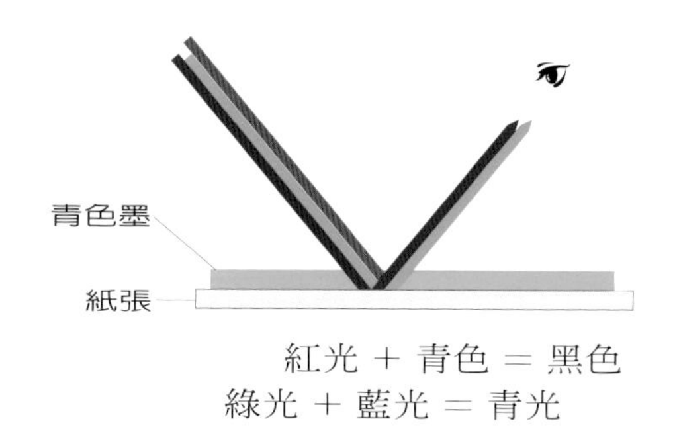

紅光 ＋ 青色 ＝ 黑色
綠光 ＋ 藍光 ＝ 青光

爲什麼看到紅色？因爲紅色顏料中的黃色成分將藍色吸收，洋紅將綠色光吸收，唯一沒有吸收反射回去的是紅光，所以產生紅色的視覺現象。

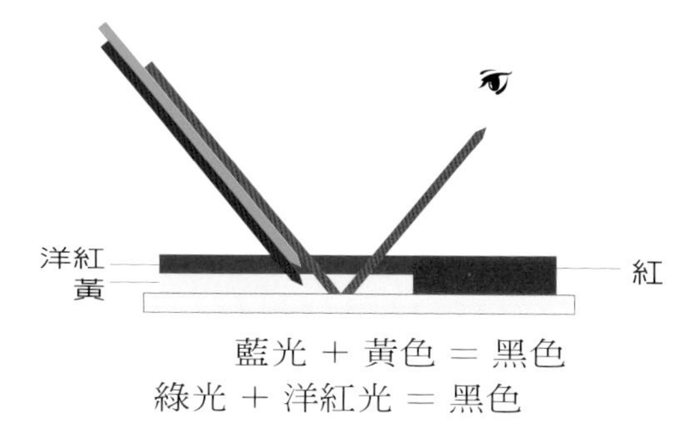

藍光 ＋ 黃色 ＝ 黑色
綠光 ＋ 洋紅光 ＝ 黑色

爲什麼看到綠色？因爲綠色中的黃色將藍色光吸收，青色將紅色光吸收，剩下沒有吸收反射回去的是綠光，所以產生綠色的視覺現象。

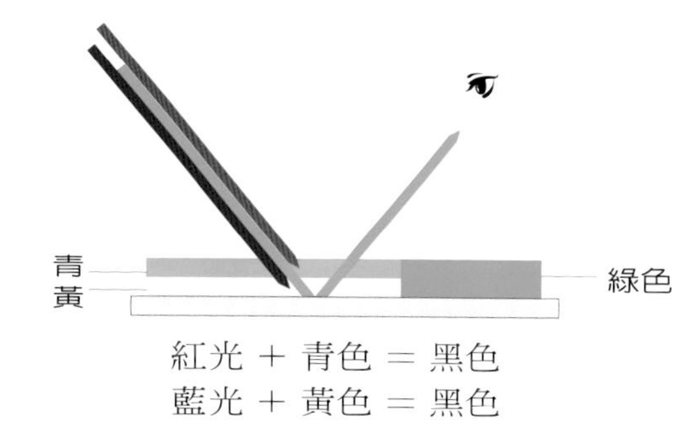

紅光 ＋ 青色 ＝ 黑色
藍光 ＋ 黃色 ＝ 黑色

爲什麼看到藍色？因爲藍色中洋紅將綠光吸收，青色將紅光吸收，唯一沒有吸收反射回去的是藍光，所以產生藍色的視覺現象。

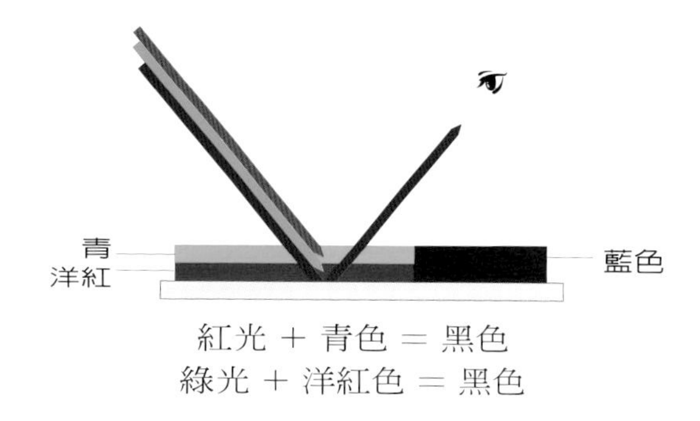

紅光 ＋ 青色 ＝ 黑色
綠光 ＋ 洋紅色 ＝ 黑色

爲什麼看到黑色？因爲黑色中的黃色將藍光吸收，洋紅色吸收綠光，青色吸收紅光，光線完全被吸收，沒有任何光線反射，所以產生黑色的視覺現象。

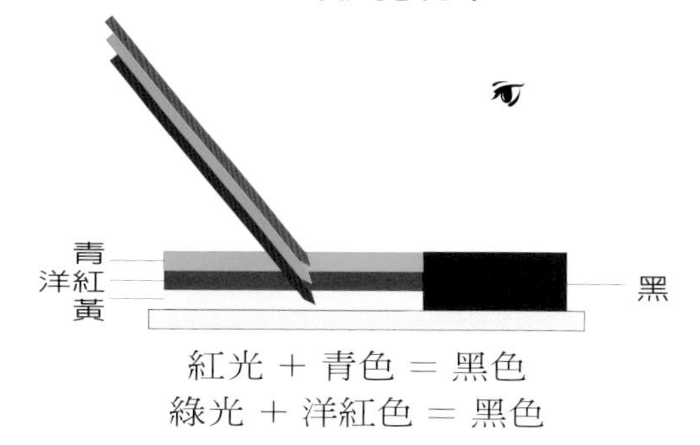

紅光 ＋ 青色 ＝ 黑色
綠光 ＋ 洋紅色 ＝ 黑色

4.並置混合

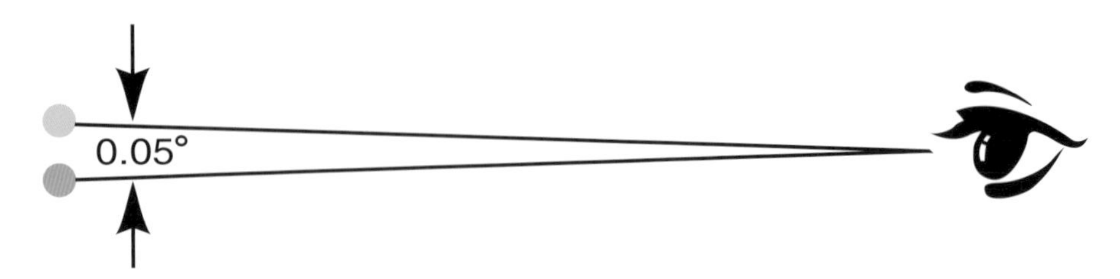

並置混合是將各種細小的色點或色線密接地並列或交疊在一起，當這些相鄰的色點、色線到眼睛的光角小於0.05度時，這些色點或色線將在視網膜裡混合爲一，產生「視覺混色」的現象，這種現象稱爲「並置混合」。

彩色印刷就是利用分色照相原理將原稿先分解爲：黃（Y）、洋紅（M）、青（C）、黑（K）四個分色版，再將每個分色版經過網照相的處理，產生密佈大小細點的網版，最後經過四色套印，就可得到佈滿Y.M.C.K 四色大小密接的小色點的印刷品，這些各色的小色點會產生並置混合現象，我們將看到與原稿沒有兩樣的彩色圖片。

(三)色彩的分解—分色照相原理

最早期的彩色印刷品是經由九至十二塊不等的印刷版疊印而成，不但費時費工，且僅能得到接近彩色效果的圖片，直至十九世紀末在色彩學有關原色、混色、分色照相理論上有突破性發現後，才使彩色複製技術進步到僅用Y.M.C 三色版即可疊印出和原稿接近的彩色印刷品，但由於印刷用的Y.M.C 三色墨多少都含有些雜色，其純度並非理想值的百分之百，在分色及疊印過程中容易形成偏色。因此，在分色及疊印過程中特別加上黑色版來平衡偏色現象。現代的彩色印刷俗稱四色印刷(Y.M.C.K)即是此原因。

一張彩色原稿(彩色照片、彩色幻燈片、插畫....等)如何分解成Y.M.C.K 的分色版呢？下面單元即以圖解說明其中原理。

分色照相原理是利用補色對相互吸收色彩的現象，透過紅(R)、綠(G)、藍(B)三原色濾色鏡將彩色原稿中的黃(Y)、洋紅(M)、青(C) 三原色分離出來。例如：紅色與青色互爲補色對，所以紅色濾色鏡可以將原稿中的青色圖案分離出來；綠色與洋紅色互爲補色對，所以綠色濾色鏡可以將原稿中的洋紅圖案分離出來；藍色與黃色互爲補色對，所以藍色濾色鏡可以將原稿中的黃色圖案分離出來。但在彩色複製所使用的黃(Y)、洋紅(M)、青(C) 三原色油墨含有微量之雜色，並非理想的油墨，容易造成偏色，爲了修正、平衡色彩，可利用紅(R)、綠(G)、藍(B) 三原色濾色鏡分別重複曝光製成黑色版(K)來平衡色彩。此即是目前一般彩色印刷所採用的Y.M.C.K 四色印刷的分色原理。

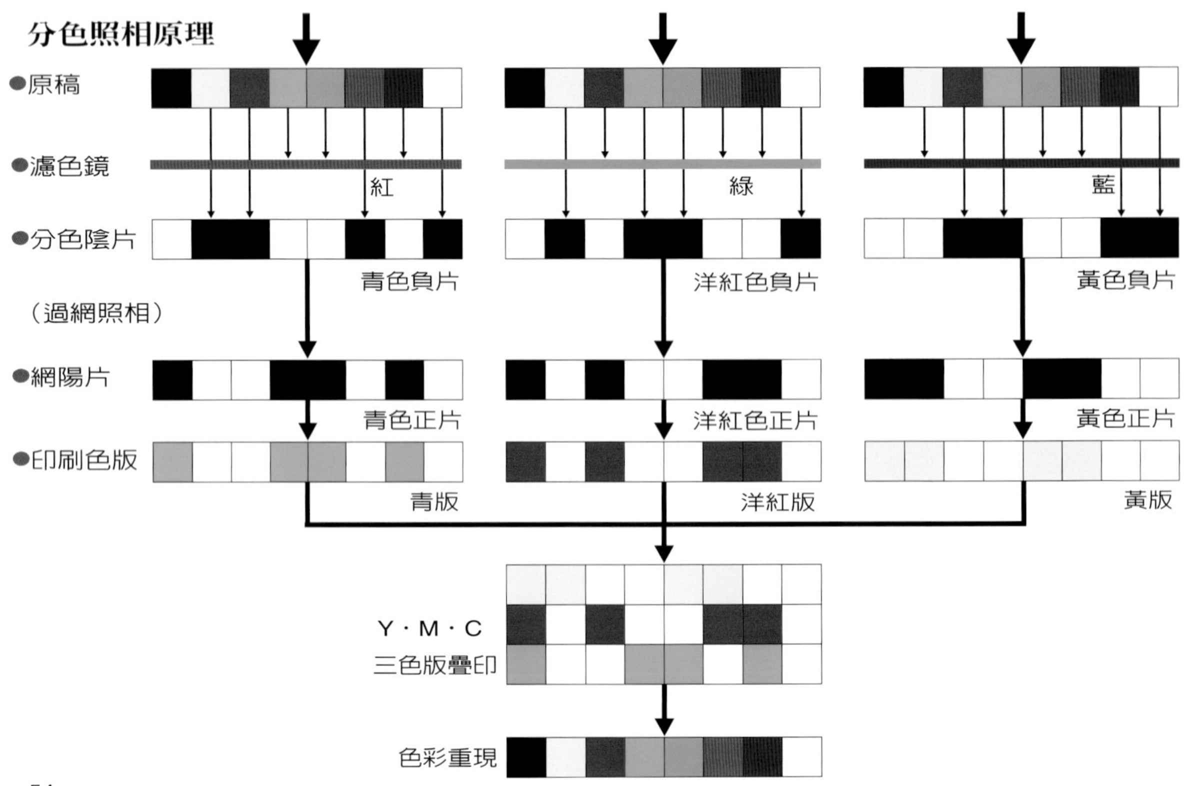

分色照相圖解

原稿

●濾色鏡

紅　綠　藍　紅　綠　藍

●分色陰片

青版負片

洋紅版負片　黃版負片

黑版負片

●網陽片

青版正片

洋紅版正片　黃版正片

黑版正片

●印刷色版

青版

洋紅版

黃版

黑版

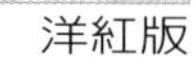

印刷成品

(四)分色照相的種類

1.間接分色

早期的分色照相方式是將彩色原稿利用R.G.B三原色濾色鏡，透過全色性製版分色之專業軟片製得Y.M.C.K四張連續調分色陰片，再將之放大並過網爲所需大小之網陽片。因其分色和過網是分開處理，所以可供修色的機會較多。但作業時間長，其分色方式之色彩再現性較差，網點鬆軟，目前已少有人使用。

2.直接分色

直接分色是將間接分色中的分色和過網兩步驟，合併爲一處理。也就是它不需經過連續調分色陰片，而將彩色稿利用R.G.B三原色濾色濾和網屏直接取得Y.M.C.K四色版之分色網陰片，視需要再製成網陽片。因其作業時間較快，分色效果之色彩再現較間接分色佳。

3.電子分色

電子分色是目前應用最廣泛的分色方式。電子分色又稱電子掃描（Scanner）分色。它是由掃描、控制和記錄三個系統所組成。掃描系統：是輸入部份，它的作用是對原稿用鐳射光源掃描感應，將原稿圖片上之深淺階調變化，轉變爲強、弱的光量後，再轉爲強弱的電訊傳至控制系統。控制系統：是演算部份，將掃描系統傳送來的圖文電訊符碼，進行適當控制，調整使其達到印刷適性的目的，並將電訊分解爲Y.M.C.K四色版的強弱圖文訊號。記錄系統：是輸出部份，將已轉換完成之Y.M.C.K之各色版強弱印刷訊號，經由強弱鐳射光束記錄於分色製版之專業軟片上。由於所有印刷圖文之強弱訊號皆由電腦控制運算，所以可以直接掃描出不同網調變化之網陽片、網陰片或連續調陰片。此外，若原稿圖片的反差太大或過弱，電子分色機亦可將某一階段的色調濃度改變，而製作出適於印刷理想層次階調的分色片來。

由於電腦繪圖的日益盛行，電子分色機也由傳統的圓筒滾軸式之掃描方式，更增加了不少平台掃描的機種。因此，現在的稿件無論透射、反射、可捲曲、不可捲曲之原稿皆可透過不同型功能的電子掃描機進行分色處理。

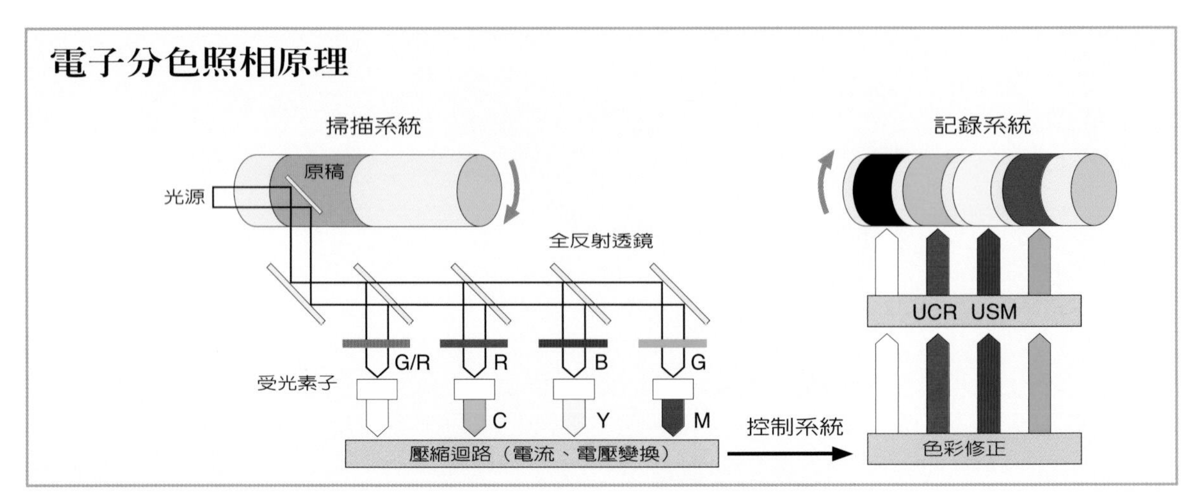

四、掩色照相

在所有傳統製版照相技法中，要數掩色照相最具藝術表現與挑戰性。因爲，從事掩色照相的人必具有深厚的暗房實務背景，方能掌控變化萬千效果，製作出一張張動人的影像。而全世界所有電腦繪圖專業影像處理軟體，皆是模擬其表現技法設計其程式語言，可見其重要性。

掩色照相的主要原理是利用掩色片（Mask）及製版照相技術，將原稿中局部或全部的圖像進行修色、去背景、漸層、柔邊、合成....等影像處理技法。

掩色照相的基本程序如下：

掩色照相和一般照相的暗房放大最主要差異是：一般照相放大是直接將原稿底片透過放大機鏡頭在感光材料上放大或縮小成像。而掩色照相是在放大機鏡頭和感光材料（底片）之間放置掩色片，藉由掩色片完全透光、不透光、不同透明度透光的特質，一方面保護原稿預定要保留不應被改變的區域，一方面設定影像中特別需要改變的印刷範圍，加以改變其色彩或是在合成影像時可以保護或是改變所選取的區域。

一般照相放大

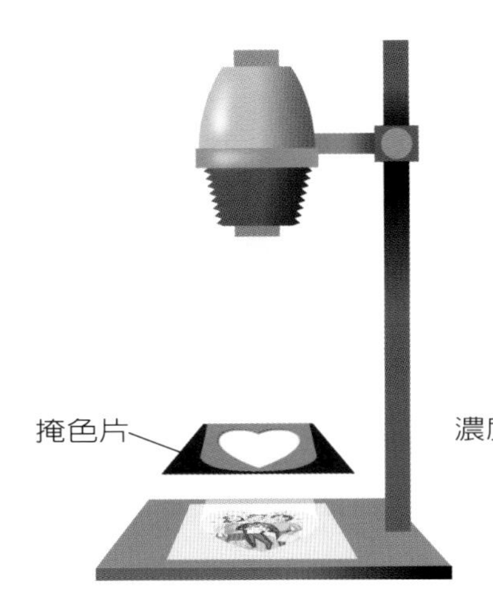

掩色照相放大

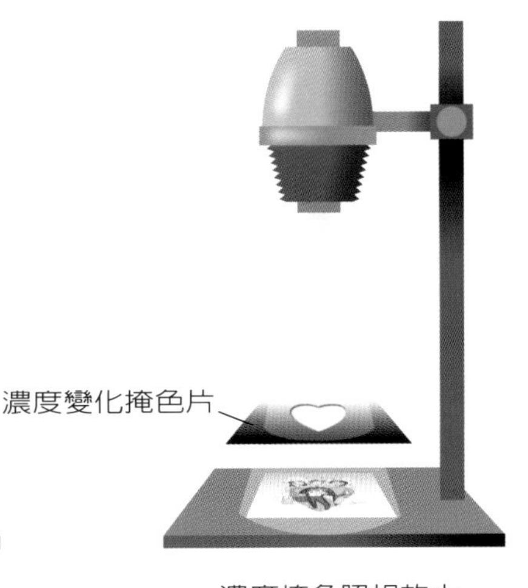

濃度掩色照相放大

掩色片依其透明度可分爲下列三種：

(一)硬邊遮光掩色片

此種掩色片是最傳統最基本的掩色片，早期是使用黑色卡紙或紅色剝膜片將要保護影像區域遮蓋，使其不被改變、影響（如圖如示）。目前電腦繪圖影像處理軟體皆有此功能。

原稿 A

灰色掩色片

將原稿 A 經由灰色掩色片保護遮蓋，使其背景濃度加深。其掩色照相結果如右圖。

原稿 B

掩色片 1

掩色片 2

將原稿 A 與原稿 B，經由掩色片 1、掩色片 2 重複掩色照相，即可將原稿 A 之天空背景轉換成原稿 B 之天空。其掩色照相結果如右圖。

(二)柔邊遮光掩色片

在使用硬邊遮光掩色片處理圖片之去背景或合成時，容易產生不自然的生硬邊緣線。爲了消除此種現象，在傳統暗房技法常將掩色片和感光材料的距離，由密接調整爲微量的間隔即可改善此現象。現在的暗房技法和電腦繪圖則改用「柔邊遮光掩色片」；使去背景或合成圖片之背景自然融合在一起（如圖所示）。

原稿

柔邊遮光掩色片

完成品

(三)濃度變化掩色片

濃度變化掩色片可用於調整特定的色彩、漸層的背景或圖片合成處理....等任何影像處理技巧，是變化最多、應用範圍最廣的掩色技法。坊間流行的電腦繪圖影像處理軟體皆有此功能，其在合成和色彩修正方面表現特別突出，值得讀者多花些時間去了解和使用（其效果如圖所示）。

原稿

CHINA

文字原稿

掩色片（陰片）

將文字原稿製作成掩色照相用陰片，再將陰片與圖片原稿密接，進行掩色照相，即可得上圖掩色結果。

濃度變化的掩色片

將左頁之掩色陰片，經翻片製得半透明濃度變化之掩色片，再與原稿密接，進行掩色照相，即可得上圖掩色結果。

掩色片 1

掩色片 2

將原稿經由掩色片 1、掩色片 2 重複掩色照相，即可將原稿背景轉換成黑白漸層背景，而中間產生 CHINA 之圖案。其掩色照相結果如上圖。

五、電腦分色組版系統

傳統分色組版要經過照相、分色、修整、台紙、拼版等五個步驟，製作手續繁雜，且均由手工處理完成，易生錯誤，生產效能也就不易提昇。

隨著電腦科技的日新月異，印刷業也於1970年代大量引進電腦軟硬體設備，研發出電腦分色組版系統，其中最著名的有以色列Scitex、德國Hell、英國Crosfield、日本Dainippon Screen....等公司推出的電腦分色組版系統。

電腦分色組版系統是應用系統電子分色機、文字掃描機和電腦繪圖機，將彩色原稿、線畫文字、黑白完稿，各種圖形掃描輸入電腦儲存於磁碟中。再由作業人員在電腦影像處理工作站，應用滑鼠和光筆在數位板上操作，將圖文影像資料叫出，在高解像力的電腦監視器上，按設計者的要求進行色調修正、影像合成、文字配色、底色加網....等組版和其他特殊製版技法處理，其運作程序皆是以電腦彩色螢幕之影像交談方式進行。這些經圖文整合組版完成的電腦檔，最後以電子分色機或專用網片輸出機，進行Y.M.C.K四色版全頁完成版之網片輸出。這種將原稿經由掃描、分色、修整、拼版到輸出網片的工作全部交由電腦來處理的製作方式，即是電腦分色組版系統作業。

電腦分色組版系統最主要的功能除了用來進行圖文整合組版和各種原稿修正外，就是具有創意的特殊製版技法。其主要基本功能如下：

* 無接縫完全融合的圖片合成
* 反差控制與階調變化
* 圖片色相調整改變與局部修色
* 噴修效果與圖片修整
* 圖文之反轉、鏡映、變形等效果
* 畫素複製效果
* 海報化效果、馬賽克效果
* 影像鮮銳度控制
* 圖片之平滑化、透明重疊、漸淡溶入....等合成技法。

由於電腦分色組版系統的帶動，加速印刷作業流程的電腦化，在1980年代Apple的Mac系統與IBM的PC系統，陸續推出電腦繪圖與桌上出版系統更加速印前作業的電腦化，使傳統手工作業逐漸為電腦DTP與PDF出版系統所取代。

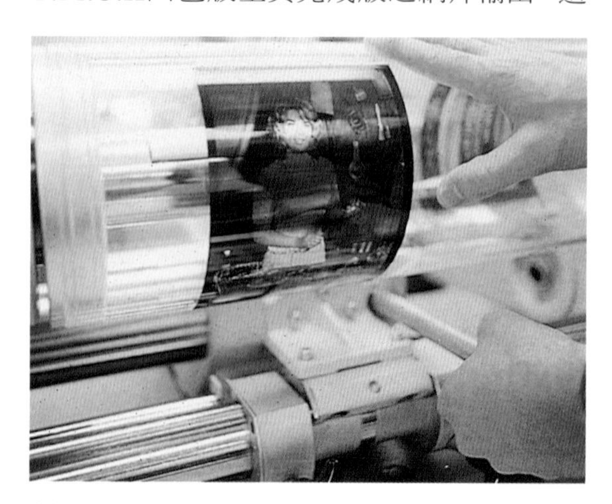

上圖為局部修色效果

左圖為合成疊圖效果

以上效果由日本網屏公司 (SCREEN) 電腦組頁系統所製作的範例

左頁圖片是由上面三張圖片經由去背處理再以無接縫密接合成

以上效果由日本網屏公司(SCREEN)電腦組頁系統所製作的範例

左圖合成效果是由英國 Crosfield Electronics Studio Images System 所製作圖例

電腦合成範例

六、高傳眞彩色複製技術

目前在印刷廠及各式彩色印表機上所使用的Y.M.C.K四色墨的純度尚未達到理想油墨的百分之百，且多少都含有些雜色，其所含雜色的比例依各廠牌油墨、墨水也略有不同。現將「理想三原色油墨」與市場上使用的「實用三原色油墨」做一比較。下列圖表所列實用油墨的雜色比例係筆者依各廠牌所含雜色數據作一概略推估。實際上，各廠牌所使用的印刷油墨所含雜色均有些微差異，僅供參考。

由右面圖表得知，我們在印刷或電腦輸出所使用的實用三原色印墨，皆因含有雜色，故無法呈現出理想三原色油墨的混色結果。例如：

理想三原色印墨

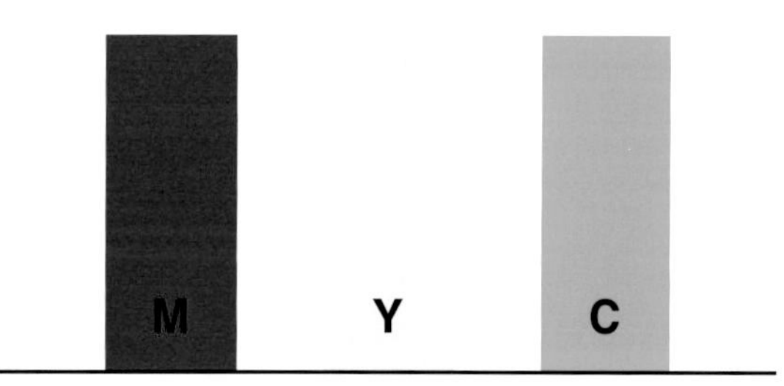

理想三原色油墨，不含任何雜色。

實用三原色印墨

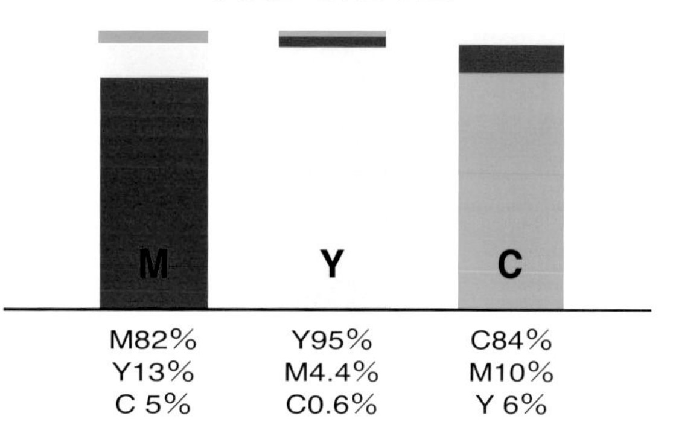

理想三原色油墨	實用三原色油墨
Y ＋ M ＝ R	Y(Y95%＋M4.4%＋C 0.6%)＋M(M82%＋Y13%＋C 5%) ＝ oR (偏橙的紅)
Y ＋ C ＝ G	Y(Y95%＋M4.4%＋C 0.6%)＋C (C 84%＋M10%＋Y6%) ＝ mG (偏紅的綠)
M ＋ C ＝ B	M(M82%＋Y13%＋C 5%)＋C (C 84%＋M10%＋Y6%) ＝ vB (偏紫的藍)
Y ＋ M ＋ C ＝ K	Y(Y95%＋M4.4%＋C0.6%)＋M(M82%＋Y13%＋C 5%) ＋C (C 84%＋M10%＋Y6%) ＝ mGy(偏紅的深灰色)

依上述對照表可知，當使用實用三原色油墨進行印刷標色時，若爲 Y100 + M100 的結果並不會得出理想的純紅（R），而是偏橙的紅（oR），同樣的 Y100 + C100 的結果也不是純綠（G），而是偏紅的綠（mG）； M100 + C100 的結果也不是正藍（B），而是偏紫的藍（vB）；而 Y100 + M100 + C100 更不會呈現純黑色，而是偏紅的深灰色。

實用三原色油墨既然如上面所述不能

忠實重現色彩，又無法完全避免偏色現象出現，爲何目前不使用理想三原色印墨進行彩色複製，問題不就全部解決了嗎？然而實際上的困難在於，理想三原色在純色萃取及雜色分離過程中，需要極尖端科技才能辦得到，且製造出來的理想三原色價格將是目前使用之實用三原色墨的數十倍，根本無法商業量產，而由實用三原色油墨加上黑色印墨所組合的Y.M.C.K 四色版彩色印刷技術雖有偏色，但已能將原稿百分之九十的色彩忠實複製重現，一般商業印刷也能接受其品質水準。所以，目前彩色印刷及電腦輸出依舊使用由Y.M.C.K 四色組合的印墨系統。但是，對於一些要求特別高的印刷品或是偏色較嚴重的橙色系、綠色系、紫色系的印刷品，最好在原有Y.M.C.K 四色版之外另加一至四個特別色版來修正其偏色現象，此就是本單元所要探討的高傳眞彩色複製技術。下面即分項說明之。

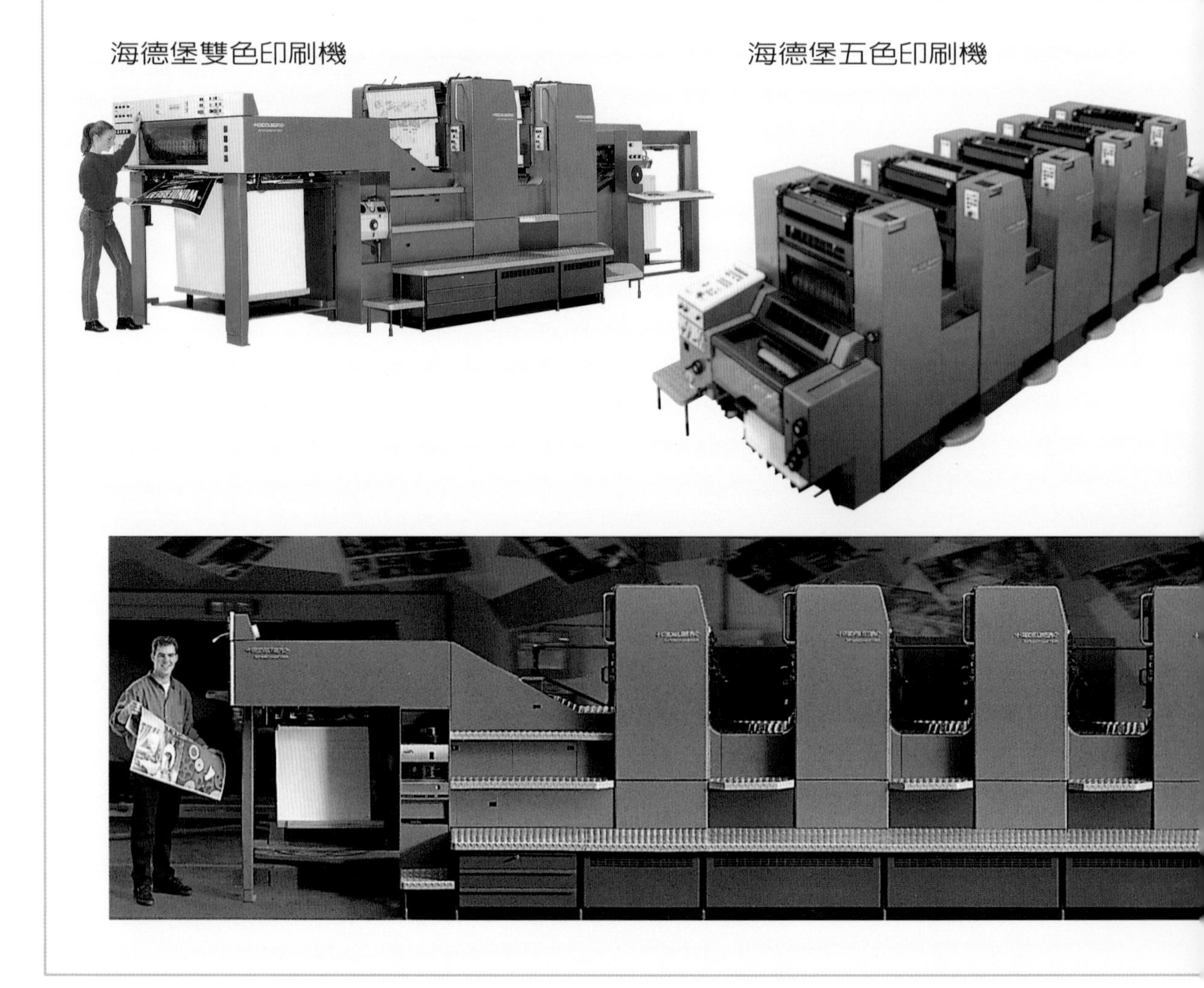

(一)五色印刷

在高級印刷品中最常見的是五色印刷，也就是在Y.M.C.K 四色版之外另外加上一特別色版。例如：人像海報為了表現晶瑩剔透的膚色常要加上紅或粉紅色版；為表現翠綠、鮮綠的風景或鮮果常加上綠色版。

(二)六色印刷

隨著高傳眞電視問市，印刷界也興起以Y(黃)、M(洋紅)、C(青)、K(黑)、O(橙)、G(綠)六色組合來進行高傳眞的彩色複製技術，也就是將傳統印刷中最不容易複製的橙色與綠色以特別色版來疊印，此種六色印刷的高傳眞彩色複製技術，已大量降低偏色現象，使色彩複製能高達 95%以上的忠實呈現，是未來印刷的主流，並將逐年取代四色版的地位。

(三)八色印刷

是目前全世界最佳的印刷複製技術，它是以Y.M.C.K.O.G 六色版再加上兩個

海德堡六色印刷機

海德堡 SM-102 八色印刷機

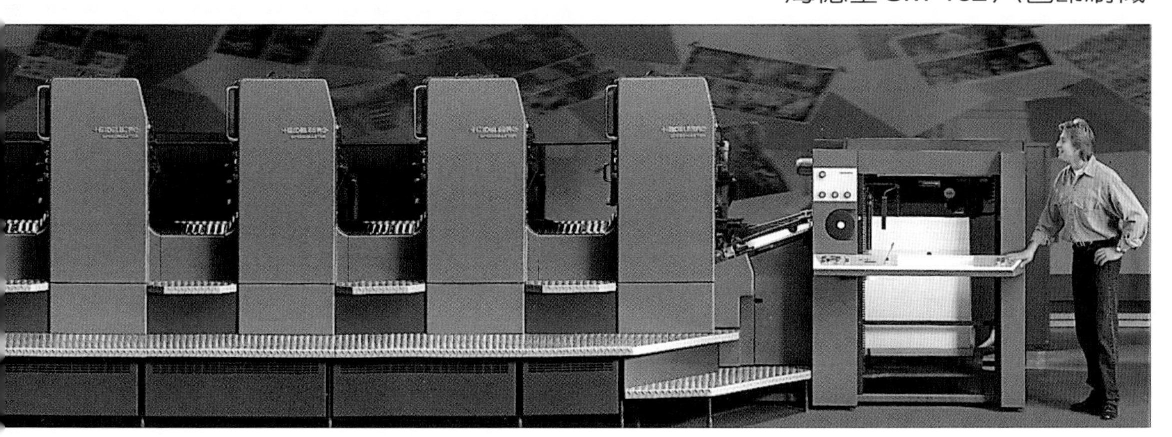

特別色版來印刷，一般此兩特別色版是依印刷品的主題而定，最常加入的是R(紅)、V(紫)、金、銀等特別色版，高級的複製畫、畫冊，高單價的商品型錄、海報常採用此印刷方式。

(四)金屬色印刷

表現金屬器物質感的印刷方式多半是以Y.M.C.K 疊印而成，但高傳眞的金屬色質感印刷則是以下列兩種方式來表現：一、是在印刷品中的金屬器物部份先印上一層金箔或銀箔，再在上面以Y.M.C.K 四色疊印，自然可以表現傳眞的金屬質感。二、是在Y.M.C.K 四版外另再加上金、銀、烤漆光澤的特製金屬油墨所製成的印刷版，也可印出高傳眞的金屬色澤。

以上所介紹的傳統四色印刷的分色原理與高傳眞彩色複製技術皆是從事平面設計與電腦繪圖工作者所不可或缺的知識。另有一些高傳眞複製技術已併入製版技法與特殊印刷單元中介紹，在此不再贅述。

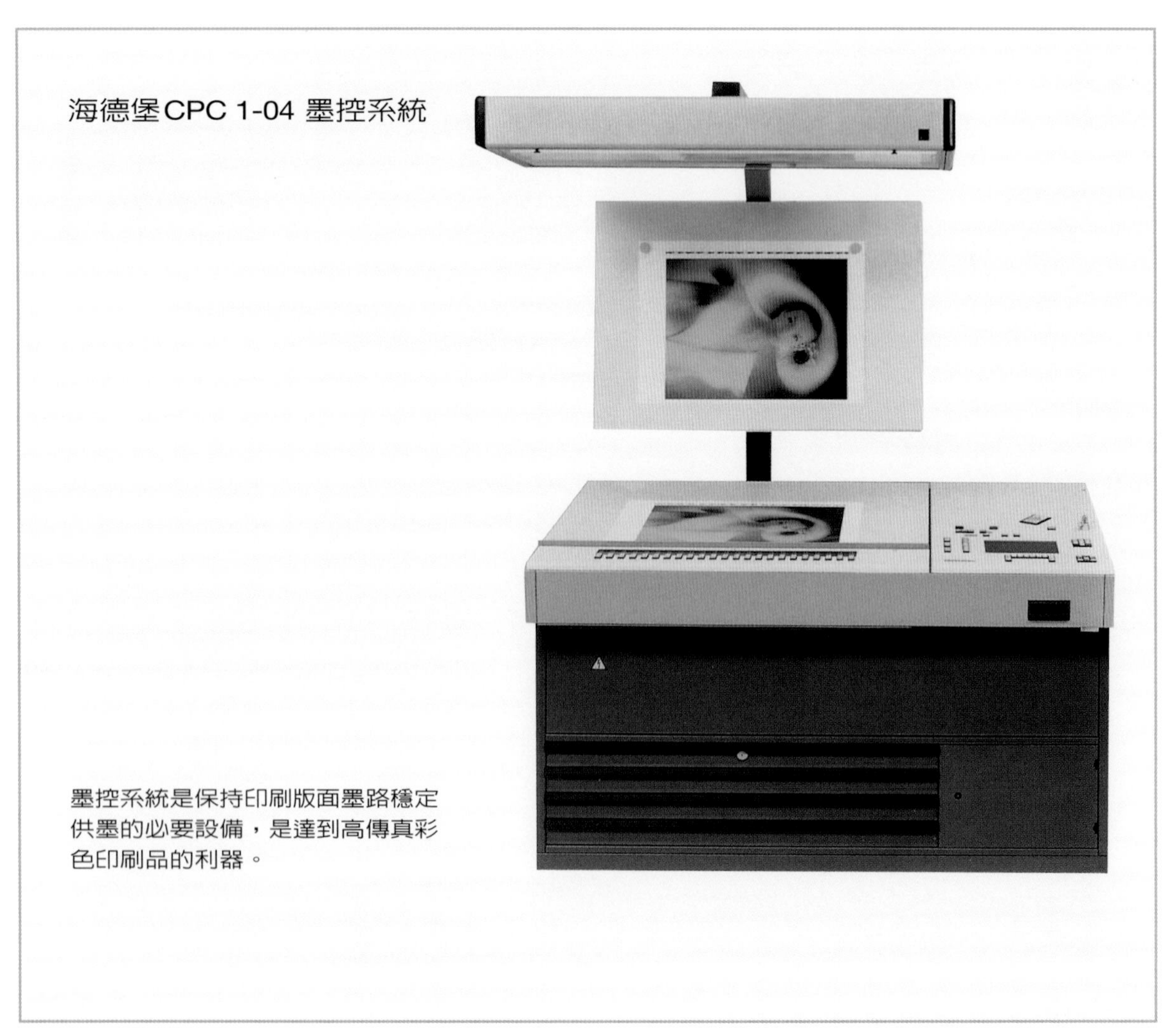

海德堡CPC 1-04 墨控系統

墨控系統是保持印刷版面墨路穩定供墨的必要設備，是達到高傳真彩色印刷品的利器。

七、拼版

「拼版」顧名思義是一種版面圖文組合的工作。在文字凸版印刷而言，需經兩道拼版手續，首先將鉛字按內文章、節逐一檢出，依版面格式拼版成書頁，稱爲拼小版或稱組版。要上機印刷時，再依印刷機的印刷範圍大小及紙張開數，將已拼成書頁一塊塊小版，按書頁摺紙裝訂的順序拼成一個大印刷版，稱之爲拼大版。同樣利用照相製版法製版的照相平版、凹版、凸版也要經過類似的手續。其中以平版印刷拼版作業中的「拼小版」和「拼大版」變化最大，深深影響印刷作業流程的流暢與印刷品質的良窳。同時拼版工作不單單只是將底片拼貼成版的工作，實際上，拼版包括整個印件重要企畫設計工作，例如：印刷機的咬口、紙張的咬口、紙張開數（完成尺寸）、裝訂方式、插頁處理、頁數、色數、落版方式、是否滿版（模）、出血（界）及反白或套網等，加以精密的規畫與設計。假若拼版作業規畫執行不當時，會造成色彩套印不準、圖文位置偏差或錯植、頁碼編排錯誤造成裝訂的問題。因此，從事拼版工作需謹慎、細心，並熟悉一切製版技法、印刷、裝訂及加工的作業程序與特性，才能使印件完美無瑕疵。

一般平版印刷的拼版作業分述於下：

（一）拼小版

平版印刷的拼版作業分爲拼小版與拼大版兩階段，拼小版是將已完成線條照相、過網照相、分色照相、掩色照相的所有文字及圖片的底片加以歸類整理，依據印刷、裝訂、色版的指定、版面設計的位置，正確將上述底片拼貼成一塊塊以書頁爲單位的小版，稱之爲「拼小版」。

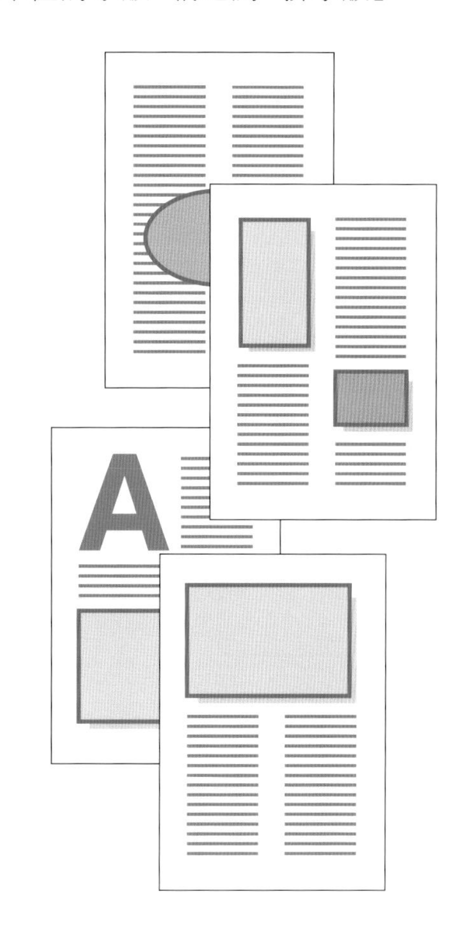

傳統的拼小版是以人工完成，工作包括：套網、圖片的格放、翻片、去框、反白、反轉、去背景、合成......等工作。自從1980年代以色列的Scitex、英國Crosfield、德國Hell、日本Screen等公司陸續推出電腦組頁（版）系統以來，再加上Mac及PC的桌上出版系統盛行，已將傳統繁雜的拼小版工作，完全爲電腦印前作業系統所取代。圖例請參考製版照相單元。

(二)拼大版

將已完成頁面拼版工作的一塊塊小版,依印刷機的大小、紙張尺寸、裝訂、印刷方式、落版位置拼貼成一張合於印刷尺寸的大印刷版底片,稱此工作為「拼大版」。完成拼大版的底片,經晒版製成印刷版,印刷、裝訂加工即可完成印刷作業。

在拼大版之前要先考慮下列注意事項:

1. 印件的性質:是單面或雙面印件,是單張或成帖的書頁等。
2. 裝訂的方式:平釘、騎馬釘、穿線膠裝、活頁裝、膠裝、精裝等。
3. 印件的色數:單色版、套色版、彩色版。

一本菊八開16頁手冊版面順序

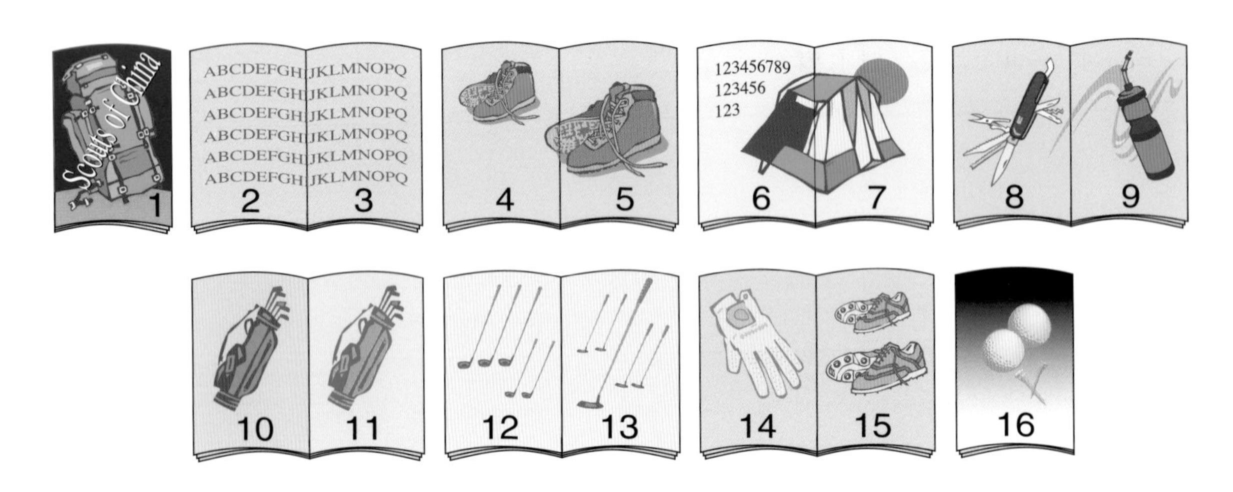

套版印刷落版圖例

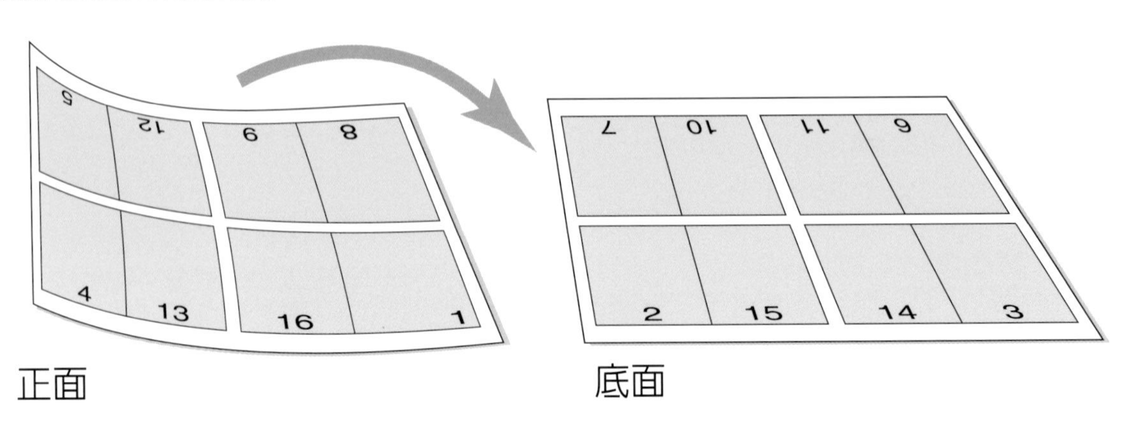

拼大版又稱爲「落版」，落版方式依其印刷與拼版方式的不同可分爲兩大類：

1.套版

一張印件，其紙張的正反兩面各用不同的版來印刷，稱爲套版。也就是將紙張兩面各有的版面分別拼成兩塊大版，印刷時，每版各印一面。一般書刊雜誌常用此落版方式，進行拼版、印刷。例如：以菊八開印十六頁的內文，只要拼二塊版即可。如圖所示。一塊包括首尾二頁碼的版稱爲正面版，又稱外版。另一塊版稱爲反面版，又稱內版。套版一般適用於當印件的頁數能滿足印版所能容納頁數的兩倍以上時，可以採套版拼版進行正反兩面印刷。

1版

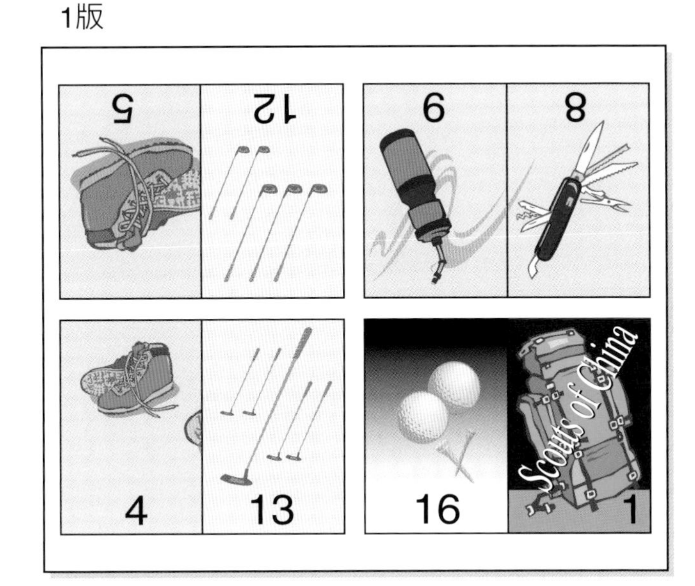

左圖圖例為正面版（含有首尾頁碼的版面）又稱為外版的落版方式

2版

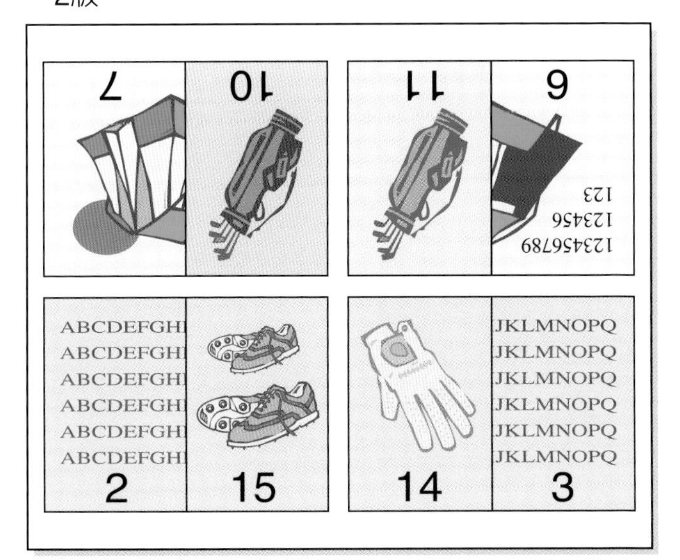

左圖圖例為反面版又稱為內版的落版方式

2.輪轉版

一件印件，其紙張的正反圖紋，經拼版將全部正反面圖紋拼在同一塊印版上，利用左右輪轉或天地輪轉方式，使紙的兩面重複印刷，印後經裁切成兩半或成對的數模印件，即可得正反不同圖紋的印件，稱此種拼版印刷方式為輪轉版。

如果印件的頁數很少，不足以拼成一個大版時，或是印件的頁數在編台落版後留有不完整的頁數時，這種情形就要考慮使用輪轉版拼版方式。輪轉版落版方式又可分為「左右輪轉版」與「天地輪轉版」兩種。

左右輪轉版的圖例

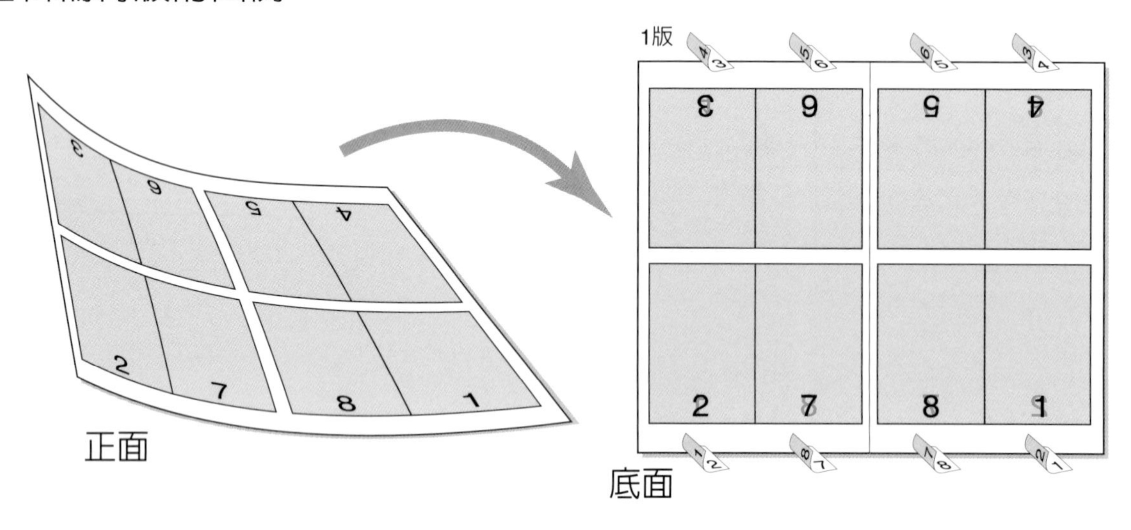

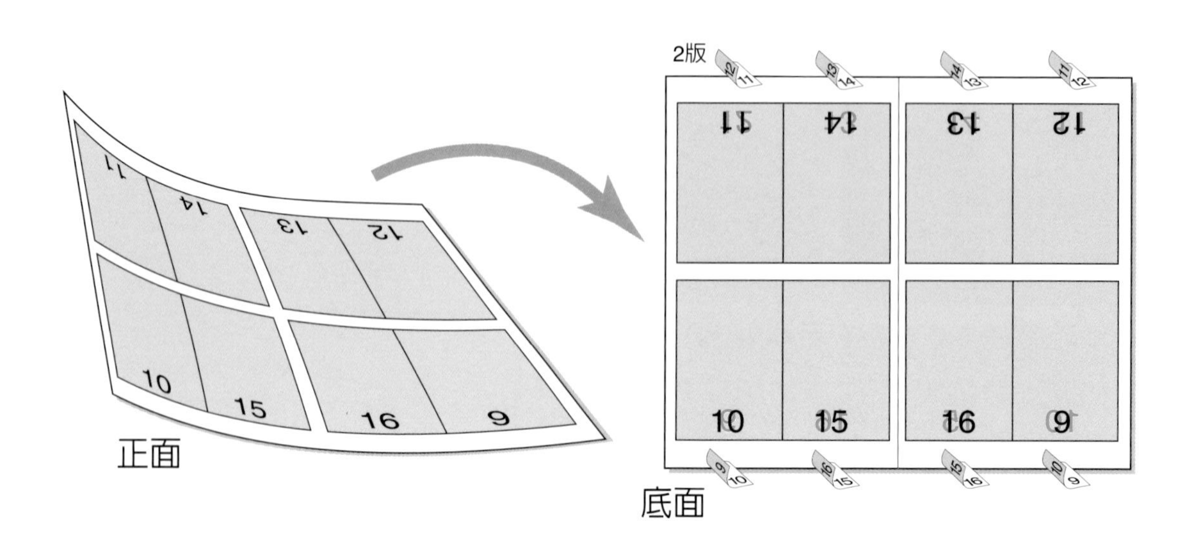

(1)**左、右輪轉版**

此種輪轉版在印刷時，紙張正反兩面的印紋，全部拼排在同一印版來印刷，即印版的一半拼排印件正面的圖紋版，印版的另一半則拼排印件反面的圖紋版，使用有正反圖紋的同一印版，在紙張的一面印刷後，繼續翻面在另一面印刷，經兩次印刷過程後，在垂直於紙張長邊的中心線切開，即可得到兩份相同的印件。此種輪轉版印刷方式，其紙張咬口邊不變，但印刷機的邊導規要隨紙張的翻面而換邊使用，這種輪轉方式較易得到準確的規位。

1版

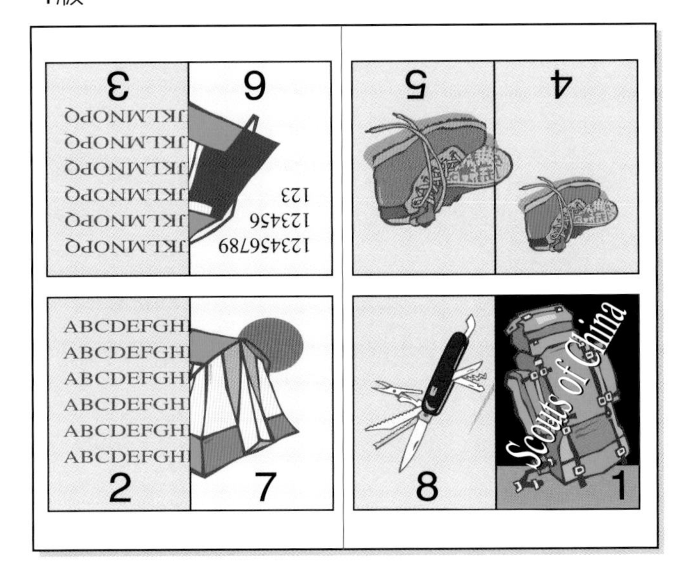

左圖圖例為1-8頁左右輪轉的落版方式，經左右翻轉正反面印刷後，由中間線切開，即可得兩張完全相同的印刷品。

2版

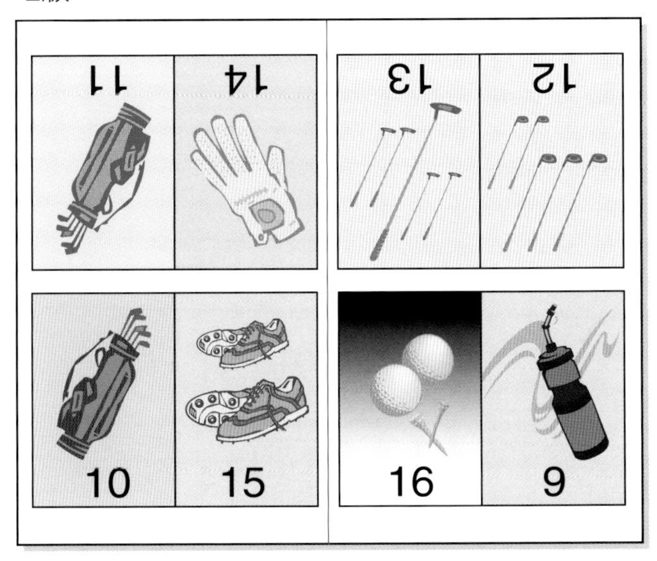

左圖圖例為9-16頁左右輪轉的落版方式，經左右翻轉正反面印刷後，由中間線切開，即可得兩張完全相同的印刷品。

(2)天地輪轉版

此種輪轉版在印刷時，也是紙張正反兩面用同一印版來印刷，但印完一面之後採前後天地翻轉在另一面印刷的方式，而非左右翻面的方式。印刷完成後，沿垂直於紙張短邊的中心線切開，即可得到兩張完全相同的印件。因爲，天地輪轉印刷需要換咬口，容易造成套印不準的現象，應避免使用此種落版方式。

天地輪轉版

同一件印刷品，若使用不同的落版及印刷方式，其書頁的前後頁碼順序會有所改變。例如有一件十六頁的菊八開書頁印刷品，局部書頁需要彩色印刷，而其餘書頁只需單色印刷即可，若全部書頁採用彩色印刷便會造成浪費，應如何落版才不會浪費，且使書頁編排更有彈性而富有變化呢？其解決方法如下：

1.一般可採用套版印刷，使其中需彩色印刷的書頁拼版在一起，組合爲八頁的外版，採用彩色印刷，其餘的八頁則拼成內版，以單色印刷。利用套版印刷的書頁，經摺紙成書帖後，會產生兩張彩色頁跟著兩頁單色頁的連續版面色彩變化。

1	16	13	4
8	9	12	5

2	15	14	3
7	10	11	6

套版印刷

2.將十六頁書頁分別用兩塊輪轉版來印刷，其中八頁用彩色輪轉印刷，另外八頁則採單色輪轉印刷，在印刷完成後，將兩版印件分別裁開，再進行摺紙、配帖或套帖的裝訂作業。因最後裝訂作業的不同，會產生下列四種頁

1	8	7	2
4	5	6	3

9	16	15	10
12	13	14	11

輪轉版印刷

次的變化。(1)前八頁彩色，後八頁單色，(2)前八頁單色，後八頁彩色，(3)前四頁彩色，中間八頁單色，後四頁彩色(4)前四頁單色，中間八頁彩色，後四頁單色。

(1)

(2)

(3)

(4)

由以上可知，落版方式、印刷方式與裝訂方式的改變，可以變化無窮的書頁色彩順序，不但可降低成本，又可變化書頁版面的配置。

(三)單張式印件的落版

單張式印件的落版方式可分「單一種類印件」與「不同規格印件」二大類。

1.單一種類印件的落版

單一種類之單張式印件，其落版方式依外形的不同可細分爲：方形印件、圓形印件、不規則形印件三種。

(1)方形印件

方形單一種類印件之落版方式，是先將印件的長、寬與付印紙張尺寸的長、寬用交叉乘法算出其經濟開數，再以連晒方法拼版印刷。

例如：有一完成尺寸爲5"×8"之邀請卡，現以菊全紙印刷，試問要如何落版才能達到經濟原則。

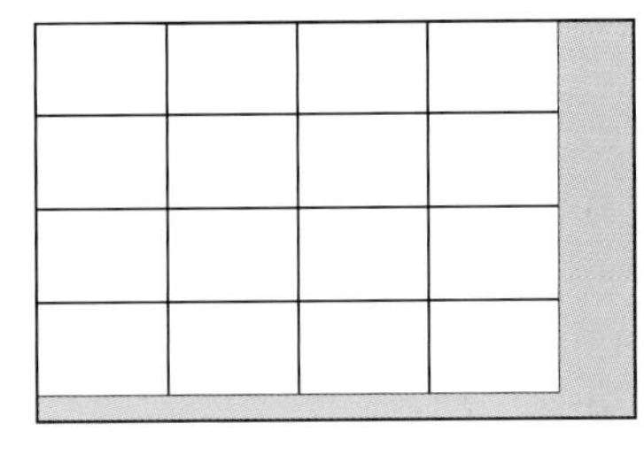

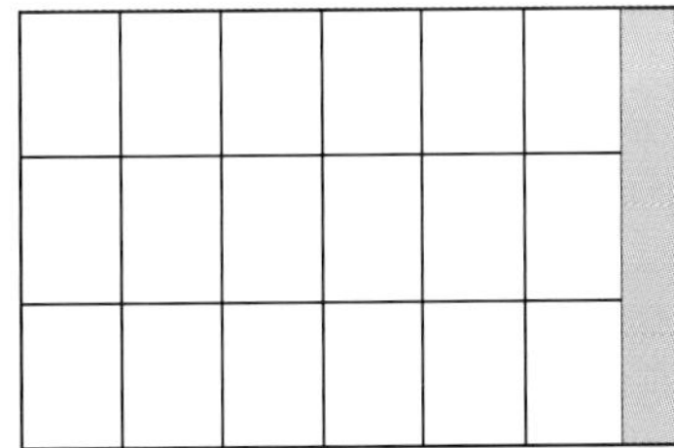

25"×35"	→	24"×34"
24"×34"		24"×34"
5×8		8×5
4×4＝16k		3×6＝18k

常用於卡片、書籤、信紙.....等方形印件之落版。

(2) **圓形印件**

圓形單一種類印件的落版編排方式，若是以下列圖例(一)的方式落版，是不適當的落版法，所能排列圓形印件的模數較少；若以下列圖例(二)的方式落版，可排圓形印件的模數最多，且餘紙最少，是最經濟的正確落版方式。常用於圓形標貼、吊牌之印刷落版。

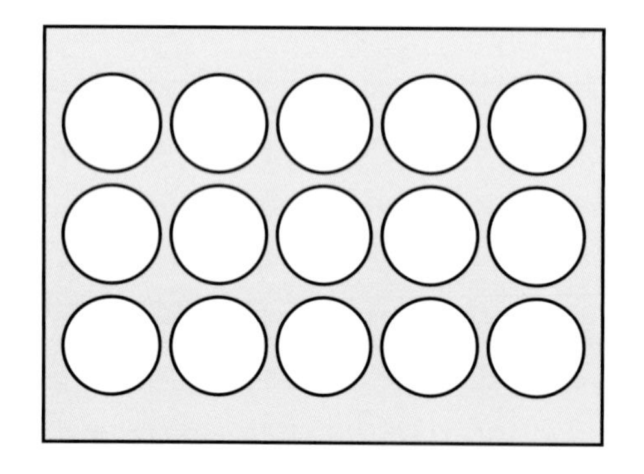

圖例(一)只能排15模

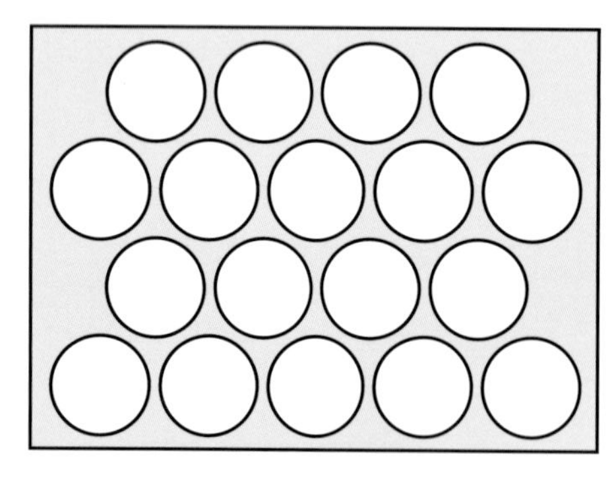

圖例(二)能排18模，較為經濟

(3) **不規則形印件**

常見的不規則形印件有包裝盒的展開圖、信封展開圖、貼紙等。其正確的拼版排印方式如下圖所示。落版的最主要原則是充分利用印紙的大小，使餘紙留得最少，而不浪費紙張。但在編排包裝盒之展開圖時，要先確認包裝盒口是否和紙張的絲流方向平行，再行落版。

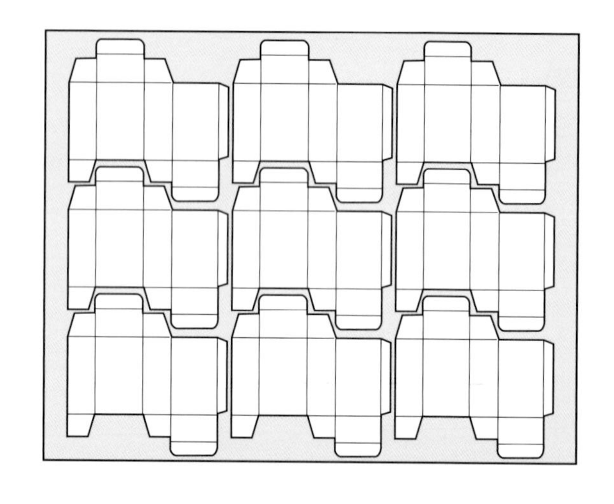

2.不同規格印件的落版(合版印刷)

規格尺寸不同的印件，只要其印刷條件相同者(印刷版式、顏色、紙張......等相同)都可以拼在同一個大版上印刷。例如有A、B、C、D、E五種規格不同的單張印刷品，其印刷條件相同時，現要將這五種規格不同的印件拼在一個大版印刷，希望得到下列數量的印件：A爲1000份、B爲2000份、C爲1500份、D爲500份、E爲500份，試問要如何落版才能印得上述五種印件的數量？答案是：A拼2模、B拼4模、C拼3模、D拼1模、E拼1模，共印500張全張紙，裁開後即可得到各單張所需要的數量。其落版方式如圖a、b、c。圖a的落版方式無法用裁刀裁切，是不正確的落版方式。圖b需要較多的裁切，也不適合。最佳的落版方式爲圖c，僅需要標準裁切即可。

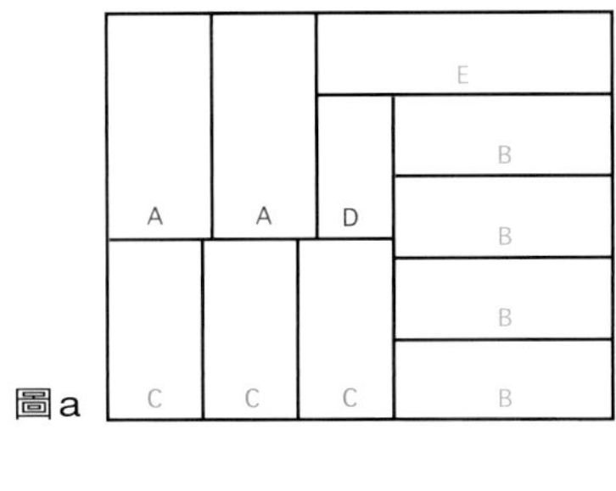

圖a

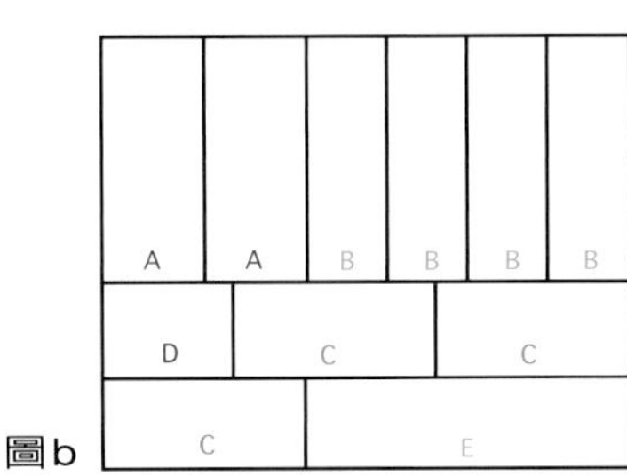

圖b

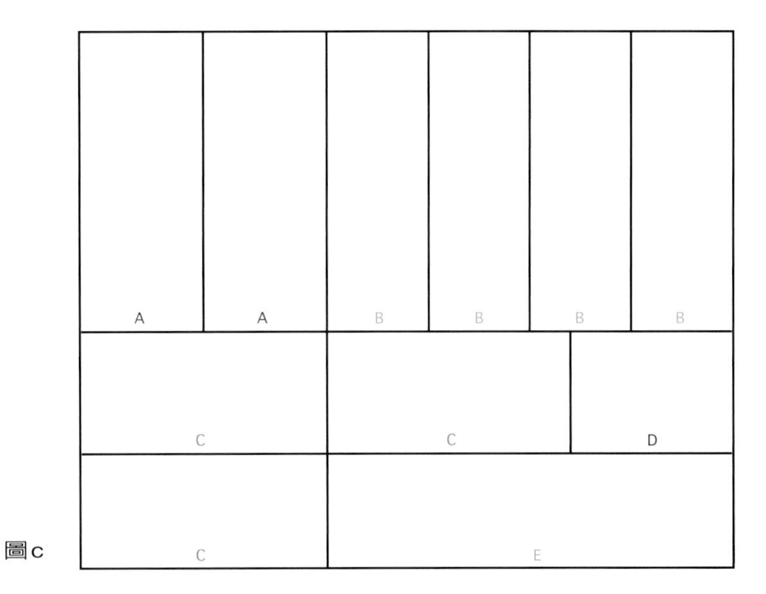

圖c

（四）書籍內頁的落版

一本書在印刷之前，其內文頁碼順序要經過完善的規畫，才能使書頁的排列順序在落版（拼大版）時有所依據。爲了規畫頁碼在拼大版的順序與版面位置配合無誤，早期設計師會利用一張長寬比例和印紙相似的小紙片，依摺紙順序試摺出一帖樣本，並在樣本上從上往下依序編寫頁碼，然後將其展開，即可在小紙片上顯示正反版面的頁碼順序與位置，供拼版時參考。如圖所示。

有時一本書要由好幾帖所構成，這時就要摺好幾張小紙片，並依序編寫頁碼，才能了解各頁落版情形，不但費時費力，有時又容易出錯。因此，美國印刷出版界就研究出落版單的方法，來解決書籍內頁落版的問題。落版單的基本型態如下：

落版單是由連續的頁碼按U字型的循環順序排列所組成，落版單的長短隨著書籍頁碼多少來決定，且最後的頁碼一定是四的倍數。

落版單要如何使用呢？首先，要了解印件的開數、裝訂、印刷方式及使用多大的印刷機來印刷，才能決定一帖能印多少頁。例如：

* 菊八開的書，用菊全機套版印刷，每帖可印16頁。
* 菊八開的書，用菊對機套版印刷，每帖只能印8頁。
* 菊八開的書，用菊全機輪轉版印刷，每帖只能印8頁。
* 再將書籍內文的總頁數除以每帖的頁數，即可知印件共需多少帖。若有餘數的頁數，可增列一帖，以輪轉版或其他

1	4	5	8	9	12	13	16	17	20	21	24	25	28	29	32
2	3	6	7	10	11	14	15	18	19	22	23	26	27	30	31

方式印刷處理。

下面試舉例說明之：

1.有一菊八開穿線膠裝的書，其內文共88頁，其中24頁爲彩色頁，16頁爲套色頁，48頁爲單色頁，採用菊全機印刷，試畫出其內文的落版單。

1	4	5	8	9	12	13	16	17	20	21	24	25	28	29	32
2	3	6	7	10	11	14	15	18	19	22	23	26	27	30	31

1.正:彩,反:單　　2.正:彩,反:雙

33	36	37	40	41	44	45	48	49	52	53	56	57	60	61	64
34	35	38	39	42	43	46	47	50	51	54	55	58	59	62	63

3.正:單,反:單　　4.正:單,反:單

65	68	69	72	73	76	77	80	81	84	85	88	89	92	93	96
66	67	70	71	74	75	78	79	82	83	86	87	90	91	94	95

5.彩色輪轉　　6.正:單,反:雙

由上面落版單可知第一帖爲套版印刷，正面版（外版）的1、4、5、8、9、12、13、16頁爲彩色頁，反面版（內版）的2、3、6、7、10、11、14、15頁爲單色頁。第二帖也是套版印刷，正面版的17、20、21、24、25、28、29、32爲彩色頁，反面版的18、19、22、23、26、27、30、31爲雙色頁。第三、第四帖爲套版印刷，正、反面版各頁皆爲單色印刷。第五帖爲輪轉版印刷，65~72頁共八頁爲彩色頁。第六帖爲套版印刷，73、76、77、80、81、84、85、88頁爲單色頁，74、75、78、79、82、83、86、87頁爲套色頁。

從上面的範例可知，在規畫落版單時要先了解每一帖的頁數，然後在每一帖間的分界線用粗線或色筆標示區隔各帖，同時採用套版印刷的各帖，橫線之上的頁碼爲正面版（外版）各頁的頁碼，橫線之下的頁碼則爲反面版（內版）各頁的頁碼。第五帖爲輪轉版印刷，所以，橫線之上下所有頁碼，皆拼在同一版面印刷，並沒有正反面版之分。

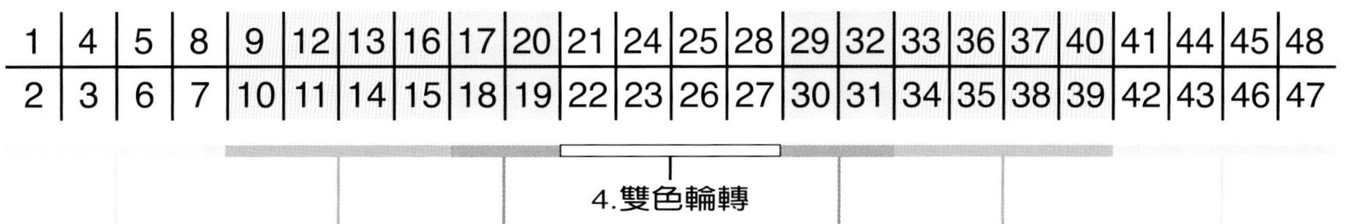

2.現有一菊八開騎馬釘雜誌，其內文共48頁，其中16頁爲彩色頁，8頁爲套色頁，24頁爲單色頁，採用菊全機印刷，試畫出其落版單。

上面落版單爲騎馬釘裝訂方式的特有方式，因爲騎馬釘各帖在裝訂是採用套帖裝訂的方式，因此，第一帖的頁碼分別爲前八頁（1~8）及後八頁（41~48），且因第一帖爲套版印刷，所以其正面版的1、4、5、8、41、44、45、48頁爲彩色頁，反面版的2、3、6、7、42、43、46、47頁爲單色頁。第二帖也是套版印刷，正面版的9、12、13、16、33、36、37、40頁爲單色頁，反面版的10、11、14、15、34、35、38、39頁爲彩色頁。第三帖爲輪轉版印刷，所以17~20頁及29~32頁共八頁，皆拼在同一版，用單色印刷。第四帖也是輪轉版印刷，所以21~28頁，共八頁用套色印刷（雙色）。

依據上面兩個範例可知，不同的裝訂方式，其落版的方式也不同，同時開本的大小及各帖使用的紙張、印刷的方式也都深深影響落版的結果。因此，在規劃書籍內文的落版作業前，要對上述因素徹底了解掌握，才能利用落版單做出適正的落版規畫。

落版單

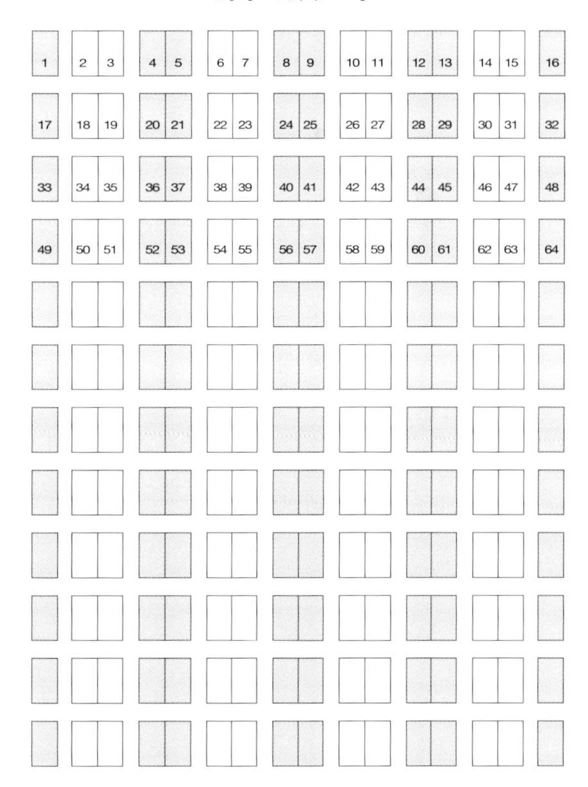

上述落版單為改良式 8 開書籍落版單，每一橫排為一帖 (16 頁)，過網灰色頁次為正面版 (外版)，無過網空白頁次為反面版 (內版)。

八、製版

印刷版是各種印刷方式不可或缺的要素，如何將各項文字及圖片原稿轉換成合適的印刷版，必須透過製版工作來完成。而製版的品質，也對印刷品有極重大的影響。

（一）凸版製版

常用凸版可概分為鉛字排版、凸版複製版、照相凸版，其製作方法和程序如下：

1.鉛字排版

是最早期聖經的製版印刷方式，經由鑄鉛字→檢字→排版→組版→校正→改版而完成製版。適用於短版小版面印件，如名片、邀請卡等。

2.凸版複製版

a.紙型鉛版：經製作原稿（凸版）→打紙型→利用紙型灌鑄曲面鉛凸版→修切組版完成製版。適用於需快速複製的凸版，早期常用於報紙印刷，現已不多見。

b.橡皮凸版：經製作原稿（凸版）→以酚樹脂製作型板→直接加硫加製可塑性橡膠即完成製版工作。適用於粗糙面，需低印壓、堅硬及非吸收性之被印材料。適用於瓦楞紙箱、玻璃紙、金屬箔片、玻璃、陶瓷、軟管等。

c.塑膠凸版：經製作原稿（凸版）→製作凹型膠板→壓製塑膠（凸版）→修切版面完成製版。適用於長版大量印刷及半色調凸版印刷。

3.照相凸版

a.線條凸版：因多用鋅版為版材，又稱鋅凸版，經準備裁切鋅版→塗佈感光乳劑→用線條陰片密接露光晒版→顯影（像）→修補與塗蓋→三階段腐蝕→裝底座木板完成製版。適用於燙金喜帖、名片等線條圖文之原稿複製。

b.半色調凸版：多採用銅版為版材，經準備處理版材→塗佈感光乳劑→用網陰片密接露光晒版→顯影（像）→烘烤→修補與塗蓋→腐蝕→裝底座木板即完成製版。適用於複製連續調原稿之用。

c.感光樹脂凸版：感光樹脂凸版的版材分為三層：版基、黏膠層與感光性樹脂層。製版時僅需將網陰片和版材密接露光晒版和顯像即告完成。因其製版快速、容易、耐印力強、精密度高，已大量運用在各類果汁、飲料、乳品之外包裝印刷，是具有發展潛力的凸版印刷方式。

（二）平版製版

平版一般分為平面版、平凹版、平凸版，其製版方法如下：

1.平面版

早期的平面版有珂羅版、濕片蛋白版、乾片蛋白版，但因製版困難、品質不易掌控，已不太有人使用。目前的平面版以PS版為代表，其製版方法如下：將網片與PS版材密接露光晒版→現影→上印紋漆→上墨→上膠，即完成製版。因製版容易、迅速、耐印力強已廣泛應用於各類平版印刷品之印刷。

2.平凹版

經磨版→整面→前處理→前侵蝕處

理→塗佈感光乳劑→晒版→顯影→乾燥→腐蝕→水洗→塗佈處理→乾燥→鍍銅處理→塗印紋漆→塗現影墨→撒粉→剝膜→後處理→侵蝕處理→上膠，即完成製版。平凹版耐印力強，製版油墨濃而鮮銳，故適合長版彩色印刷。

晒版

3.平凸版

運用電鍍及腐蝕等方法，使印紋稍微凸起之平凸版。由於印刷時不用水，又稱爲乾平版。印紋鮮銳，耐印量大，適合大量印刷。

（三）凹版製版

凹版主要分爲雕刻凹版、電鍍凹版、照相凹版等，其製版方法如下：

1.雕刻凹版

運用直接雕刻或金屬版筒上塗以抗蝕蠟膜，經雕刻蠟膜後，以酸液腐蝕下凹即得凹版。雕刻凹版耐印較差，只適合小量印刷。

2.電鍍凹版

先雕刻母版後，以母版製作電鍍母型版，經電鍍製成凹版，可耐大量印刷。適合於有價證券之印製。

3.照相凹版

依照相原理製作底片，再以底片曝光腐蝕製成凹版。因製版精密，耐印力特強，適合於大量之彩色印刷。

（四）網版製版

網版製版可分爲雕刻製版、感光軟片製版、感光乳劑製版等方法。

1.雕刻製版

用手工在膠膜上切割出印紋圖案→將膠膜置於網布下→烘乾→剝膜→膠膜以外空白部份補膠封版，即完成製版。

2.感光軟片直接製版

經裁切感光軟片→噴水潤濕→壓平密接→乾燥→剝膜→晒版→沖片→乾燥→邊緣空白補膠封版，即完成製版。

3.感光軟片間接製版

經裁切感光軟片→晒版→堅膜→顯影→將感光軟片置於網布下→吸水壓著密接→烘乾→剝膜→邊緣補膠封版，即完成製版。

4.感光乳劑製版

經洗版脫脂→烘乾→塗佈感光乳劑第一工程（印刷面塗兩次，刮刀面塗一次）→烘乾→塗佈感光乳劑第二工程→烘乾→晒版→水洗顯像→烘乾→邊緣補膠封版，即完成製版。

伍、印刷機械與印刷上墨技法

一、各式印刷機的種類及演進

印刷機的種類繁多，但一般均以下列的方式分類：

1.以印刷機的版式可分為凸版印刷機、平版印刷機、凹版印刷機、孔版印刷機、無版印刷機等五大類。

2.以印刷方式可分為平版平壓式印刷機、平版圓壓式印刷機、圓版圓壓式印刷機、無壓噴墨印刷機等四種。

3.以印刷色數可分為單色機、雙色機、四色機、五色機、六色機、八色機等。

4.以印刷紙張的型態可分為單張印刷的張頁式印刷機及使用捲筒紙印刷的輪轉機兩大類。

其中以印刷壓印方式對印刷表現及品質影響最大，現依其演進順序詳述於下：

（一）平版平壓式

平版平壓式是最早出現的印刷機型式，在印刷過程中需要極大的印壓，且紙張的平滑度要極高，才能印出清晰的印紋。目前只有圓盤機及少數版畫在印製過程尚保留此種印刷方式。

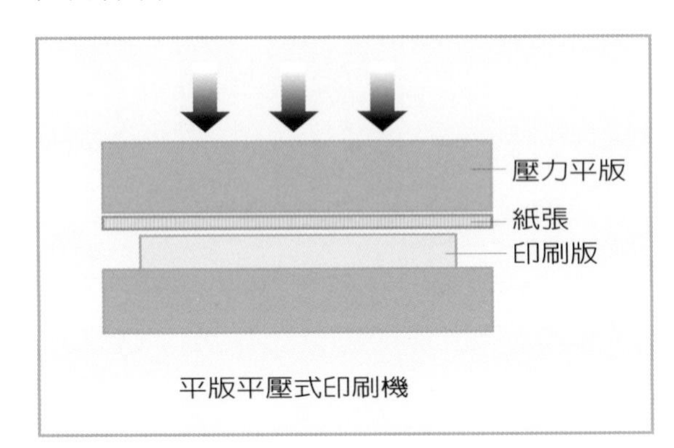

平版平壓式印刷機

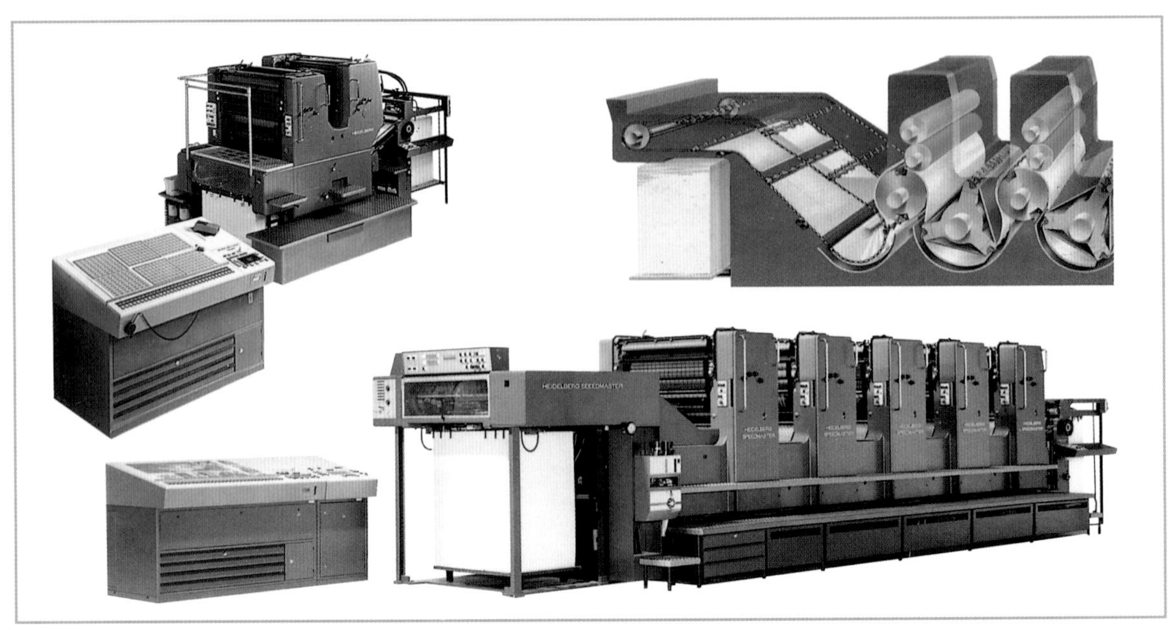

（二）平版圓壓式

平版平壓式的印刷機，其印版單位面積上所承受的印壓過低時，容易造成印紋不清的現象。為了改善其缺點，將平面的壓版改為圓筒形的壓力滾筒，此時圓形壓力滾筒和平面印版是呈線性接觸，所產生的印壓是平版平壓式的好幾倍，所得的印紋較清晰銳利，目前版畫工作者所使用的版畫機大多屬於這種型式。

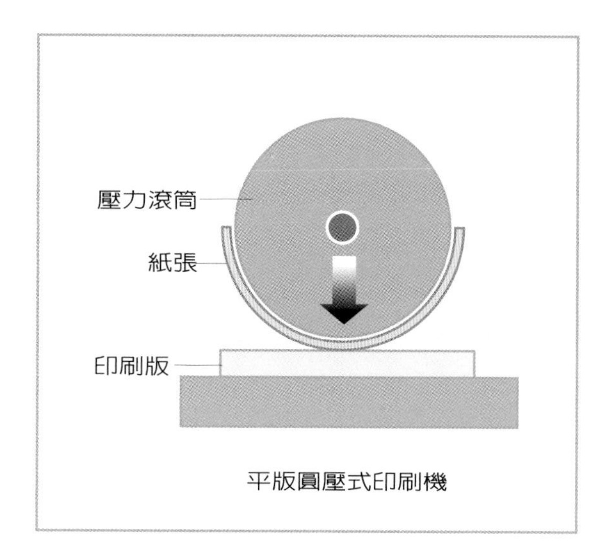

平版圓壓式印刷機

（三）圓版圓壓式

平版圓壓式的印刷機雖然可以印得清晰的印紋，但每印完一次必須空版倒回原位才能再次印刷，在印刷時多浪費了一倍的時間。若改為圓版圓壓時，每印完一次印版剛好回到原點，不但印刷時可連續上墨印刷，不用空版倒回原位節省時間外，同時圓版圓壓式所產生的印壓更勝於平版圓壓式的印壓，能印製更精密細小的印紋。目前全世界的印刷機絕大多數採用此種型式的印刷機。

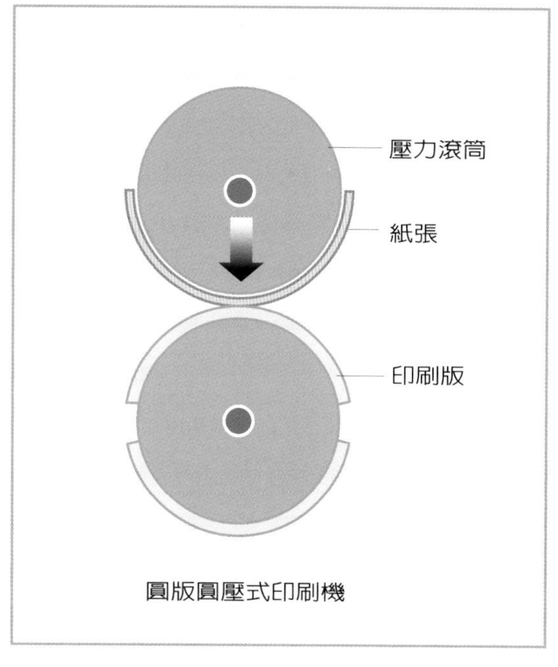

圓版圓壓式印刷機

（四）無壓噴墨式

隨著電子出版的盛行與商品出廠日期的標示需要，現已有大量噴墨印刷機，應用在文化出版、商品展示、商品標示及少量大規格尺寸之印件上。其機械結構及性能特性，請參考無版印刷單元，內有詳細介紹，在此不再贅述。

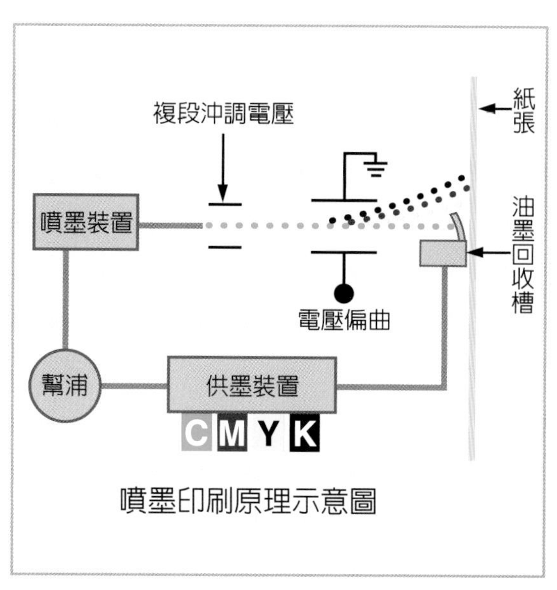

噴墨印刷原理示意圖

二、平版印刷機的基本構造

平版印刷是目前使用最廣泛的印刷方式，佔所有各類版式印刷品的75％以上。因此，對平版印刷機的基本構造和各型平版印刷機的發展要有所認識，才能發揮印刷機的特性，印製適合的印刷品。

平版印刷機的基本構造可分爲供紙單元、印刷單元、收紙單元三大部份。印刷單元包括：供墨系統、潤濕系統、印製系統。平版印刷原理是利用水墨互不相容的化學原理，採用間接印刷的方式，所以其印製系統包括三大滾筒。印紋是由印版滾筒（P）轉印至橡皮滾筒（B），再移印到紙張經壓力滾筒（I）壓印而成。下圖所示爲一個印刷單元的單色印刷機基本結構。

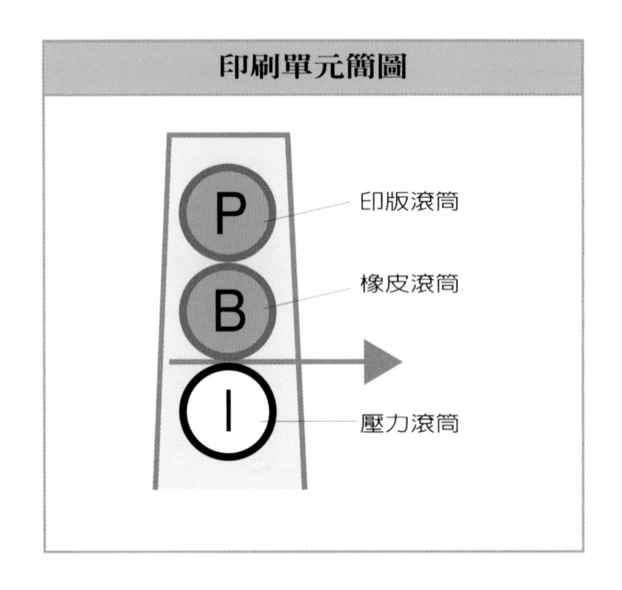

平版印刷機基本結構

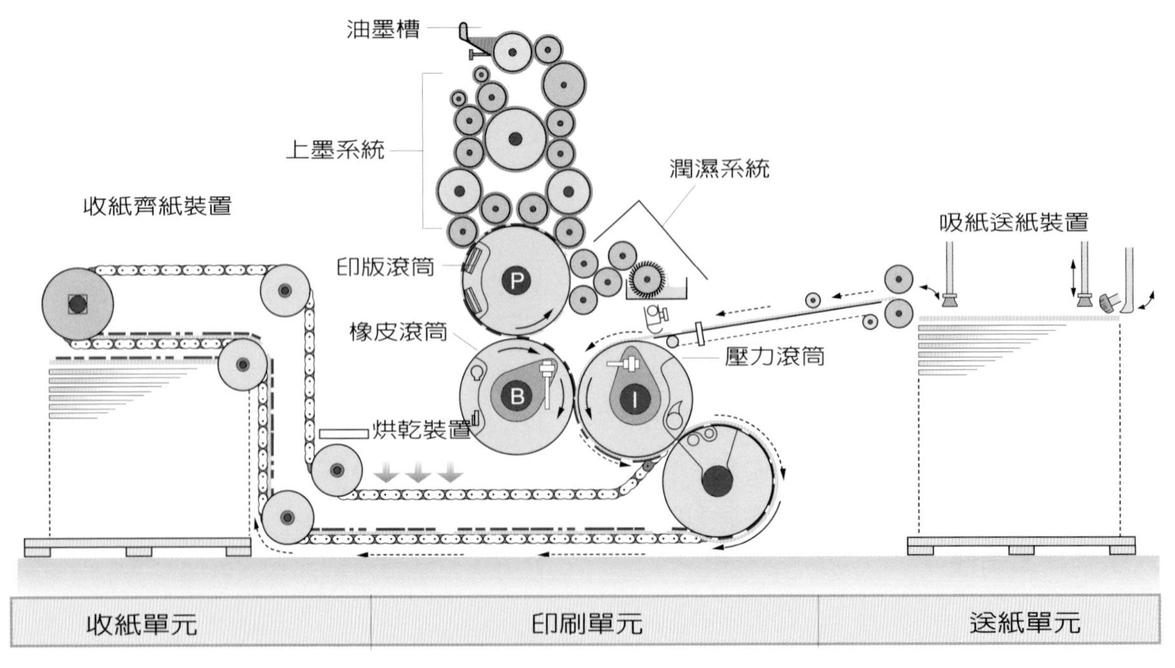

有時爲了有精密的印刷效果及節省工時，平版印刷機常採用兩個以上的印刷單元的雙色機、四色機、五色機或六色機，一次完成彩色印刷。如下面圖示爲單面多色印刷機的簡易結構圖。

由於捲筒紙印刷的輪轉印刷機，若要雙面印刷時，必須一次雙面印刷完成，故均採用橡皮滾筒對橡皮滾筒的結構，如圖所示。目前報紙皆採用單色至多色雙面套印的輪轉印刷機印刷。

有些印刷廠地處都會型寸土寸金的地段，爲了節省空間也常採用下列兩種結構的印刷機，一種是單壓力滾筒雙色印刷機，另一種是凸、平、凹版皆有採用的衛星式四色印刷機結構。

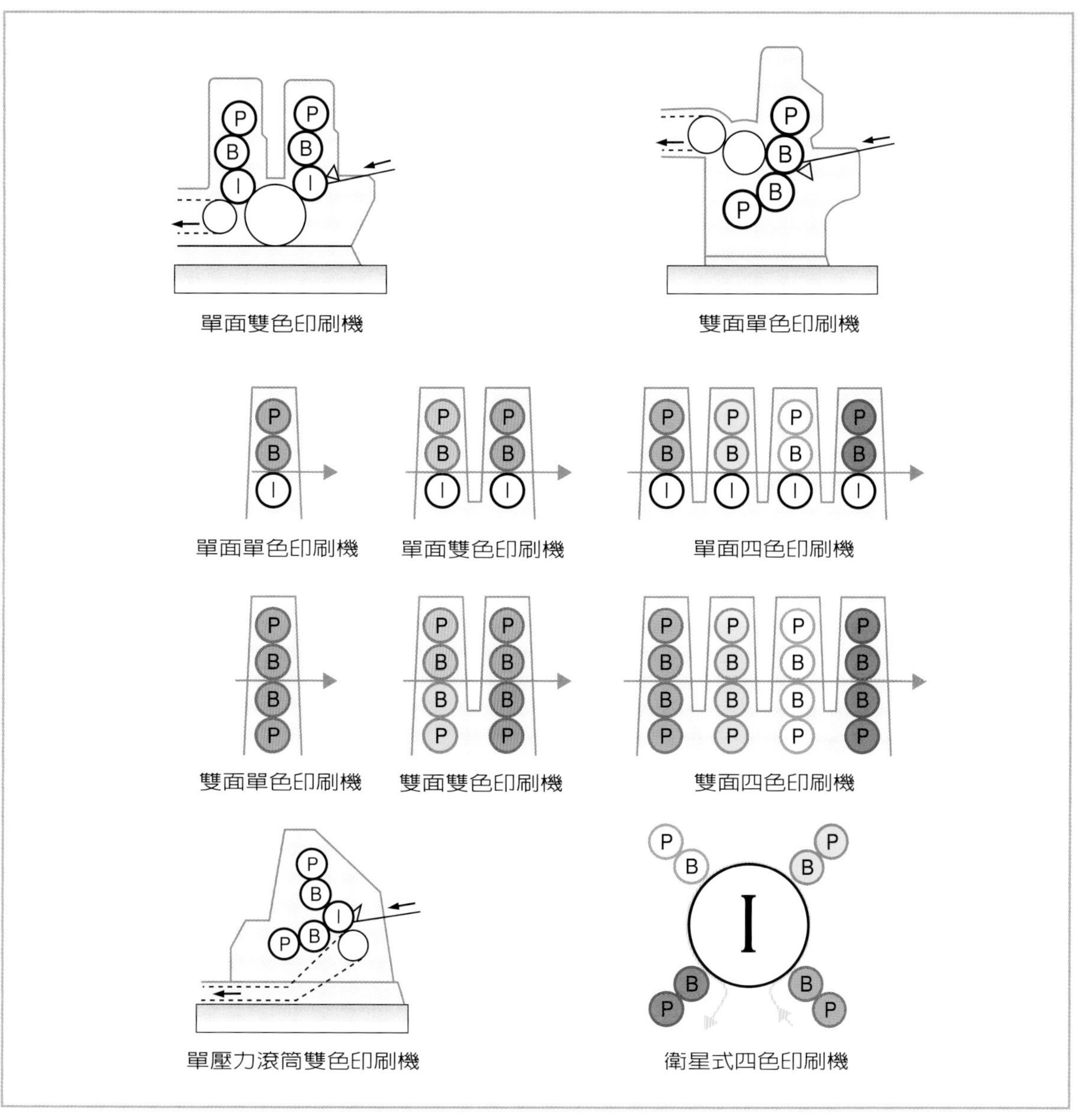

三、印刷機上墨技法

平版印刷機除一般單版單色套印技術外，另外其供墨系統可利用在墨槽（斗）中將油墨混色或加間隔刮刀產生單版雙色、單版漸層色、彩虹色的變化的印刷技法。

（一）單版雙色印刷

在平版印刷機上的油墨槽中加設兩塊間隔刮刀，即可在單刷版上同時印出兩種顏色。

（二）單版彩虹漸層印刷

若在平版印刷機上的油墨槽中不加間隔刮刀，直接將紅、黃、青三色墨放入墨槽中，油墨經由傳墨滾筒（傳墨滾筒在移轉油墨過程會前後轉動外同時也會左右擺動使油墨更加均勻）會產生均勻漸層混色，產生滿版沒有網點的彩虹漸層色，如圖所示。此種上墨技法也可將任意兩種以上油墨放入墨槽即可用單版產生各種混合漸變的色版，常用於各類快速印刷機上。

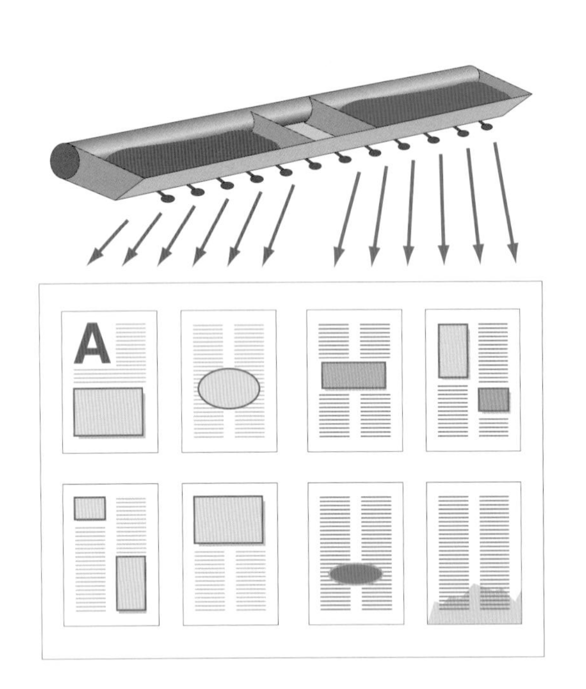

上圖是單版雙色印刷技法，其作法是在油墨槽左側放置橙紅色油墨，右側放置綠色油墨，並在墨槽中間加設兩塊刮刀，使其中間隔開約 5-10 公分距離，保留空白不放置任何油墨，因此橙色墨與綠色墨在墨槽中不會混色，經傳墨滾筒在印刷版上進行單版雙色上墨印刷。

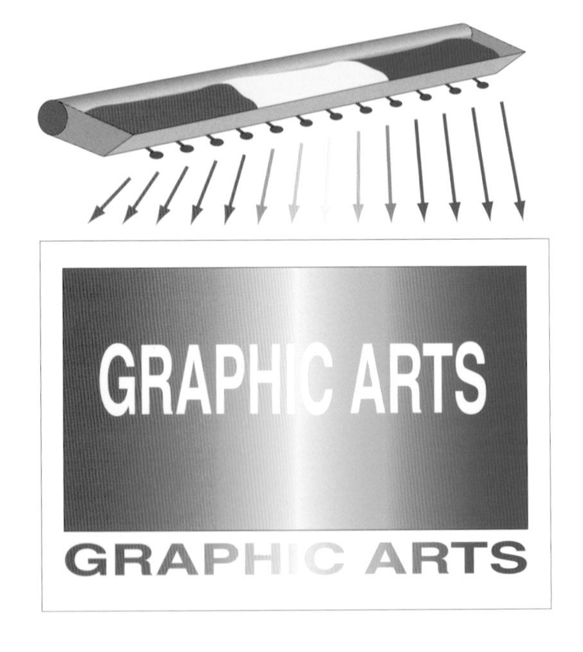

上圖是單版彩虹漸層印刷技法，其作法是在油墨槽左側放置紅色油墨，中間放置黃色油墨，右側放置青色油墨，在墨槽中間不加設刮刀，使其自然混色，經傳墨滾筒將紅黃青三色墨移轉到印版的過程中，因傳墨滾筒會左右擺動，使紅黃青三色墨會混色為彩虹漸層墨，在印刷版上產生彩虹效果的底色或文字。

陸、印刷油墨

決定一件印刷成品的好壞因素很多，但其中印刷油墨對品質好壞有極重要影響。因此如何選擇合適的印墨，掌握印墨的特性，是不容忽視的課題。

一、印刷油墨的組成

印刷油墨主要是由主劑和助劑組合而成。主劑包括色料和煤質，而助劑則是為了調整印刷作業適性、印刷乾燥適性、印刷效果適性的需要而加入不同的助劑。一般印刷油墨的組成如下：

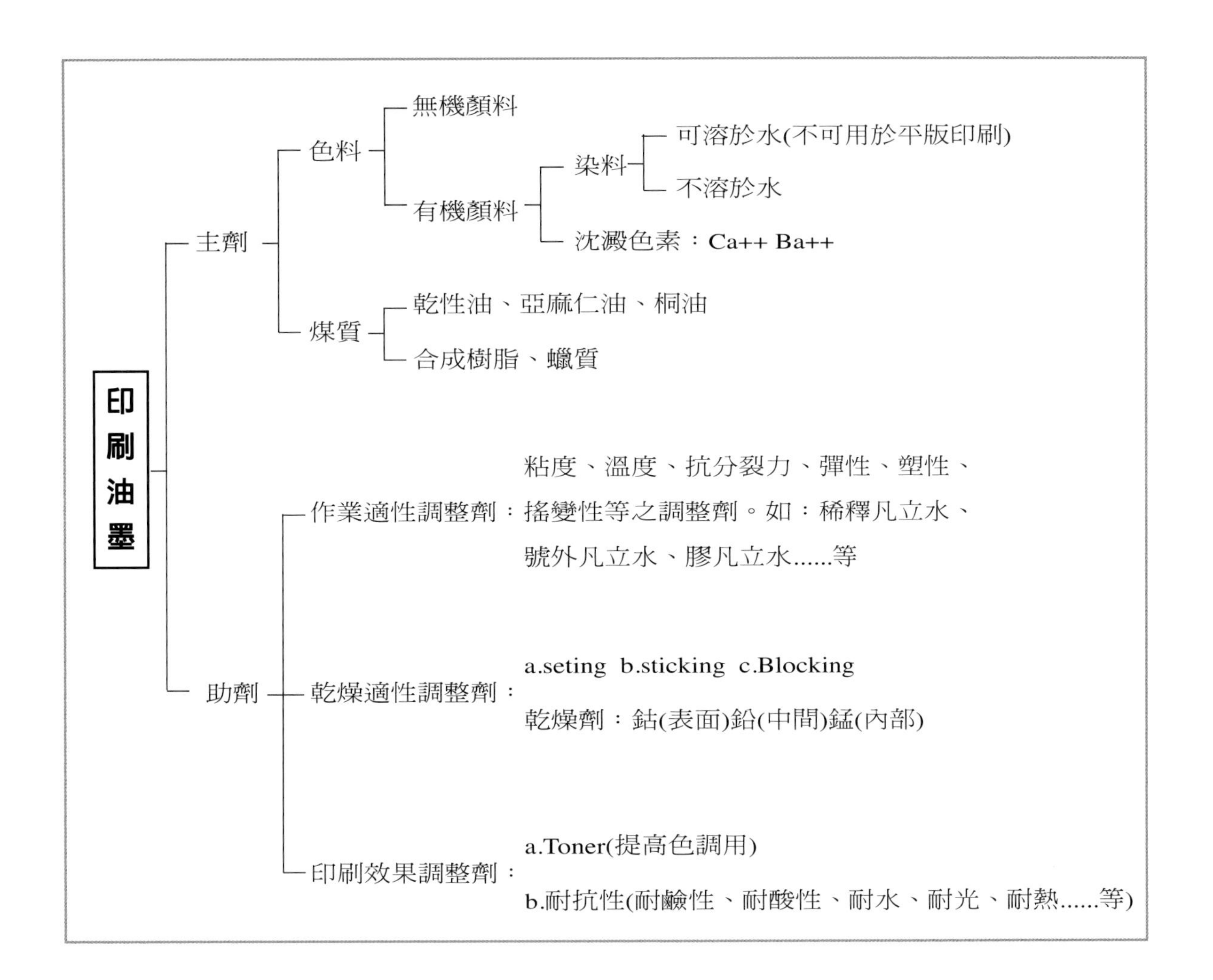

二、印刷油墨的種類

（一）依印刷版式分類：

1.凸版印墨
2.平版印墨
3.凹版印墨
4.絹版印墨
5.電子靜電印墨。

調墨刀

（二）依印刷機性質分類：

1.張頁印刷機印墨
2.輪轉印刷機印墨
3.打樣機印墨

（三）依乾燥方式分類：

1.酸化重合型印墨
2.速乾性樹脂型印墨
3.熱固著乾燥型印墨
4.冷卻固著乾燥型印墨
5.壓力固著乾燥型印墨
6.浸透型印墨
7.蒸發型印墨
8.紫外線硬化型油墨
9.觸煤硬化型油墨

以上三種印刷油墨的分類法，較適合印刷工程上使用，但對於設計工作者下列兩種分類法比較合適、實用，也是每位平面設計工作者必須熟知的知識。

（四）依發色法分類

1.原色版印墨：

是指彩色印刷疊色專用之Y（黃）、M（洋紅）、C（青）三原色印墨加上K（黑）色版組合的原色版印墨（Prosess ink），此種油墨爲透明印墨，適用於各式彩色疊色印刷使用。依光澤度不同可分爲亮光四原色墨與消光四原色墨兩大類。

2.標準色印墨：

是指由印刷油墨製作廠所出品的八至十色的基本色印墨所組成，於各印刷廠中共同使用。印刷廠只要按油墨製造廠所提供的色票標示（標準色油墨組合的百分比），即可由標準色印墨中調配出與色票相同的色彩。一般印刷設計中所指的特別色印刷（香港稱爲專色印刷），即是指此種標準色印墨按色票百分比調製出來的色彩印墨。爲了使色彩能正確重現，設計者和印刷廠皆要使用同一廠牌油墨廠商所出版的色票才能印出兩方認同的色彩標準。

3.指定色印墨：

是指當標準色印墨無法調出所欲表

達的色彩或不能具備令人滿意之特殊耐抗性條件時，向油墨廠商訂製的印墨。例如：柯達公司的軟片包裝盒上的黃（柯達黃），即是柯達公司爲了維持公司品牌形象，特別向油墨廠指定調配的印墨。

4.螢光印墨：

是指將具有螢光染料與不同的樹脂混合而成。一般將螢光印墨分爲晝光性螢光油墨與夜光性螢光油墨。使用晝光性螢光油墨（一般簡稱螢光印墨）之印刷物，當可視光線照射其上時，因螢光印墨具有反射較其波長爲長的光線性質，所以會產生螢光的效果。而夜光性螢光油墨在夜間或黑暗的地方，將肉眼看不見之紫外線照射其上時，會將原看不見的光線變成較其波長爲長之可視光線反射於黑暗中。以上兩種螢光印墨常使用於廣告、道路標示、夜光劇之表現上。另外還有一種蓄光性夜光顏料或燐光性顏料於吸收光後能連續發光出來，已被大量應用在星相圖書中夜光星相圖之印刷上。

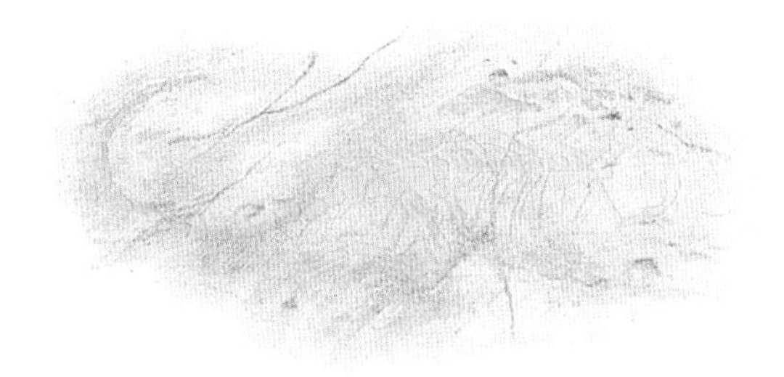

兒童圖書中使用夜光性螢光油墨所印製恐龍骨骼，在黑暗中會產生螢光效果。

5.金屬粉油墨：

是指由金屬粉做成油墨的總稱，一般均分爲金油墨與銀油墨。金油墨的金粉是將黃銅箔用壓搾法或滾轉與銀油墨軋墨機粉碎後加凡立水或煤質調製而成；銀油墨之銀粉則是以鋁箔製成再加凡立水調製而成。若將銀粉和一般顏粉併用，則能產生特殊金屬色彩效果的印墨，特稱此種印墨爲金屬色印墨，常用於各式高級型錄及包裝盒之底色。

6.疊色印墨：

是指除四原色印墨之外之透明印墨，常用於複色調（Duo－Tone）印刷或四色版彩色印刷外的第五色或第六色印刷時使用。此外於塑膠膜、玻璃紙、鋁罐之包裝印刷上也常使用。

7.珍珠光印墨：

是指在印墨滲入具有珍珠光之粉劑而調成的印墨，此種印墨已大量使用於化妝品之包裝盒、香皂包裝紙及文具禮品之禮盒印刷。

（五）依特殊用途分類

1.磁性印墨：

是指微細粉末磁性材料與合成樹脂凡立水，乾性油煉合而成。主要用於需自動

支票 No.CSA 0758261 中華民國 年 月 日帳號

憑票支付

新臺幣

NT$ 此致

上海商業儲蓄銀行 中山分行 台照

付款地：台北市南京東路一段四十六號

（發票人簽章）

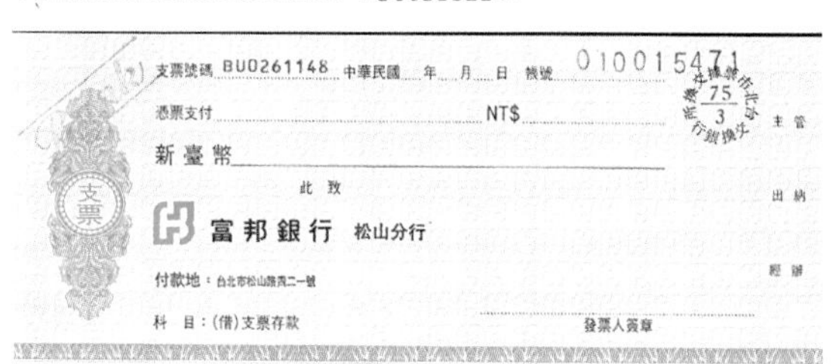

支票號碼 BU0261148 中華民國 年 月 日 帳號 010015471

憑票支付 NT$

新臺幣

此致

富邦銀行 松山分行

付款地：台北市松山路貳二一號

科目：(借)支票存款

發票人簽章

主管

出納

經辦

化處理之印刷品上。例如：支票、帳票之磁碼印刷。

2.安全印墨：

是指使用於支票、股票等有價證券類或身分證、護照之底紋印刷，以防止僞造改變之印墨。使用安全印墨印刷之底紋，若欲使用消除墨水之藥品，去除用筆記墨水寫過的文字或印章等塗改行爲時，用安全印墨印製之底紋，會因化學作用而褪色或變成別種顏色，以達到防止僞造的功用。

3.芳香油墨：

型錄、DM等廣告宣傳印刷品，爲提高宣傳效果，配合印刷圖樣常使用芳香油墨印製。其香味種類繁多從薔薇、茉莉、風信子、玫瑰等花香到咖啡、烤肉、蘋果、水蜜桃……等香味。芳香油墨散發香味的方法有四種：a.在印刷油墨中滲入香料，使它從印刷畫線中散發香味。b.印刷油墨不含香料，將含有香料之凡立水疊印在圖文上，而使它散發香味。c.將香料包於樹脂煤質中，平時沒有香味，當打開印刷品時，包於芳香印墨中的香料會從樹脂中破膜而出，散發出香味。d.將香料包於合成樹脂煤質，當用手指在印膜上摸擦時，香料包經擠壓會破膜而出，散發香味。

4.感溫印墨：

有些發色劑對溫度熱能會產生不同的色彩變化，將它加入油墨中即可製成不同功能的感溫印墨。坊間常見溫度計貼條，即是用不同感溫印墨製成。另外也有些感溫印墨遇熱時顏色會消褪不見，例如：將感溫印墨印在獅子的鬃毛上，其餘獅子身體部份用一般油墨印刷，當印刷品有高溫吹在其上時鬃毛會不見，此時公獅子會變成母獅子。

5.隱形印墨：

有印墨在乾燥時透明看不見印紋，當印紋遇到水時，隱形的印紋會馬上顯現出來，此種印墨稱爲隱形印墨。另有一種隱形印墨，平時看不出來，必須在特殊光源下才會顯現出來。

6.刮刮印墨：

是一種不透明低黏度的印墨，常使用於彩券、DM廣告宣傳上。一般是將刮刮印墨印在彩券的號碼上，使其遮蓋看不到號碼，只要用錢幣或指甲即可輕易將刮刮印墨的薄膜刮除，使號碼顯露出來。

7.隆起（浮凸）印墨：

隆起印墨有兩種，第一種是使用凸、平、凹、絹版等印刷後，於油墨乾燥前，將樹脂粉散佈於印刷圖紋上，加熱融著使圖紋產生浮凸立體的方法。一般使用於名片、卡片紙品設計上。另一種是在印墨中加入發泡劑，常使用於絹版T恤印刷，當印刷完成後，只要用高溫熱風朝T恤上印有圖紋地方吹，圖紋會立刻隆起於T恤上成爲立體的圖紋。

8.複寫紙印墨：

傳統的複寫紙印墨有加熱型、非加熱式、減感印墨三種，都容易在印刷品上產生墨斑或落墨現象。最新的非碳複寫紙印墨是使A、B型印墨（透明印墨），分別將透明的A、B墨塗於第一張紙的背面及第二張紙的正面，當我們在第一張紙的正面書寫文字時，其背面A墨經壓力擠壓會和B墨接觸結合而顯現出顏色文字出來，常用於各式申請表格之複寫印刷。

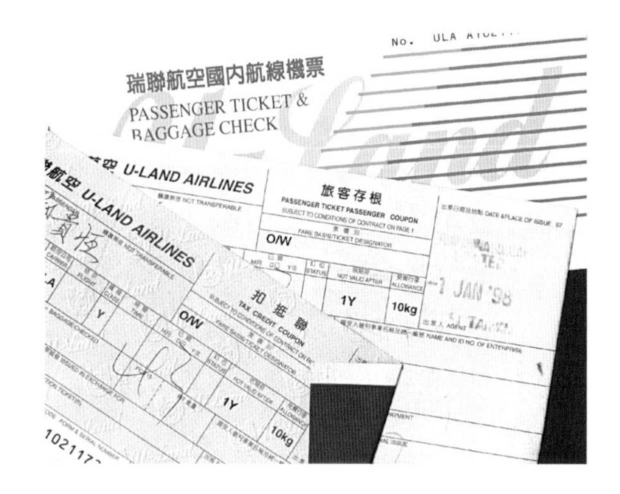

9.透明光油：

透明光油是不具任何色彩之透明印墨，一般分爲亮光透明油墨與消光透明油墨兩種。若想要增強印刷圖紋之光澤度時可在圖紋部份全面或局部印上亮光透明印油。相反的，若想在亮光的圖紋上，使局部之印紋產生消光效果時，可在上面印上消光透明印油。高級特殊之印刷品常交互採用消光與亮光透明印油在版面上做特殊效果的應用。另有一種局部立體上光的厚膜透明樹脂光油，一般將其歸類於上光技法中，其應用請見印刷加工之上光單元。

10.腐蝕（刻）印墨：

是具有腐蝕性印墨，通常使用於玻璃與水晶上之圖紋蝕刻，使玻璃與水晶之表面經印刷後而產生凹刻的圖紋。常用於工藝品上之蝕刻。

11.導電印墨：

將導電之金屬粉調製成導電印墨，由導電印墨印製的圖紋具有導電性，例如：坊間電池電力測試條即是由導電印墨與感溫印墨所製成。有些電路版之電路圖也有些用導電印墨製成。另有國外玩具書卡也常印上導電印墨做些導電的教具。

12.轉寫印墨：

坊間流行的紋身貼紙，即是用轉寫印墨製成的，另有一種釉料製成轉寫貼紙，是應用在陶瓷品上的圖文轉寫之用，再將轉寫好釉料圖紋的陶瓷器送窯進行釉燒。

三、印刷油墨的疊色與混色

一般常見彩色印刷品中之各色文字、圖案、色塊之印刷方法，不外乎下列兩種方法：

一種是疊色法，也就是利用透明Y、M、C、K原色版印墨，使用網點百分比疊印而成，而疊印的先後順序改變時所印的顏色也會有些微色差，如圖所示。另一種是混色法，是在印刷前用標準色印墨或原色版印墨依所欲印刷之顏色色票上百分比，調製出相同顏色，再行印刷的方法。如圖所示。一般常用於特別色（專色）印刷

圖例為由洋紅色和黃色疊印成紅色的情形，因疊印先後順序不同所產生紅色也略微不同

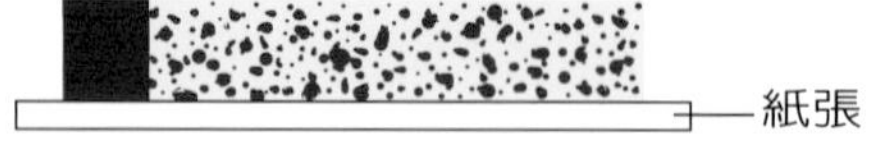

圖例為洋紅色和黃色油墨經混色而成的紅色墨

時使用。由圖例中可看出用相同百分比印製的疊色色塊與混色色塊，其色相及彩度還是有些微不同的差異存在，在設計時宜充分了解，才能掌握其色差。何時採用疊色法？何時採用混色法？其主要還是在成本經濟上的考量。因爲，混色法的成本較高，但其所印刷的色彩品質如一，鮮明不容易混濁。相反的，用疊色法所印製的色塊、圖案，會因網點的擴大、疊印的順序改變及墨路、印壓的控制不當、紙張厚薄而造成色彩偏差，所得印紋之色彩較容易混濁，尤其橙色、綠色、紫色之疊印產生的偏色更大，在印刷前宜做好選擇，否則，無法印出合乎品質要求的色彩。

四、印刷油墨在設計上應注意的事項

印刷油墨的選擇是否合適正確，常影響到印刷的品質與機能。因此，在設計前要詳加考慮下列注意事項：

- 不同紙張在油墨色彩的再現性也不同。因此，在選擇油墨進行色彩標示時，要先參考同條件同紙質的色票，才能複製出相同的色彩。
- 戶外海報若使用一般印墨印刷，很容易褪色，宜採用抗紫外光印墨印刷。
- 速食店之包裝紙、盒上的印墨常和油質食品接觸，容易溶解釋出毒性物質，宜採用抗油性無鉛之印墨印刷。
- 有些冰品的外包裝及紙杯，需使用抗水性之印墨印刷，才能保持圖紋之平整亮麗。
- 化妝品、兒童玩具、嬰兒用品等包裝紙、盒，應採用不含鉛的油墨，以免引起中毒現象。
- 警告性、指示性的海報、標語、指標其字體或圖案，可採有反射光線特性的螢光油墨或燐光油墨。
- 印製各類材質不同之布料或衣服時，應選用印刷後能和所印布料結合的印墨，使其所印圖紋仍能保有原來的質感。例如棉質的布或衣服宜採用印花槳作印墨原料。
- 各類材質之容器或包裝用品，應採用不易磨損具強力附著之印墨。例如：玻璃用品、金屬用品、塑膠用品之印刷。

柒、認識印刷用紙

一、紙的發明

造紙發明人：蔡倫 畫像

紙是中國人所發明，已是世人所公認。但紙的發明者一般史書皆指稱為東漢和帝時的蔡倫於元興元年（西元105年）所發明。事實上蔡倫只是造紙技術的改良者，而不是始創者。因為漢書孝成趙皇后傳中所提到的「赫蹏書」，即為紙的前身，證明西漢時已有用紙書寫的例證。

根據後漢書蔡倫傳所述，蔡倫為東漢和帝時宮內的宦官，職司總務營建，對於監作祕劍及諸器械，莫不精工堅密。因此，一般推論蔡倫時代，已有紙的發明，只不過材料及製造技術費用過高，無法使紙張普遍流傳。蔡倫即利用營建宮殿所剩的「樹皮」，製造麻紗中棄之不用的「麻頭」，裁製衣服所剩之「破布」為造紙材料，以魚網為工具（撈取樹皮、麻頭、破布所製成的紙漿），製成有名的「蔡侯紙」。從此，價廉、質輕、易攜、便藏，一舉而具四善之紙張風行於世。

在西方的歷史雖然記載著埃及人用紙草造紙，印度人用的貝葉紙要比中國早，但是紙草及貝葉是不能和紙混為一談的。紙草是生長在埃及尼羅河畔的一種草本植物，古埃及人在四千多年前將其莖切成長條薄片狀，彼此整齊並排，垂直相疊結成薄片，然後浸水壓平晒乾而成。而貝葉則是一種棕櫚科的樹葉，古印度人將它晒乾後用來書寫文字，這些由植物纖維組成的書寫材料，僅是利用自然界的天然物質簡單加工而成，其纖維沒有經過解離重新交織，並非真正的造紙。真正造紙是將植物纖維經過蒸煮和椿搗之後，加入水形成植物纖維與水的混合液，也就是紙漿，再將紙漿通過竹簾或篾蓆，把水漏掉，在上面留下薄薄一層由植物纖維交疊而成的薄片，此薄片乾燥之後就是「紙」。

二、造紙原料

所有的紙類產品都是由纖維所形成，可分植物纖維及人造纖維兩種。而人造纖維產製不易，成本過高，無法全面推廣。因此，目前世界造紙主要原料爲植物纖維，基本上有四種植物纖維符合造紙的需求。一、種絲纖維：如棉。目前造紙用棉纖維主要來源爲舊破布、廢布邊，只有少數高級紙張用純棉纖維。二、韌皮纖維：如大麻、亞麻、黃麻。亞麻纖維可製造透力強而耐久的紙張，所以常用以製造高級而質輕的紙張。大麻可用於製造香煙紙及聖經紙，黃麻則用於製造韌性極強之標籤及厚紙板。三、草纖維：如稻草、麥草、蔗渣。草纖維紙張的特性爲抗撕力弱，不透明度差，但抗裂性強，所以造紙時需要混入長而韌性強之纖維。常用於缺乏木材的國家。四、木纖維：如闊葉硬質木的橡樹、橡膠樹、楓樹和針葉軟質木的松樹、針樅樹、樅樹等。以上四種纖維則以木纖維使用最廣，約估全世界造紙纖維的95%。

造紙原料主要來源：木纖維（森林中的原木）

三、造紙的程序

造紙工業隨著科技的發展已成爲複雜的工業，能夠以不同的方法生產衆多的紙品，除少數手工抄紙及特殊紙張的抄造流程有別外，所有的紙張和紙板的製造程序都是基於同一技術和作業製程。整體製程略述於下：

(一)製漿

製漿的程序首先是選取木材→去皮→切碎，再將切碎的木片進行製漿。製漿的方法可區分爲三大類：化學製漿法、機械製漿法及半化學半機械製漿法。製漿的目的是將木材解離成纖維。

1.化學製漿法－是利用化學藥劑溶解木質素而將纖維分離出來的方法。

2.機械製漿法－是運用機械摩擦原理將纖維自木材中強力扯開，所以含有很多的雜質及木質素。

3.半化學半機械製漿法－是先運用化學藥劑處理木片，鬆弛纖維，再運用機械方法將纖維摩擦分離出來。以上三種製漿法所製成的品質以化學紙漿爲最佳，半化學半機械紙漿次之。而機械紙漿因爲其中含有很多的雜質及木質素，所以紙張不易保存容易變黃，品質最差。紙張品質的好壞取決於化學紙漿與機械紙漿混合的比率，愈高級的紙張，其所含化學紙漿比率愈高。反之，如新聞紙則是100%的機械紙漿。

(二)備漿

備漿乃是將纖維進一步處理，改良纖維的物理性，爲發展紙張強度的主要因素。

(三)紙張抄造

抄紙作業首先是分解漿板→打漿→添加化學物→篩選→抄紙機上成型→壓榨→乾燥→塗佈→上膠→乾燥→研光→捲取→分割（出廠前的規格化包裝）。

(四)紙張加工

是指精製紙類在抄紙完成後的後續作業，如銅版紙、壓紋紙等，在未經分割前仍需經壓佈機、研光機或壓花機的表面美化處理，再經裁切成平張式，經選紙、包裝後才算是完成品。

紙張生產流程圖

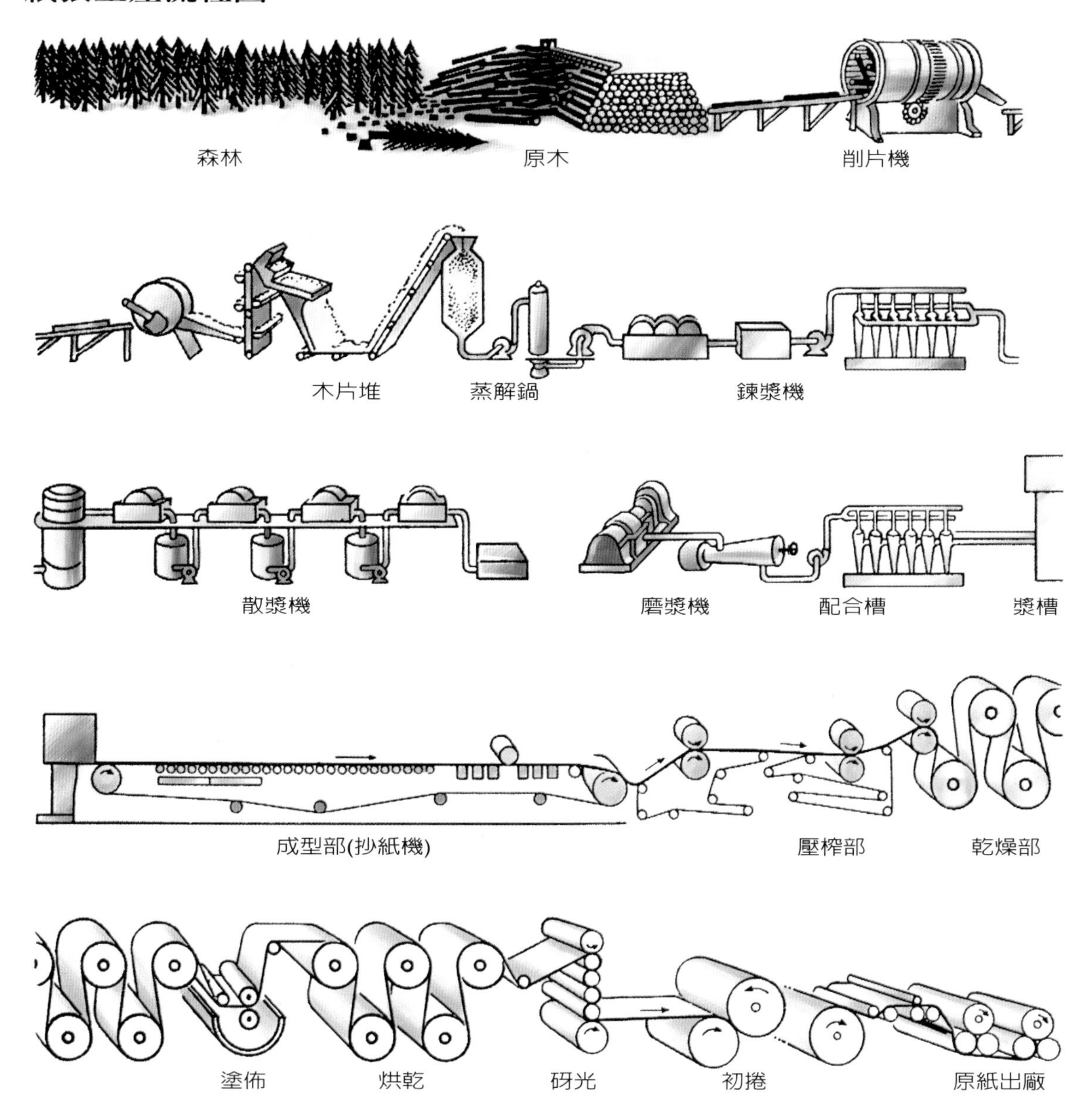

四、紙的兩面性

在紙張的抄造過程中，使紙張具有不同的兩面性。其中一面因為在抄紙過程中其紙面朝下和濾網接觸而形成多孔性而帶網紋的痕跡，稱為網面（wire side）。而另一面因為在抄紙過程中其紙面朝上和毛毯接觸而形成較平滑、密實的紙面，稱為毯面（felt side）。網面因為表面由較長一些的纖維所組成，較為粗糙，具有多孔性，毛細現象較強，富有吸水性，較不適於印刷，一般水彩畫紙皆用網面來作畫，主要原因即是利用其具有多孔狀，富有吸水性的表面。反之，毯面的表面是由長短纖維交織而成，較為密實平滑，毛細現象較弱，因此，較適於當做印刷表面。

五、紙料調製的影響

紙張的成份是由紙漿和適當的填料組合而成，為了強化纖維結合力、降低吸水性、提高平滑度、減少紙面起毛，或針對紙張專業用途的特性要求等，往往必須添加一些助劑、化學藥品等填料。在所有填料中，強化紙張纖維結合力所使用的膠料影響紙張特性較大。可略分為酸性膠料和中性膠料兩種。使用酸性膠料所抄製成的紙，一般稱為酸性紙，其紙容易酸化，變黃、易脆，無法長期保存。而使用中性膠料所製成的紙即為中性紙，其紙質無論在強度和白度之穩定性，保存期限均優於酸性紙，可保存百年以上。

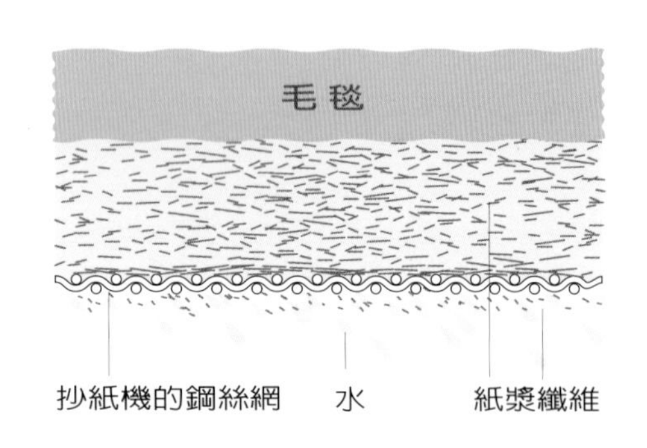

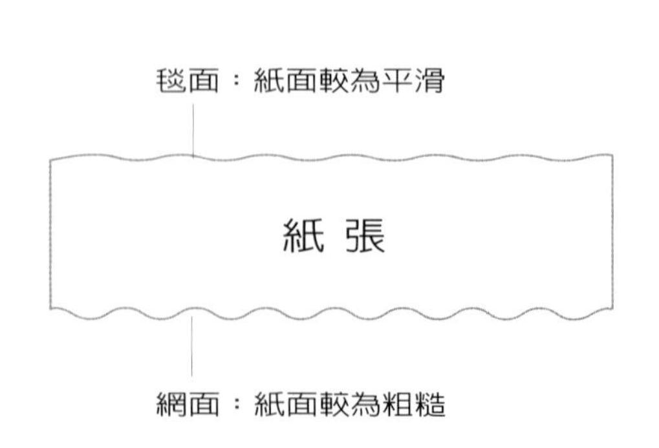

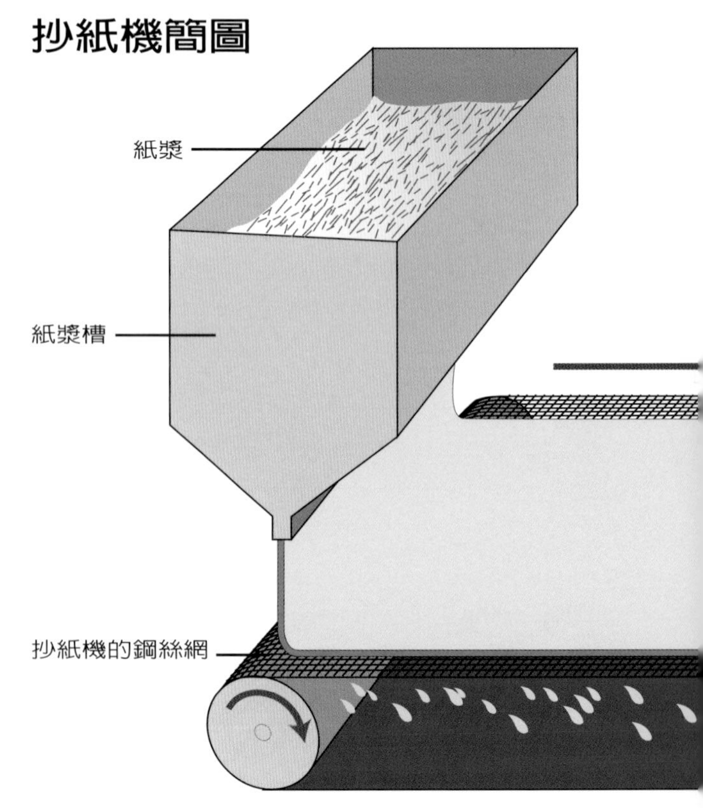

六、紙的絲流

當抄紙時在抄紙機上成流體狀的紙漿纖維受到抄紙機的慣性運動作用，使得紙漿的纖維排列方向和抄紙機的運動方向平行，而形成紙張中的纖維朝同一方向排列。而所謂絲流方向，即是紙張中纖維排列的方向。

(一)絲流的定義

紙張絲流方向平行於紙的長邊者稱之為縱紋紙，又稱為順絲流，日本稱為T目，見右圖所示。

紙張絲流方向平行於紙的短邊者稱之為橫紋紙，又稱為逆絲流，日本稱為Y目，見右圖所示。

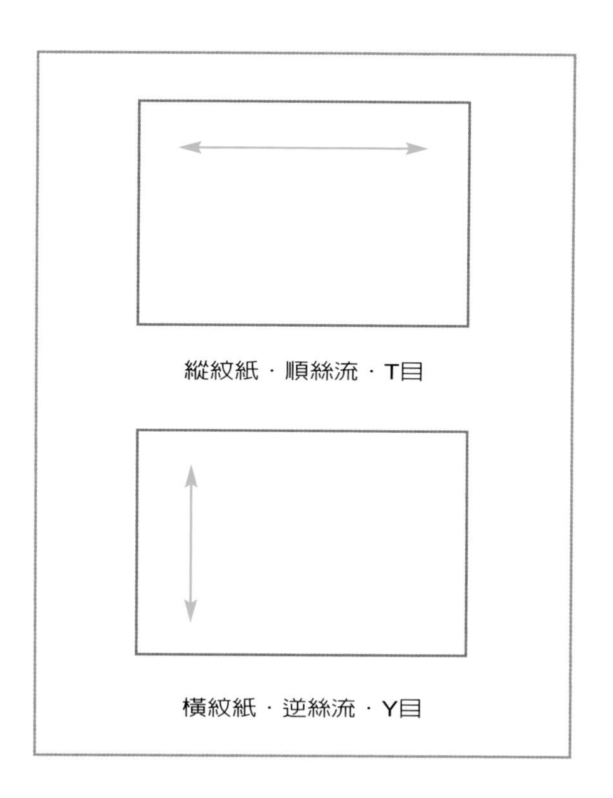

下面圖例為抄紙後紙張纖維排列情形，因抄紙完成的紙張為捲筒紙，需經裁切成張頁式，再包裝上市。其裁切情形如下圖所示，自然會形成縱紋紙和橫紋紙的絲流排列方向。

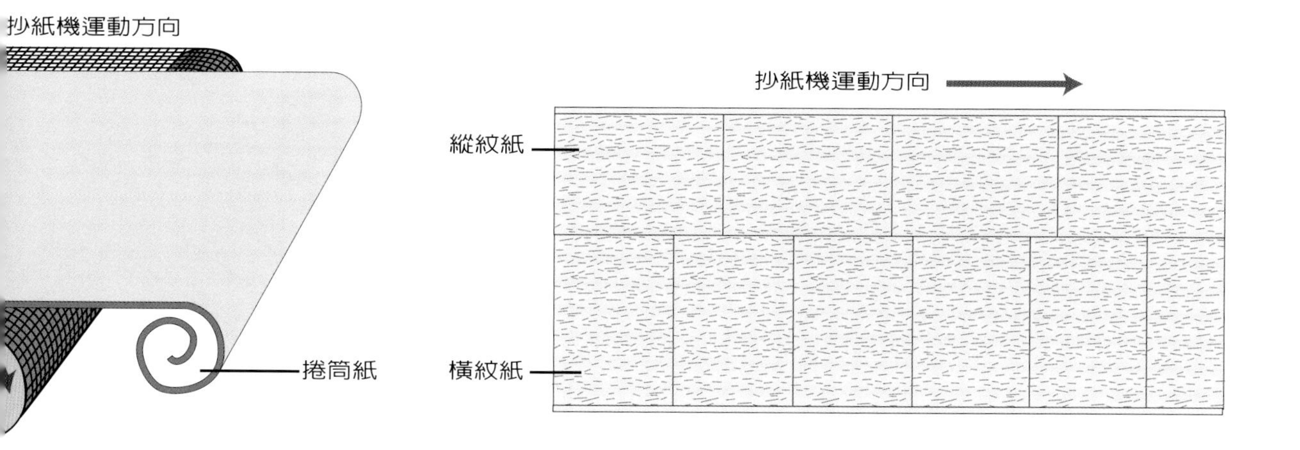

(二)絲流的重要性

1.彩色套印與絲流

紙張遇到水氣會伸縮變形，根據實驗顯示：縱紋紙（順絲流）的伸縮小於橫紋紙（逆絲流），因此，在彩色印刷或多色印刷時宜採用縱紋紙印刷，如此可避免因紙張伸縮所造成套印不準的現象。但如使用四色機一次作業，則因快速印刷紙張伸縮的影響變小，此時採用橫紋紙來印刷也能得到不錯的效果。

縱紋紙

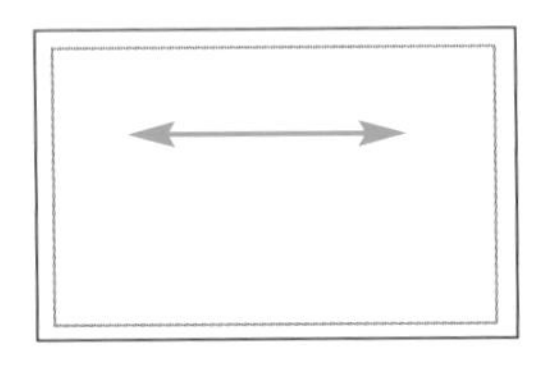

橫紋紙

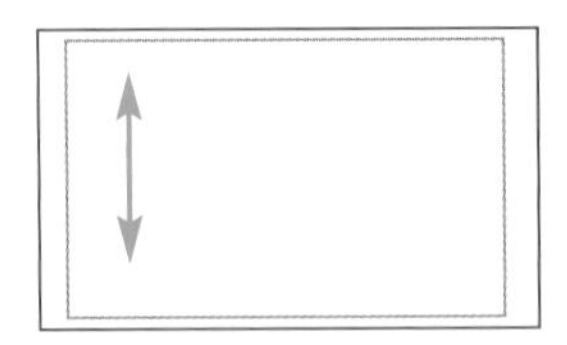

上列左右兩圖分別為縱紋紙與橫紋紙遇到水氣時伸縮變形的情形(紅框為紙張變形後的尺寸)，很明顯橫紋紙遇水變形率遠大於縱紋紙。

2.上機印刷與絲流

紙張進入印刷機印刷時，其絲流方向應平行於印刷滾筒，其紙張較不容易起皺。反之，若絲流方向垂直於滾筒進入印刷機，會因纖維的伸縮及硬度使紙張打皺或有折痕出現。

紙張絲流方向要平行於滾筒
(箭頭所指為絲流方向)

3.裝訂與絲流

印刷品在摺紙過程中，其絲流方向應平行於裝訂邊或摺線，如此，所摺出來的卡片摺邊才平滑圓順，所裝訂出來的書刊較利於翻閱。反之，絲流方向垂直於裝訂邊或摺線時，卡片的摺線容易產生裂痕，而書刊較不容易攤平展讀。

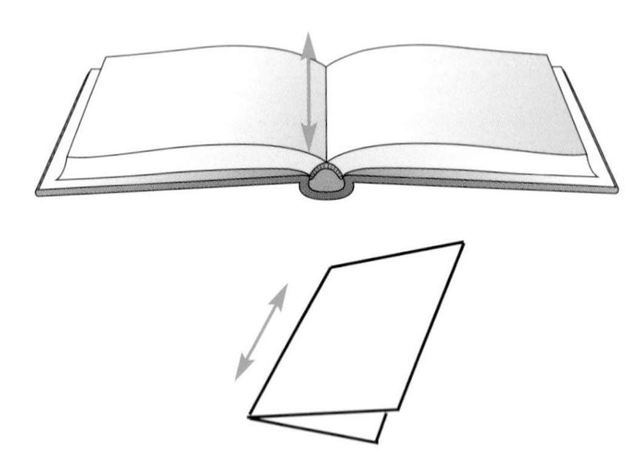

4.包裝設計與絲流

在設計包裝盒時，其絲流方向要平行盒口，如此所設計出來的盒子盒型方正，挺度強、承受力大，適於堆疊陳列，如圖所示。

反之，若絲流方向垂直於盒口，其所設計出來的盒子外型容易彎曲變形，盒口鬆軟無法承受重力，不適於堆疊陳列，如圖所示。

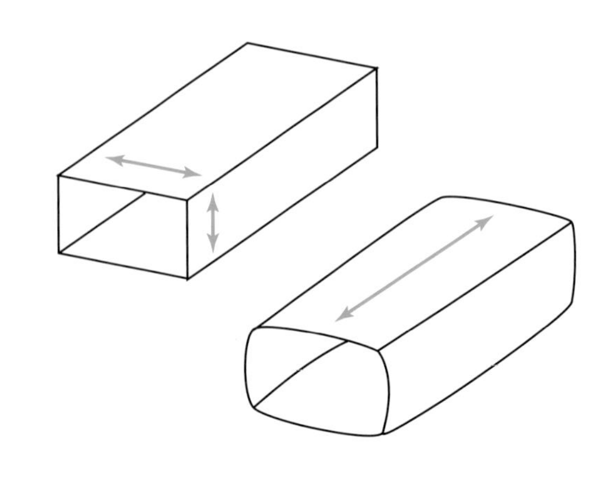

5.懸吊式印刷品與絲流

一般懸吊式印刷品如：月曆、ＰＯＰ海報，其絲流方向要垂直於重力方向（地心引力），如此，其紙張受到濕氣時雖會向上捲曲，但向上捲曲的力量會被重力往下拉而抵銷，使紙張依然保持較平整的情形。反之，若絲流方向平行於重力方向，紙張容易左右向內捲曲變形，如圖所示。

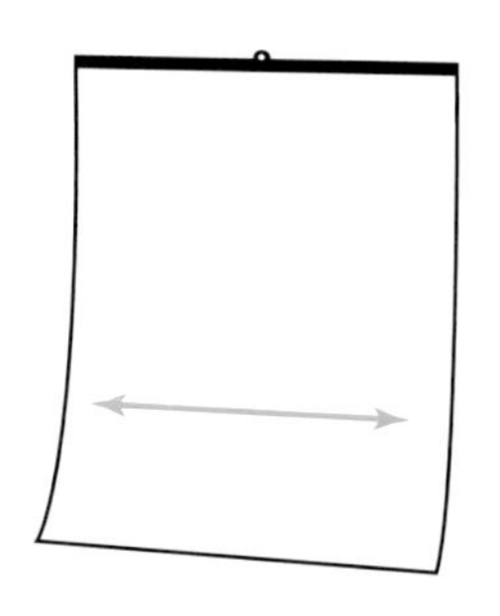

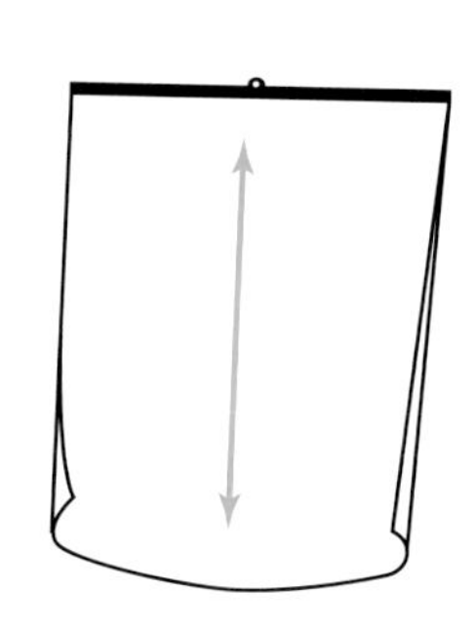

6.裱貼與絲流

在紙張或紙板裱貼處理時，其絲流方向要相互垂直，如此，其紙張受潮捲曲變形的方向，剛好上下左右相互抵銷，使紙張在裱貼時不會因濕氣而變形，而保持紙面平整，挺度增強。反之，裱貼時絲流方向相互平行時，在裱貼時會因受潮捲曲方向相同而產生加乘作用，而擴大變形現象。

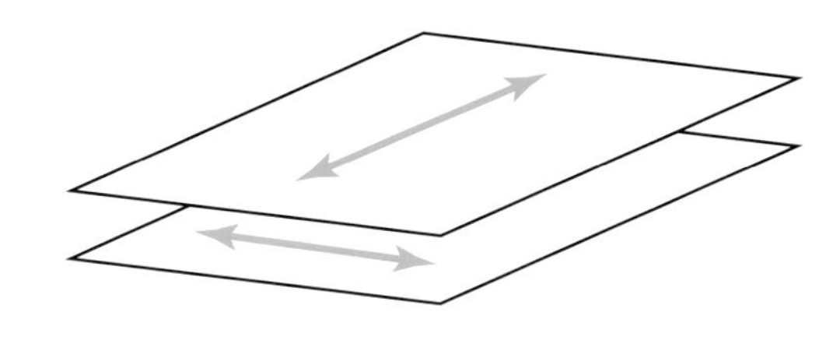

(三)絲流方向的檢驗法

1.外觀法

1)未拆封的紙其商標紙上印有箭頭方向，此方向即為絲流方向。2)紙邊比較法：是一種比較不精確的方法，一般較平齊的一邊是絲流方向，較粗糙的一邊是垂直於絲流方向。

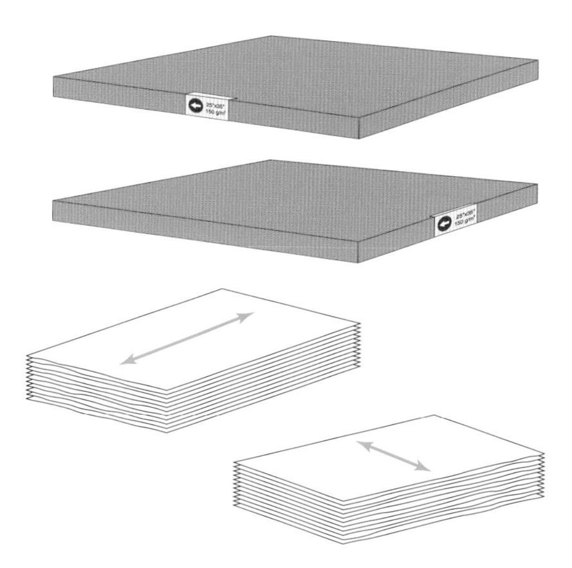

2.摺紙法

將紙張橫摺一次及縱摺一次，立刻可發現一邊摺線之摺痕平滑，另一邊之摺痕則較為粗糙，甚至有破折纖維痕跡出現，此較平滑摺痕的方向即為絲流方向，如圖所示。

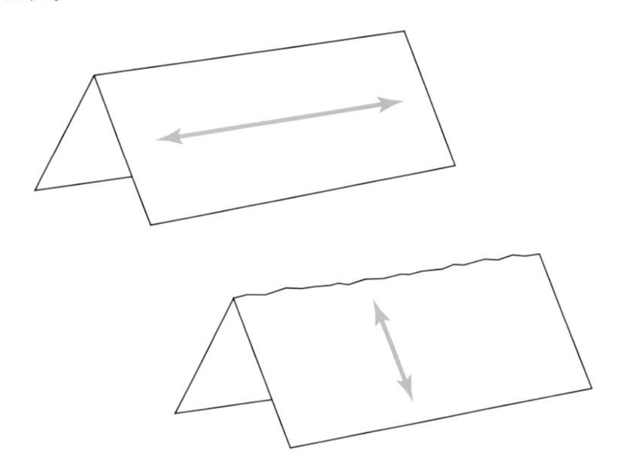

3.紙條法

將紙張之垂直兩邊各沿邊緣切取2×20cm之紙條各一條，將兩張紙條重疊，握住紙條的尾端，將紙條之位置上下倒置，由於絲流方向之硬度較大，若兩條紙條分離（如圖所示），則上面紙條方向爲絲流方向，若兩紙條密合則下面紙條方向爲絲流方向（如圖所示）。

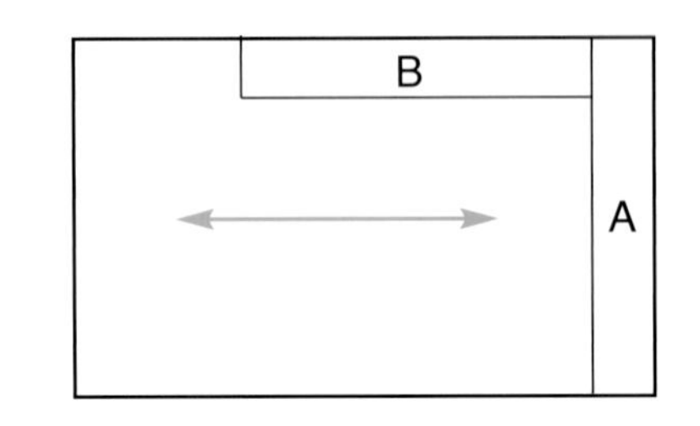

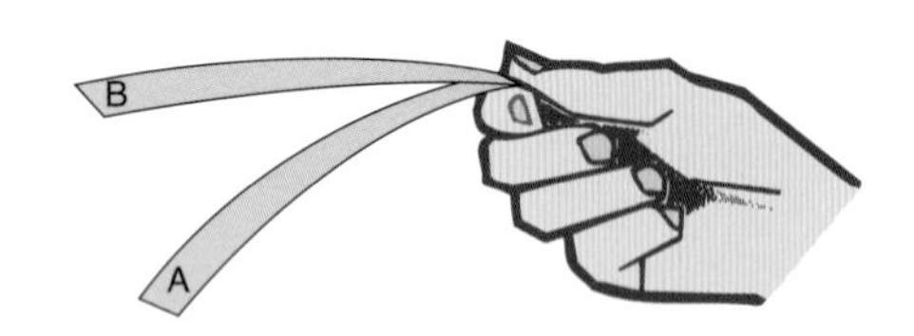

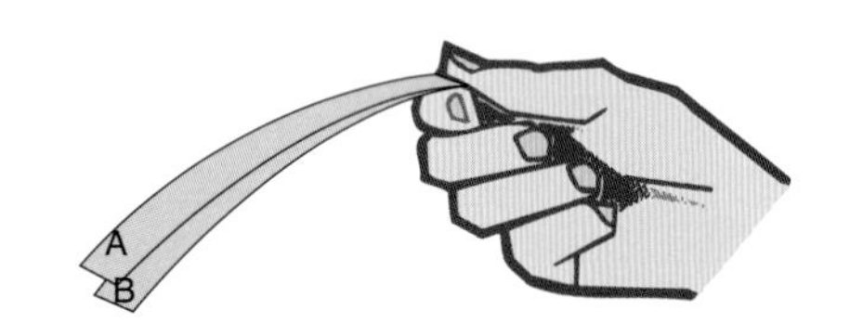

4.濕紙法

將整張紙或註明方向的小紙樣，使其單面浸濕，紙張會朝乾面捲曲，捲曲方向的軸線必定與絲流方向平行，如圖所示。

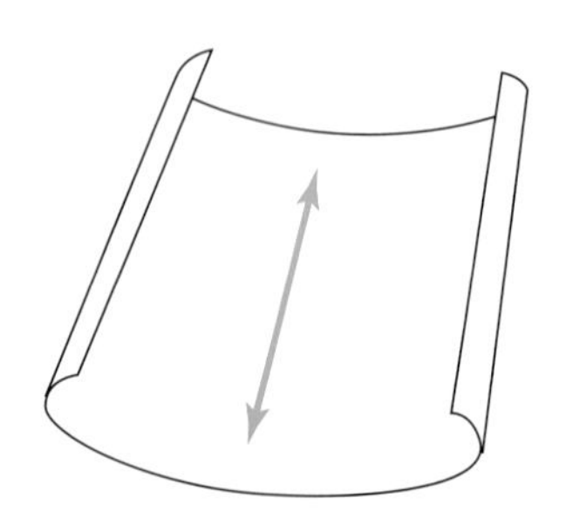

5.彎曲法

將厚紙板或一疊薄紙，依長邊與短邊的兩個方向作彎曲測試，彎曲的方向與絲流方向平行時抗力較小，反之抗力較大。

6.撕紙法

分別將紙的長邊與短邊，各以直線的手法撕開約15公分的缺口，若撕紙方向與絲流方向平行時則撕痕較平直且順手。反之，若撕紙方向與絲流方向垂直時撕痕較不平整且抗力較大不易撕開，如圖所示。

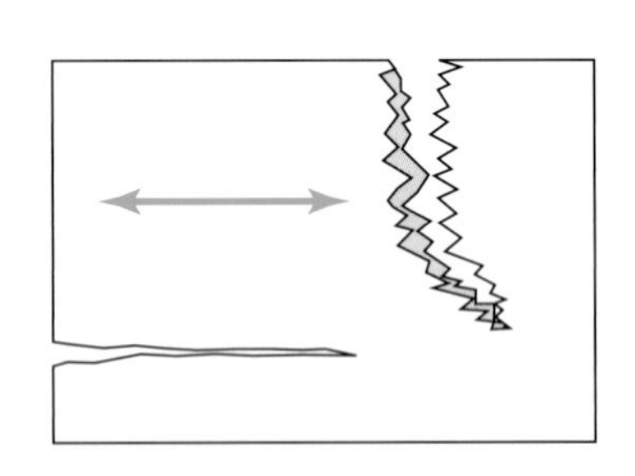

7.指痕法

用大姆指及食指夾住紙，朝紙的長邊和短邊各壓出一條指痕，若指痕較平直時其方向爲絲流方向。反之，垂直絲流方向之指痕旁會出現許多垂直的小紋路。

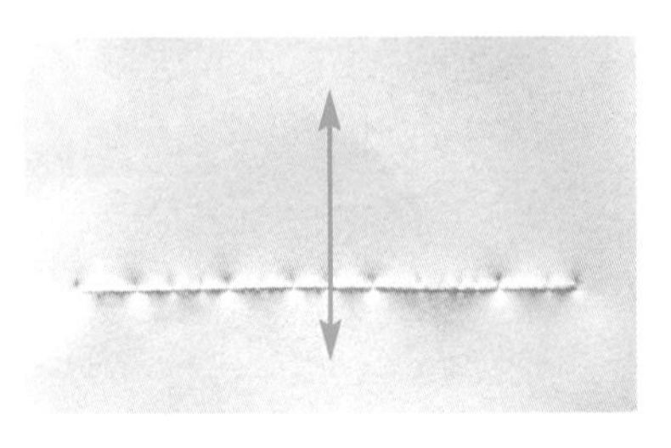

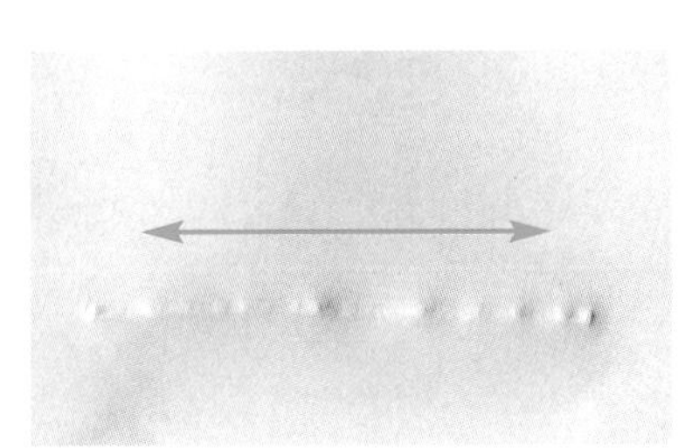

七、紙張的種類

紙張在抄造時爲了滿足不同需要，種類性質日新月異，不容易將紙張做統一的分類，以下僅就其製造方式和用途加以分類。

(一)依製造方式分類

1.非塗佈紙：由化學紙漿和機械紙漿依不同性質需求以不同比率之紙漿混合塡料而成。(1)上等紙：由純化學紙漿所製成。例如：全木道林紙。(2)中等紙：由 70%之化學紙漿加入30%左右之機械紙漿製成。例如：模造紙類。(3)下等紙：由 50%之化學紙漿加入50%左右之機械紙漿製成。例如：印書紙。(4)粗紙：由30%以下之化學紙漿加入70%以上之機械紙漿所製成。例如：新聞紙類等不用長期保存之紙張。

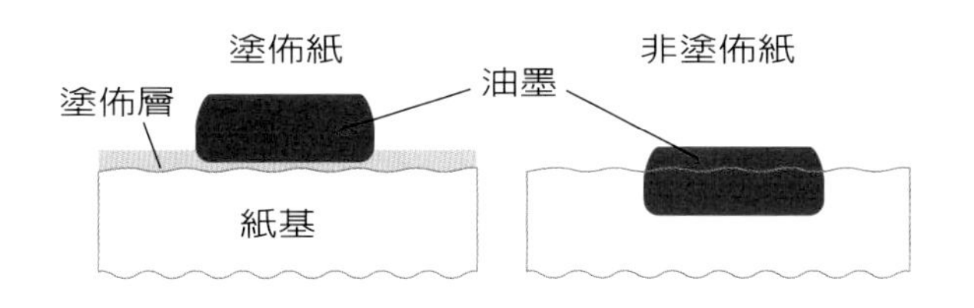

上列圖例為塗佈紙與非塗佈紙吸墨情形

2.塗佈紙：以不同的非塗佈紙爲紙基，經輕、重不同的塗佈方式所製成。(1)輕塗佈紙：由模造紙類經雙面輕度塗佈而成。如：畫刊紙。(2)單面塗佈紙：由模造紙類經單面塗佈壓光而成之高級紙。如：單面銅版紙。(3)雙面塗佈紙：由模造紙類經雙面塗佈而成，即爲一般雙面銅版紙，若由全木道林紙經雙面塗佈壓光而成的即爲特級銅版紙。由道林紙爲紙基經雙面粉面塗佈特殊處理之高級紙，即爲雪面銅版紙。若將銅版紙再經特殊壓紋處理即爲壓紋銅版紙。如：方格紋銅版紙、花紋銅版紙、布紋銅版紙、皮紋銅版紙…等。

(二)依用途分類

1.證券印刷用紙

多以長纖維之棉麻質紙漿所製成，紙質堅實、安定、耐久而不變質，外觀精美，適於有價證券之印刷。

2.美術印刷用紙

宜使用雙面塗佈之高級紙，紙面平滑均一，油墨表現能力強之銅版紙類。

3.書刊印刷用紙

一般期刊雜誌之單色頁使用道林紙或畫刊紙即可，彩色頁則宜採用銅版紙或雜誌紙較佳。若要長期保存之書籍，宜採用中性紙或鹼性紙印刷，才能保存百年而不變質。

4.新聞印刷用紙

多用機械紙漿及化學紙漿混合而成之粗紙，價格最低廉，吸墨迅速，但爲了配合高速輪轉機之需求其抗引強度不可過低，否則容易斷紙。

5.封面印刷用紙

一般區分爲平裝書及精裝書兩大類。(1)平裝書／可採用重磅之西卡紙、銅版紙來印刷，亦有選用牛皮紙類、書面紙爲封面用紙。(2)精裝書／可以充皮布、充皮紙加上燙金、壓凸處理來表現。也可採用銅版紙類印刷裱貼於封面上。

6.包裝印刷用紙

一般區分爲紙盒及紙器、購物袋三大

類。(1)紙盒／計有西卡紙、銅版銅西卡、白底白雪紙板、灰底白雪紙板、白底銅版卡、灰底銅版卡。(2)紙器／可分爲單面瓦楞紙板、雙面瓦楞紙板、多層瓦楞紙板等多種。(3)購物袋／一般選用白色牛皮紙，亦有選用道林紙或鏡面銅版紙。

7.掛圖、地圖印刷用紙

傳統使用棉質多的紙張來印刷，現在已有改用PVC合成紙印刷的趨勢。

(三)依印刷版式分類

1.凸版印刷用紙

使用鋅凸版或銅凸版印刷時，紙張的平滑度要求要較其他版式爲高，但如使用橡皮凸版、樹脂凸版等彈性凸版時則可使用粗糙的牛皮紙或瓦楞紙來印刷。

2.平版印刷用紙

紙面強度要大，以防剝紙。因爲平版印刷是利用水墨互不相容原理來印刷。因此，其用紙要禁得起濕氣而不容易伸縮變形的紙張。同時平版印刷爲間接印刷，所使用紙張之平滑度亦比凸版的要求低。

3.凹版印刷用紙

紙張須富有柔性，給濕軟化後具有彈性，使紙表面能和版孔油墨密合，紙毛不致阻塞版孔，以磨木漿紙較佳，其平滑度要求和平版用紙相近。

4.孔版印刷用紙

紙張的平滑度要配合所使用網框之網目數，愈細的網目其平滑度要求愈高。在所有版式中其紙張印刷適性要求較低，幾乎所有紙張皆可印刷。

八、印刷紙張尺寸

印刷紙張尺寸在應用上分爲「紙張基本尺寸」及「印刷完成尺寸」兩種。分述於下：

(一)紙張基本尺寸

是指未經扣除印刷機咬口及加工裁切紙邊的原廠紙張尺寸（例如：ISO的RA、SRA）。台灣目前常用紙張基本尺寸一般分爲下列四種：

1.四六版紙（又稱全紙）＝31"×43"（相當於ISO的B1規格）適合各種印刷品之印製，爲台灣最常用的基本尺寸。

2.菊版紙＝25"×35"或24.5"×34.5"（相當於ISO的RA1規格）適合書刊、雜誌、事物用品之印製需要。

3.大版紙＝35"×47"(約爲菊版紙的兩倍)適合各類包裝紙袋、紙盒之印製。

4.小版紙＝22"×34"，爲一般薄紙類及進口特殊紙類常見之規格，適合各類文書事務用品之印製使用。

(二)印刷完成尺寸

是指將紙張基本尺寸扣除印刷機咬口及摺疊裁修後所得尺寸。例如：ISO紙度的A、B、C系列及CNS紙度的甲、乙、丙、丁系列，皆是標準的印刷完成尺寸。

1.國際標準組織（ISO）紙張尺寸

國際標準組織（International Standards Organization）制訂的國際標準紙張尺寸是一個精密而有系統的紙張尺寸制度，又稱ISO紙度。此項制度將紙張尺寸分爲A、B、C三種國際紙度。玆分述其用途於下：

1.A類紙度用於印刷書刊、雜誌、事務

用品、簡介型錄、一般印刷品及出版品。

2.B類紙度用於印刷海報、地圖、商業廣告及藝術複製品等。

3.C類紙度用於印製專爲A類紙度印刷品製作的信封套及文件夾之用。

以上A、B、C三種紙度均爲裁切後之完成尺寸，而A類紙度又分爲A、RA、SRA三種紙度。A紙度爲印刷完成尺寸，例如：A4爲菊8開之完成尺寸，A5爲菊16開的完成尺寸。RA紙度是A紙度在未經裁切前的原紙尺寸。SRA紙度是專供需要特殊咬口或預留出血邊等較大修邊尺寸的原紙尺寸。也就是RA和SRA是印刷時紙張基本尺寸，經過裝訂、摺疊修邊而成A紙度的完成尺寸，如圖所示。

國際標準紙張規格是一個精密而有系統的紙張規格制度，又稱ISO紙張規格，全寫名稱International Standards Organization，其橫邊與直邊之比例是1:√2(1:1.414)

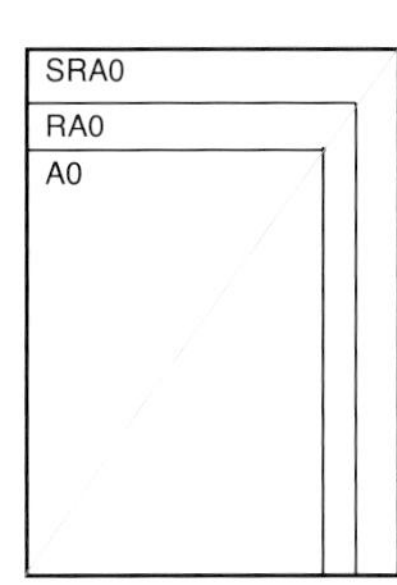

紙張規格	公制尺寸	英制尺寸
4A0	1682 x 2378	66 1/4 x 93 3/8
2A0	1189 x 1682	46 3/4 x 66 1/4
A0	841 x 1189	33 1/8 x 46 3/4
A1	594 x 841	23 3/8 x 33 1/8
A2	420 x 594	16 1/2 x 23 3/8
A3	297 x 420	11 3/4 x 16 1/2
A4	210 x 297	8 1/4 x 11 3/4
A5	148 x 210	5 7/8 x 8 1/4
A6	105 x148	4 1/8 x 5 7/8
A7	74 x 105	2 7/8 x 4 1/8
A8	52 x 74	2 x 2 7/8
A9	37 x 52	1 1/2 x 2
A10	26 x 37	1 x 1 1/2
RA0	860 x 1220	33 7/8 x 48 1/8
RA1	610 x 860	24 1/8 x 33 7/8
RA2	430 x 610	17 x 24 1/8
SRA0	900 x 1280	35 1/2 x 50 3/8
SRA1	640 x 900	25 1/4 x 35 1/2
SRA2	450 x 640	17 7/8 x 25 1/4
B0	1000 x 1414	39 3/8 x 55 5/8
B1	707 x 1000	27 7/8 x 39 3/8
B2	500 x 707	19 5/8 x 27 7/8
B3	353 x 500	12 7/8 x 19 5/8
B4	250 x 353	9 7/8 x 12 7/8
B5	176 x 250	7x 9 7/8
B6	125 x 176	5 x 7
B7	88 x 125	3 1/2 x 5
B8	62 x 88	2 1/2 x 3 1/2
B9	44 x 62	1 3/4 x 2 1/2
B10	31 x 44	1 1/4 x 1 3/4
C0	917 x 1297	36 1/8 x 51
C1	648 x 917	25 1/2 x 36 1/8
C2	458 x 648	18 x 25 1/2
C3	324 x 458	12 3/4 x 18
C4	229 x 324	9 x 12 3/4
C5	162 x 229	6 3/8 x 9
C6	114 x 162	4 1/2 x 6 3/8
C7	81 x 114	3 1/4 x 4 1/2
C8	57 x 81	2 1/4 x 3 1/4

國際信封尺寸

C3	324x 458 mm	B6	125 x 176 mm
B4	250 x 353 mm	C6	114 x 162 mm
C4	229 x 324 mm	DL	110 x 220 mm
B5	176 x 250 mm	C7/6	81 x 162 mm
C5	162 x 229 mm	C7	81 x 114 mm
B6/C4	125 x 324 mm		

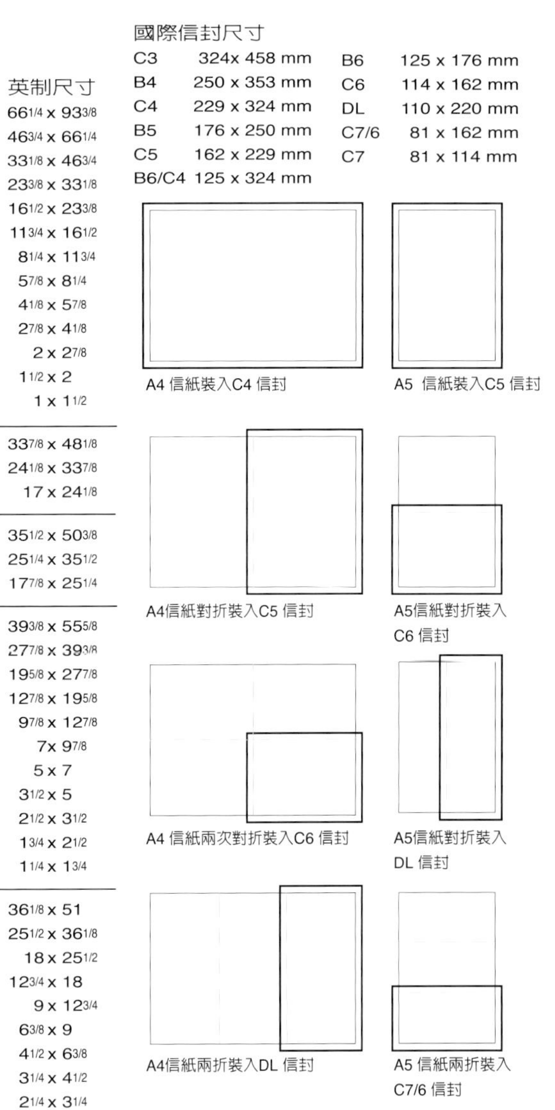

A4 信紙裝入C4 信封

A5 信紙裝入C5 信封

A4信紙對折裝入C5 信封

A5信紙對折裝入C6 信封

A4 信紙兩次對折裝入C6 信封

A5信紙對折裝入DL 信封

A4信紙兩折裝入DL 信封

A5 信紙兩折裝入C7/6 信封

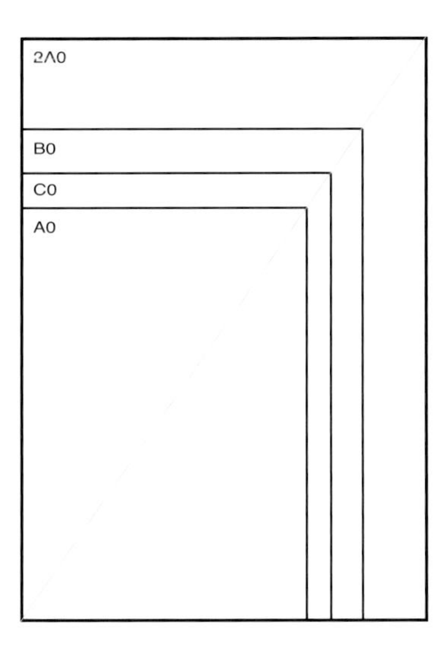

2.中國國家標準（CNS）紙張規格

中國國家標準(CNS)紙張規格，是由我國經濟部中央標準局制定，簡稱CNS紙度，此項紙度計分甲、乙、丙、丁四種紙度，其中甲、乙、丙三種規格和ISO紙度的A、B、C三種紙度完全相同。只是CNS紙度多了丁類(D0＝30 3/8"× 42 7/8")，主要原因台灣常用的四六版紙與D0紙度之尺寸相近，此係配合國內市場習慣而訂定。

※CNS開數對照表請參閱下圖。

ISO與CNS完成尺寸對照表

規格	A(甲)版	B(乙)版	C(丙)版	D(丁)版
0	33 1/8 x 46 3/4 84.1 x 118.9	39 3/8 x 55 5/8 100 x 141.4	36 1/8 x 51 91.7 x 129.7	30 3/8 x 42 7/8 77.1 x 109
1	23 3/8 x 33 1/8 59.4 x 84.1	27 7/8 x 39 3/8 70.7 x 100	25 1/2 x 36 1/8 64.8 x 91.7	21 1/2 x 30 3/8 54.5 x 77.1
2	16 1/2 x 23 3/8 42 x 59.4	19 5/8 x 27 7/8 50 x 70.7	18 x 25 45.8 x 64.8	15 1/8 x 21 1/2 38.5 x 54.5
3	11 3/4 x 16 1/2 29.7 x 42	13 7/8 x 19 5/8 35.3 x 50	12 3/4 x 18 32.4 x 45.8	10 3/4 x 15 1/8 27.2 x 38.5
4	8 1/4 x 11 3/4 21 x 29.7	9 7/8 x 13 7/8 25 x 35.3	9 x 12 3/4 22.9 x 32.4	7 1/2 x 10 3/4 19.2 x 27.2
5	5 7/8 x 8 1/4 14.8 x 21	7 x 9 7/8 17.6 x 25	6 3/8 x 9 16.2 x 22.9	5 3/8 x 7 1/2 13.6 x 19.2
6	4 1/8 x 5 7/8 10.5 x 14.8	4 7/8 x 7 12.5 x 17.6	4 1/2 x 6 3/8 11.4 x 16.2	3 3/4 x 5 9.6 x 13.6
7	2 7/8 x 4 1/8 7.4 x 10.5	3 1/2 x 5 8.8 x 12.5	3 1/4 x 4 1/2 8.1 x 11.4	2 7/8 x 3 3/4 6.8 x 9.6

台灣常用紙度完成尺寸表

英吋 公分

規格	四六版	菊版	大版	小版
全開	29 7/8 x 41 3/4 75.8 x 106	23 3/8 x 33 1/8 59.4 x 84.1	33 1/8 x 45 3/4 84.1 x 116.3	20 7/8 x 32 3/4 53 x 83.1
對開	20 7/8 x 29 7/8 53 x 75.8	16 1/2 x 23 3/8 42 x 59.4	22 7/8 x 33 1/8 58.1 x 84.1	16 3/8 x 20 7/8 41.5 x 53
4開	14 7/8 x 20 7/8 37.9 x 53	11 3/4 x 16 1/2 29.7 x 42	16 1/2 x 22 7/8 42 x 58.1	10 3/8 x 16 3/8 26.5 x 41.5
8開	10 3/8 x 14 7/8 26.5 x 37.9	8 1/4 x 11 3/4 21 x 29.7	11 3/8 x 161/2 29 x 42	8 x 10 3/8 20.7 x 26.5
16開	7 3/8 x 10 3/8 18.9 x 26.5	5 7/8 x 8 1/4 14.8 x 21	8 1/4 x 11 3/8 21 x 29	5 1/8 x 8 13.2 x 20.7
32開	5 1/4 x 7 3/8 13.2 x 18.9	4 1/8 x 5 7/8 10.5 x 14.8	5 5/8 x 8 1/4 14.5 x 21	4 x 5 1/8 10.3 x 13.2
64開	3 5/8 x 5 1/4 9.4 x 13.2	2 7/8 x 4 1/8 7.4 x 10.5	4 1/8 x 5 5/8 10.5 x 14.5	2 2/1 x 4 6.6 x 10.3
128開	2 1/2 x 3 5/8 6.6 x 9.4	2 x 2 7/8 5.2 x 7.4	2 3/4 x 4 1/8 7.2 x 10.5	2 x 2 5.1 x 6.6

※下列設計稿完成尺寸表係以全紙尺寸31"x43"各扣除一吋後，以30"×42"的尺寸，作為開數尺寸分割的基準。

完成尺寸開數對照表

A

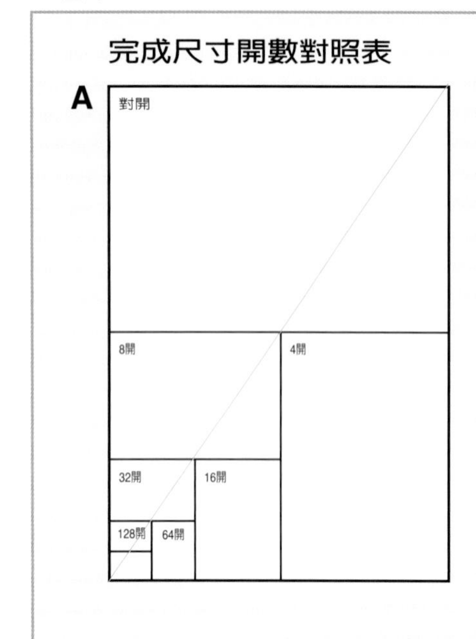

A.正規開數分割尺寸

全開	30" x 42"
對開	21" x 30"
4開	15" x 21"
8開	10 1/2" x 15"
16開	7 1/2" x 10 1/2"
32開	5 1/4" x 7 1/2"
64開	3 3/4" x 5 1/4"
128開	3 3/4" x 2 5/8"

B.特殊開數分割尺寸

6開	30" x 7"
12開	15" x 7"
30開	6" x 7"
50開	6" x 4"

B

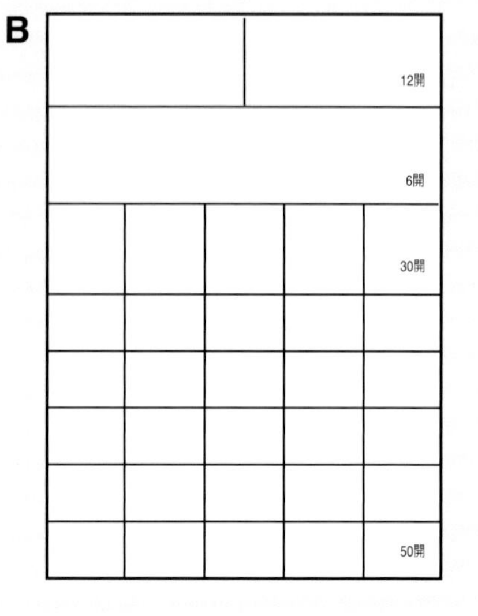

3.紙張開數

印刷用紙的開數，一般分爲ISO紙度的開數和設計尺寸的開數兩大類。ISO紙度的開數如前述各類規格，在此不再贅述。所謂設計尺寸的開數是指將紙張基本尺寸扣除印刷機咬口寬度和裝訂摺疊的修切邊，所剩版面空間做最經濟合理的分割。一般是先將紙張的基本尺寸長短邊各扣一英吋，再行分割數等分。例如：4開的尺寸如何求得？首先將全紙的尺寸31"×43"，每邊各扣除1英吋成爲30"×42"，再對分爲四等分，即爲15"×21"。所以，4開＝15"×21"。若要求菊8開的尺寸，首先將25"×35"之菊全紙每邊各扣1英吋，再均分爲八等分，即可求得菊8K＝8.5"×12"。一般設計尺寸的開數可查速見表取得。見附圖所示。

若遇特殊規格，其開數就必須以計算方式來求得，其計算方式如下：

(一)若有設計品其尺寸爲5"×7"，現用全紙印刷，試求其經濟開數爲何？

首先將31"×43"各扣除1英吋成爲30"×42"

第一種分割法	第二種分割法
30"×42"	30"×42"
7" × 5"	5" × 7"
4 × 8＝32K	6 × 6＝36K

所以，經濟開數爲36K

(二)若設計品尺寸爲8.5"×11"，現用菊全紙印刷，試求其經濟開數爲何？

首先將25"×35"各邊扣除1英吋成爲24"×34"

第一種分割法	第二種分割法
24 "×34"	24"×34"
8.5"×11"	11"×8.5"
2 × 3＝ 6K	2 × 4＝ 8K

所以，經濟開數爲菊8K

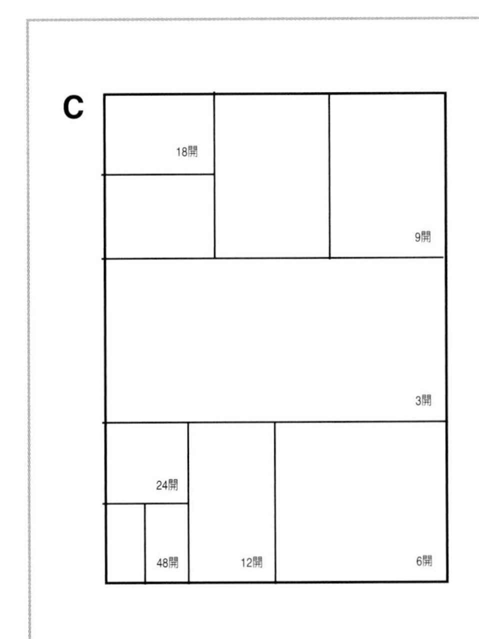

C.特殊開數分割尺寸

3開	30" x 14"
6開	15" x 14"
9開	10" x 14"
12開	71/2" x 14"
18開	10" x 7"
24開	71/2" x 7"
48開	33/4" x 7"

D.特殊開數分割尺寸

4開	30" x 101/2"
8開	71/2" x 21"
12開	10" x 101/2"
16開	15" x 51/4"
32開	33/4" x 101/2"
64開	71/2" x 25/8"

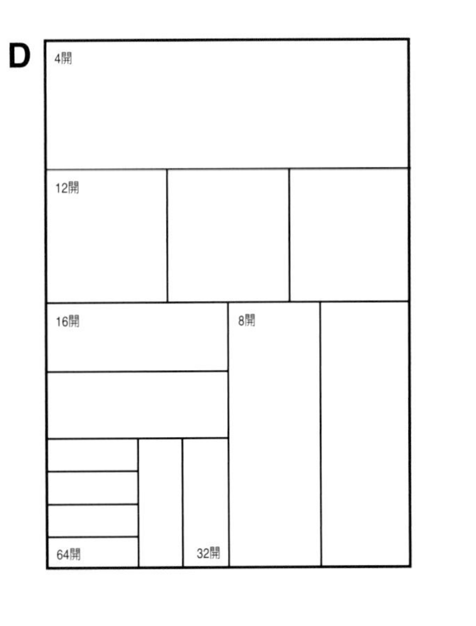

787X1092 全紙開數及其裁切尺寸圖之一

2開 546x787

6開 364x393

10開 157x218

14開 218x273

2開 393x1092

6開 262x546

11開 213x364

15開 218x262

3開 364x787

7開 218x546

11開 156x475

15開 157x364

4開 393x546

8開 273x393

12開 196x364

16開 196x273

4開 273x787

8開 169x546

12開 262x273

16開 136x394

5開 329x457

9開 262x364

12開 182x393

18開 182x262

5開 218x787

10開 218x393

13開 218x284

18開 131x364

787X1092 全紙開數及其裁切尺寸圖之二

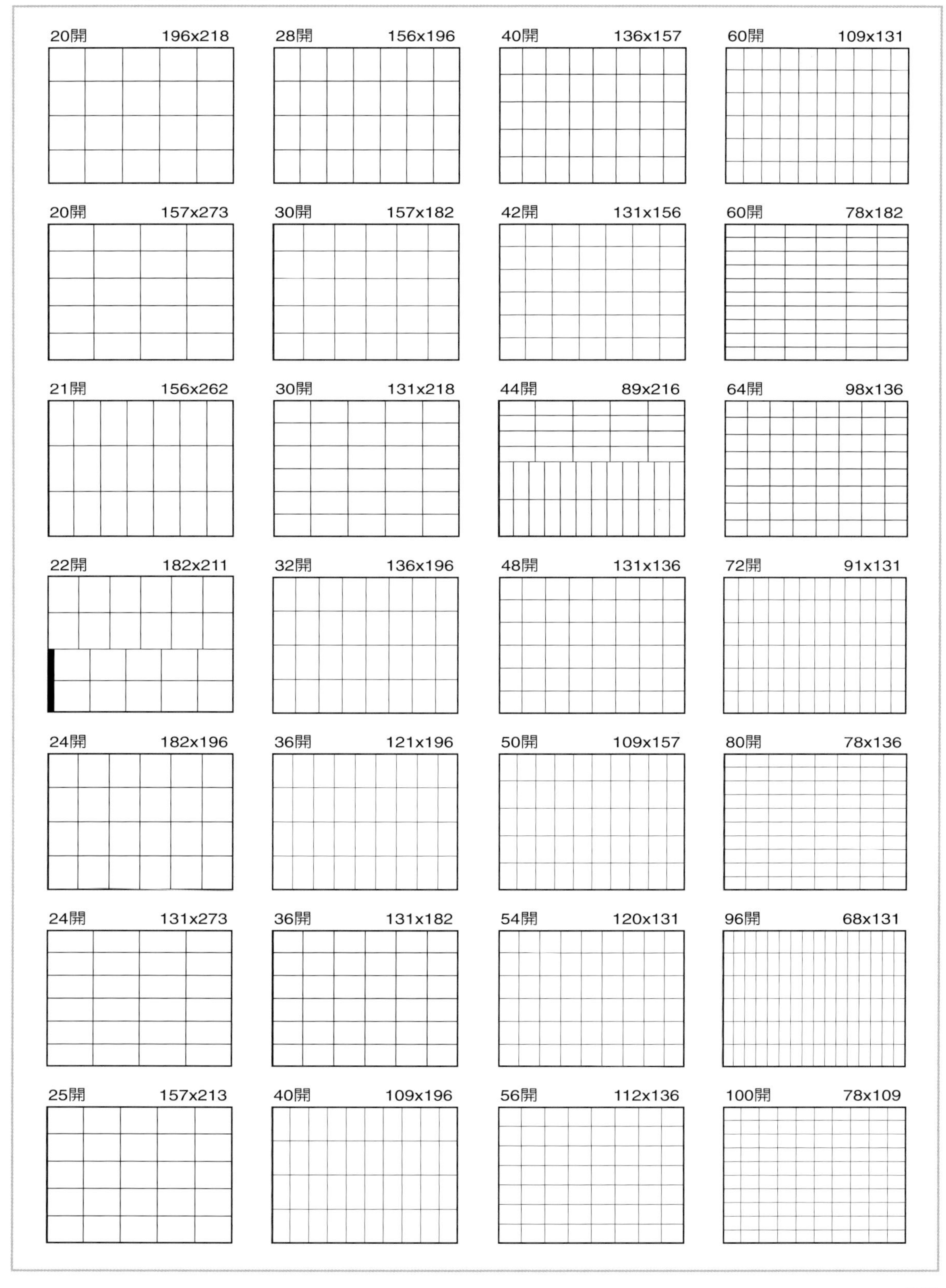

九、紙張的重量與厚度

紙張的重量是做爲買賣計價和區別紙張厚薄的主要依據。一般分爲「令重」和「基重」兩種。

(一)令重

通常我們把500張全開紙稱爲1令（Ream），而1令紙的重量稱爲令重，單位爲：磅／令（1b/Ream）。換言之，同一尺寸的紙張其令重愈重，紙張愈厚。反之，則愈薄。假設，現有全紙100 1b/R，菊版紙100 1b/R，大版紙100 1b/R三種紙其令重皆相同，但是否顯示此三種紙張、厚度皆相同呢？很明顯可以看出來菊版紙100 1b/R，因其尺寸最小，所以紙張最厚。而大版紙100 1b/R，因其尺寸最大，所以紙張最薄。因此，在使用令重時，一定要註明其紙張基本尺寸，否則全紙80 1b/R的紙並不等於菊版紙的80 1b/R。相同的令重卻無法區別其紙張的厚度，是令重最大的缺點。爲了彌補此缺失，可利用下列公式來修正，求得相同厚度紙張的令重。

〔令重換算公式〕

$$\text{原令重} \times \frac{\text{(新)長}" \times \text{寬}"}{\text{(原)長}" \times \text{寬}"} = \text{新令重}$$

例如：全紙100 1b/R換算成菊版紙等於多少令重？

$$100 \times \frac{(25" \times 35")}{(31" \times 43")} = 65.64\ \text{1b/R}$$

例如：全紙100 1b/R換算成大版紙等於多少令重？

$$100 \times \frac{(35" \times 47")}{(31" \times 43")} = 123.4\ \text{1b/R}$$

由以上計算可得知全紙100 1b/R和菊版紙65.64 1b/R和大版紙123.4 1b/R爲相同厚度的紙張，但卻要以不同的令重來表示，足見令重不是一種良好的紙張厚度表示單位。

(二)基重（米秤量）

基重是以每平方公尺之單一紙張所秤得的公克重（單位：g/m^2），爲其計算紙張厚度的基準。其計算公式如下：

$$\text{基重}\ (g/m^2) = \frac{10000(\text{常數}) \cdot W}{Y \cdot Z \cdot N}$$

N:N張紙

W:N張紙的公克重

Y、Z:紙張長與寬（以公分爲單位）

例：現有20cm×30cm紙張10張，用秤量得爲60公克重，試求出其基重？

$$\frac{10000 \times 60}{20 \times 30 \times 10} = 100\ g/m^2$$

由以上方法可知，每個人只要有個小磅秤即可輕易求得紙張的基重。那麼基重和令重如何換算呢？當紙張的長寬單位爲英吋時其計算公式如下：

$$\text{基重} = \frac{\text{令重} \times 1405(\text{常數})}{\text{長(吋)} \times \text{寬(吋)}}$$

或是

令重＝基重×長(吋)×寬(吋)×0.00071117

若是紙張的長寬單位爲公分時，計算公式如下：

令重＝基重×長(cm)×寬(cm)×0.000110231

基重＝令重÷長(cm)÷寬(cm)÷0.000110231

在上節我們計算令重時得知全紙的100 1b/R，菊版紙的65.64 1b/R和大版紙的123.4

1b/R爲相同厚度的紙張，卻有不同的令重，假設將它們全部換算成基重會有什麼結果呢？

全紙100 1b/R其基重爲

$$\frac{100\times1405}{31\times43}=105.4\ g/m^2$$

菊版紙65.64 1b/R其基重爲

$$\frac{65.64\times1405}{25\times35}=105.4\ g/m^2$$

大版紙123.4 1b/R其基重爲

$$\frac{123.4\times1405}{35\times47}=105.4\ g/m^2$$

結果三種紙張的基重全都是105.4 g/m²，由以上可知，只要是相同厚度的同類紙張其基重是完全相同的，不會因爲其基本尺寸的不同，而有不同的基重。因此，國際間目前普遍採用「基重」爲紙張的重量單位，唯國內依舊是「基重」、「令重」並存的現象。「基重」和「令重」的換算，可參考附表「紙張基重與令重對照表」。

紙張基重與令重對照表

令重 / 基重g/m²	令重(LB/Ream)			
	31" x 43"	24 1/2" x 34 1/2"	25" x 35"	22" x 34"
28	26.5	16.8	17.4	15
30	28.4	18	18.7	16
31.6	30	19	19.7	16.8
32	30.3	19.2	19.9	17
35	33.2	21	21.8	18.6
37	35	22.6	23	19.7
40	38	24	24.9	21.3
42	40	25.2	26.1	22.3
45	42.7	27.1	28	23.9
47.5	45	28.6	29.6	25.3
50	47.4	30.1	31.1	26.6
53	50	31.9	33	28.2
58	55	34.9	36.1	30.9
60	57	36.1	37.3	31.9
63.3	60	38.1	39.4	33.7
65	61.6	39.1	40.4	34.6
68.6	65	41.2	42.7	36.5
70	66.5	42.1	43.6	37.2
73.8	70	44.4	45.9	39.6
79.1	75	47.5	49.2	42.1
80	76	48.1	49.8	42.6

令重 / 基重g/m²	令重(LB/Ream)			
	31" x 43"	24 1/2" x 34 1/2"	25" x 35"	35" x 47"
84.4	80	50.7	52.5	98.7
89.7	85	53.9	56	104.9
95	90	57.1	59.1	111.1
100	94.8	60.1	62.2	117
105.5	100	63.4	65.7	123.4
120	113.8	72.1	74.7	140.4
126.6	120	76.1	78.8	148.1
147.7	140	88.9	92	173
158.2	150	95.1	98.4	185.1
190	180	114.2	118	222.3
200	190	120.2	124.5	234
211	200	126.8	131.3	246.8
221.5	210	132.8	137.8	259.1
230	218	138.3	143.1	269.1
250	237	150.3	155.6	292.5
270	256	162.3	168	316
280	265.4	168.3	174.2	327.6
300	284.4	180.3	186.7	351
350	331.8	210.4	217.8	409.5
400	379.2	240.4	248.9	468
450	426.6	270.5	280	526.5

(三)條數

紙張的厚度一般是以重量爲衡量基準，如上述所提到基重（g/m^2）、令重（lb/R）皆是。另有一按厚度測定，以mm爲單位的標示方式，稱之爲「條數」，1條＝0.01mm。例如單一紙張厚度爲0.06mm，其厚度即爲「6條」。可參考附表所列之「常用紙張條數表」及「常用紙張厚度表」。此種標示方式對書刊出版業之「書背」寬度計算及包裝設計業之「紙盒厚度差」的計算修正，有很大的助益。

例如現有一A5規格之小說其內文240頁採用80 g/m^2米色道林（條數：12），封面採用200 g/m^2銅西卡（條數：20）試計算出其書背寬度？

240÷2×12＋20×2＝1480條

1480條×0.01mm＝14.8mm

求得這本小說的書背爲14.8mm

例如現有一A4規格之設計年鑑，其內文彩色頁共160頁採用150 g/m^2雪銅紙（條數：15），黑白頁共80頁採用100g/m^2道林紙（條數：14），蝴蝶頁共8頁採用180g/m^2粉彩紙（條數：17），封面採用250g/m^2銅西卡（條數：25），試計算出其書背寬度？

160÷2×15＋80÷2×14＋4×17

＋25×2＝1878條

1878條×0.01mm＝18.78mm

求得這本年鑑的書背爲18.78mm

常用紙張條數表

基重	名稱	條數	備註
45	模造紙	6	永豐餘
50	模造紙	7	永豐餘
60	模造紙	8	永豐餘
70	模造紙	9	永豐餘
80	模造紙	10	永豐餘
100	模造紙	13	永豐餘
120	模造紙	15	永豐餘
150	模造紙	18	永豐餘
180	模造紙	25	天　隆
60	道林紙	9	寶　通
70	道林紙	10	永豐餘
80	道林紙	12	永豐餘
100	道林紙	14	永豐餘
120	道林紙	16	永豐餘
150	道林紙	21	永豐餘
180	道林紙	24	永豐餘
200	道林紙	29	永豐餘
70	單　銅	7	永豐餘
80	單　銅	8	永豐餘
100	單　銅	10	永豐餘
80	雙　銅	8	永豐餘
100	雙　銅	9	永豐餘
120	雙　銅	10	永豐餘
150	雙　銅	13	永豐餘
180	雙　銅	17	永豐餘
100	雪　銅	11	永豐餘
120	雪　銅	13	永豐餘
150	雪　銅	15	永豐餘
210	白白雪	26-28	永豐餘
280	白白雪	34-36	永豐餘
150	荷蘭卡	16	永豐餘
280	雪　銅	31	永豐餘

1條=0.01mm

基重	名稱	條數	備註
200	西　卡	22-24	永豐餘
240	西　卡	27-29	永豐餘
280	西　卡	31-33	永豐餘
300	西　卡	34-36	永豐餘
200	銅西卡	19-20	永豐餘
250	銅西卡	24-25	永豐餘
280	銅西卡	28-29	永豐餘
300	銅西卡	30-31	永豐餘
350	單面銅西	33-34	永豐餘
230	白銅卡	28-29	永豐士林
280	白銅卡	34-36	永豐士林
300	白銅卡	36-38	永豐士林
350	白銅卡	43-45	永豐士林
400	白銅卡	49-51	永豐士林
450	白銅卡	55-58	士林
500	白銅卡	61-65	士林
230	灰銅．灰雪	29-31	永豐士林
250	灰銅．灰雪	32-34	永豐士林
270	灰銅．灰雪	35-37	永豐士林
300	灰銅．灰雪	40-42	永豐士林
350	灰銅．灰雪	46-48	永豐士林
40	灰銅．灰雪	53-55	永豐士林
450	灰銅．灰雪	59-61	永豐士林
500	灰銅．灰雪	65-67	永豐士林
550	灰銅．灰雪	72-74	永豐士林
400	灰　雪	58	萬有
500	灰　雪	74	萬有
550	灰　雪	78	萬有
100	純牛皮	12	中興
150	純牛皮	18	中興
200	純牛皮	21	中興
80	彩色牛皮	10	寶通
120	彩色牛皮	17	寶通

常用紙張厚度表

雜誌紙	
基重	厚度m/m
65	0.058 -- 0.065
70	0.060 -- 0.067

特級銅版紙	
基重	厚度m/m
84.4	0.068 -- 0.076
89.7	0.071 -- 0.079
105.5	0.082 -- 0.092
126.6	0.098 -- 0.108
158.2	0.124 -- 0.134
190	0.151 -- 0.161

雪面銅版紙	
基重	厚度m/m
84.4	0.080 -- 0.090
89.7	0.084 -- 0.094
105.5	0.100 -- 0.110
126.6	0.123 -- 0.133
158.2	0.155 -- 0.165

道林紙	
基重	厚度m/m
63.3	0.085 -- 0.095
73.8	0.095 -- 0.105
84.4	0.100 -- 0.110
105.5	0.140 -- 0.150
126.6	0.160 -- 0.170
158.2	0.210 -- 0.220
200	0.240 -- 0.260

劃刊紙	
基重	厚度m/m
63.3	0.075 -- 0.085
70	0.090 -- 0.100
80	0.095 -- 0.105
100	0.110 -- 0.120
120	0.130 -- 0.140
147	0.160 -- 0.170

模造紙	
基重	厚度m/m
45	0.060 -- 0.070
50	0.070 -- 0.080
60	0.080 -- 0.090
70	0.090 -- 0.100
80	0.095 -- 0.105
100	0.120 -- 0.130
120	0.145 -- 0.150
147	0.175 -- 0.185

印書紙	
基重	厚度m/m
50	0.070 -- 0.080
66	0.085 -- 0.090
70	0.095 -- 0.103
80	0.110 -- 0.120

牛皮紙	
基重	厚度m/m
43	0.060 -- 0.070
63	0.090 -- 0.100
84	0.135 -- 0.145
106	0.145 -- 0.155
120	0.155 -- 0.165
154	0.185 -- 0.195

西卡紙	
基重	厚度m/m
200	0.220 -- 0.240
240	0.270 -- 0.290
280	0.280 -- 0.290
300	0.240 -- 0.360

銅版西卡紙	
基重	厚度m/m
200	0.205 -- 0.215
250	0.255 -- 0.265
280	0.295 -- 0.305
300	0.315 -- 0.325
350	0.385 -- 0.395
400	0.430 -- 0.445

銅版卡紙	
基重	厚度m/m
230	0.315 -- 0.335
250	0.330 -- 0.350
270	0.360 -- 0.380
300	0.420 -- 0.440
350	0.480 -- 0.500
400	0.550 -- 0.570
450	0.610 -- 0.630
500	0.670 -- 0.690
550	0.740 -- 0.760

白雪卡紙	
基重	厚度m/m
222	0.260 -- 0.280
280	0.350 -- 0.370
300	0.370 -- 0.390
350	0.440-- 0.460
400	0.500 -- 0.520
450	0.500 -- 0.580

十、印刷用紙量之計算

紙張費用約佔印刷成本的一半，因此，從事平面設計、文化出版及印刷事業的工作者，皆需對各類印刷品之用紙量計算公式，要能熟練並正確演算，才能掌握印刷成本，進行正確估價作業。

(一)總用紙量與基本用紙量、裕量

在計算印刷用紙量之前，必須對下列名詞定義有所了解。

基本用紙量：是指印刷品在製作流程，不考慮印刷耗損的情況下所需用紙量的底限，少於此數量即無法完成印刷品。例如：要印製200張全開海報，其所需基本用紙量為200張全開紙。

裕量：是指印刷品在印製流程中可能會印壞或未達品質要求的寬放耗損量。所以裕量又稱為放損量。

總用紙量：是指實際在印刷製作流程所需的基本用紙量與裕量總和。所以，總用紙量=基本用紙量+裕量(放損量)

計算上述用紙量一般以令為單位，不足0.1令尾數，才以張數來表達。

(二)期刊、雜誌等冊裝隻基本用紙量

在印製書籍、期刊、雜誌、型錄…等冊裝印件時，只要能了解該印件開數，頁數、份(冊)數，再代入下列公式，即可求出其基本用紙量。

$$\text{基本用紙量(令)}=\frac{\frac{\text{頁數}}{2}\times\text{份數}}{\text{開數}\times 500}$$

例：現有一菊8開(A4)的青年期刊，期內文頁數為96頁，共印4000冊，試問其內文所需基本用紙量為何？

答：$$\frac{\frac{96}{2}\times 4000}{8\times 500}=48\text{令(菊全紙)}$$

例：現有一4開(B3)大小的影劇報，內容共計16版，預定要印20000份試問其基本用紙量為何？

答：$$\frac{\frac{16}{2}\times 20000}{4\times 500}=80\text{令(全紙)}$$

(三)單張式印件之基本用紙量

常見的單張式印件如：卡片、書籤、書籍封面、CD封套、貼紙、包裝盒…等，在計算其基本用紙量時，需先參考本書77~78頁所示之落版方式，求出最經濟開數或模數，再代入下列公式，即可求得其基本用紙量。

份數÷模(開)數÷500=基本用紙量(令)

例：現有一單張式產品說明書，其尺寸規格為8.5"×11"，採用菊全紙來印刷，共印8000份，試問其基本用紙量為何？

答：首先將25"×35"各邊扣除1英吋成為24"×34"，利用交叉乘法求經濟開數。

第一種分割法	第二種分割法
24"×34"	24"×34"
8.5"×11"	11"×8.5"
2×3=6開	2×4=8開

所以，此說明書的經濟開數為菊8開

代入公式：8000份÷8K÷500=2令(菊全紙)

例：設有一包裝盒展開圖及落版方式如圖所示，在全開紙可排9模，共需印製18000個包裝盒，試求出其基本用紙量？

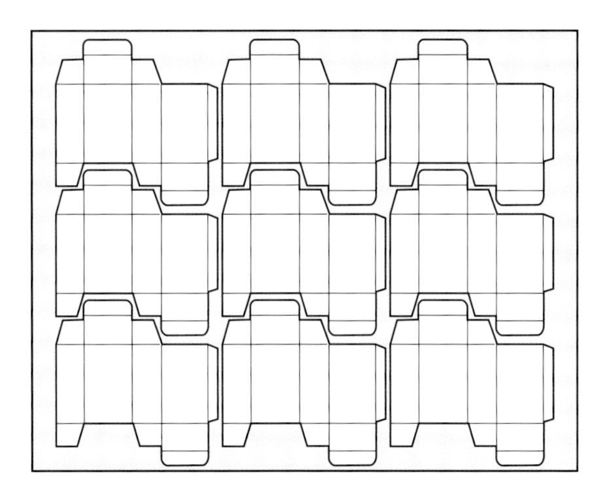

答：18000個÷9模÷500=4令(全紙)

例：設有尺寸規格5"×7"，6張一套的明信片，共印6000套，採用全紙印刷，試問其基本用紙量爲何？

答：首先將31"×43"全紙各邊扣除1英吋成爲30"×42"，利用交叉乘法求經濟開數。

第一種分割法	第二種分割法
30"×42"	30"×42"
5"×7"	7"×5"
6×6=36開	4×8=32開

所以，此明信片的經濟開數爲36開

代入公式：

6000套×6張÷36K÷500=2令(全紙)

(四)裕量(放損量)之計算

印刷品的製作過程愈複雜，產生印件的不良率愈高，所以紙張的裕量愈大。反之，若印刷品製作過程愈簡單，其會發生的不良率相對會降低，裕量自然可降到最低。

因爲，各印刷場所使用印刷機的廠牌、種類不同、操作人員的技術不一、紙張的厚薄、廠房溫濕度控制、印後加工方式的差異…等因素所影響。所以，各印刷廠的裕量計算不可能一樣，只有在相同條件印製流程下，其裕量計算才可能一致。因此，並不存在放諸四海皆準的裕量公式。但尚可依下列通則推估印件用紙的裕量：

- 印刷套印愈多色其裕量愈高
- 雙面印刷比單面印刷的裕量高
- 紙張愈薄其裕量愈高
- 印刷加工程序愈多裕量愈高
- 印刷數量愈大(長版)其裕量所佔紙量的百分比愈低。反之，印刷數量欲小(短版)，其裕量但總用紙量的百分比愈高。
- 手工套版印刷之裕量遠高於電子自動套色的印刷方式。

捌、中國圖書與西式圖書裝訂

一、裝訂的起源與目的

一般人以爲裝訂術（Book binding）與印刷術（printing）的起源年代相同，實際不然。因爲，在中國古時先有竹簡、木方的裝訂方式，後有印刷術的發明，所以裝訂術的發明，早於印刷術。至於裝訂的目的主要有下列四點：

1、易於長久保存免於散失

由於書本的內容不是片言隻字或一簡半紙所能涵蓋，相反的，絕大多數是弘篇鉅製、長篇大論，故需書寫或印刷在許許多多的材料上，才能完成全書。如果這些材料，不加以妥善的整理，勢必無法完整長久的保存，容易散失。

2、易於閱讀和檢索資料

書寫或印刷好的材料，若缺乏完善而有次序的編排與裝訂，常常造成閱讀或檢索資料的困難。因此，爲了顧全檢讀的方便，將零散的材料整理裝訂的方法，便應運而生了。

3、便於攜帶

書寫好的文字或印刷好的成品，必須用線或膠予以固定裝訂，才使人方便攜帶，否則，不僅容易損壞也容易散落。

4、為了提高書的價值和美化外觀

經過整理裝訂的書籍，往往具有美麗高雅的外觀，令人愛不釋手。相對的，也就提高了書籍本身的價值。例如：故宮典藏的歷代經典和西式精裝書，除了內容令人肅穆敬重外，其裝裱的古雅富麗，紙幅的美妙光潔，亦使人爲之嘆服不已！

由以上的四點，我們可以了解裝訂的起源，乃是遵循著「收藏」、「方便」、「實用」、「美觀」的原則，不斷的向前發展而成。

二、中國圖書裝訂方式

中國自古就重視文化的發展及傳播，而圖書是一切知識的根源，爲傳播及發展文明最主要的工具，所以歷代祖先，無不重視圖書的創作與生產。因此，在圖書方面，也就獲得極爲輝煌的成果。書和人類創造的各種工具一樣，有它的發生和發展的歷史，這段歷史是相當長久和複雜的。單以我國的圖書爲例，至少已有三、四千年以上的發展歷史。由竹書、木書的簡策，用韋編、麻編或絲編；到縑帛、絲，用卷軸；等到紙普遍使用後，有葉子型制，繼而到經摺裝、旋風裝的摺裝型制；隨著時代的演進，而有冊裝型制的蝴蝶裝、包背裝、紙捻裝、線裝等出現。到了晚清以後，線裝書才漸漸被歐美傳進來的新式裝訂方式所取代。現在就根據各種文獻記載及留傳的實物，配以圖解，將中國圖書裝訂的變遷作一綜合性的介紹。

（一）簡策：韋編、絲編、麻編

根據各項文獻資料，簡策應該是我國最早的正式圖書。因此，我們先從簡策的形成談起。古人著作時是先打草稿在一塊長方形的大木板上，用鉛塊來撰寫初稿，完稿之後，先要製作書簡，再正式謄寫。簡就是用竹或木製成狹長的條片，一根稱之爲簡，將若干根簡編連起來，稱爲一篇或一策（冊）。簡製作完成後，就可開始書寫。書寫時，以右手執毛筆，左手執簡，一根簡寫完後，很自然的，隨即用左手放置於左前方的几案上；再繼續寫第二根簡，第二根簡寫畢，也是很自然的推放於前一根簡的左方並列。以此類推，等到一篇書寫完，再將並列各簡連成冊，所以中國文字的書寫習慣自然形成由上而下直行，再由右而左的排列方式了。而簡策的長度，依古籍中的記載，分爲漢尺：二尺四寸、一尺二寸及八寸三種通制，另外還有其他的尺寸。這種情形正好像現代的圖書，十六開、廿五開、卅二開三種標準版式，但也不乏八開、十八開、四十開等特別版式的書一樣。至於編簡牘的方法，古有二種：一是在簡牘的上下端橫鑽二孔，再用絲繩貫穿（如圖一）。這種方法僅用於編策命及公牘，不能用於書冊，因書冊的簡數比較多，倘用此法編連，只能使簡平列，不能舒捲，則不便於收藏。二是書籍編連法，是先將書繩兩道連結，將第一簡置於二繩之間，打一實結，再置第二簡於結的左側，將二繩上下交結，像編竹簾的編法，以下照此類推，至書簡最後一簡爲止，然後再打一實結，以使牢固（如圖二）。收藏的方法是以最後的一簡爲軸，字向裏捲成卷軸形。爲了防止簡上下移動或者脫落，往往在編繩經過的地方，於簡的邊緣刻削一極小的三角形楔口，以使簡能固定。書繩的

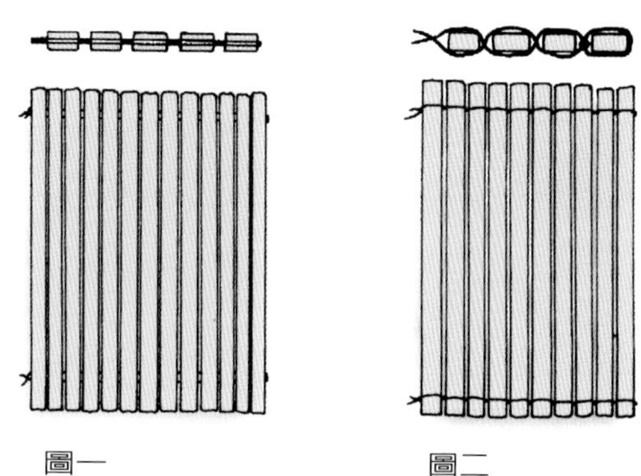
圖一　圖二

使用，一般書籍用細麻繩來編連，稱爲麻編；王室貴族則多用有顏色的絲繩，稱爲絲編；士大夫階級則用韋皮，稱爲韋編。韋是牛的較柔軟的內腹皮。史稱「孔子讀易，韋編三絕」，其中「韋編」就是指此種編連法。編繩一般用二道，但遇長簡也有用三道、四道、五道、甚至達到六道的也有，全視簡的長短而定。

（二）卷軸

在簡策成行的同時，也有用絲織品作爲書寫的材料，當時稱此種絲織品爲「帛」或「縑」，所以用縑帛寫成的書，就稱爲帛書或縑書，也有稱之爲「素」者。因縑帛具有質柔且輕的特性，書寫時只要依字數的多寡，裁剪適當長度來書寫，寫完之後，在末端用一根木棒爲軸心，從左向右舒捲起來，成爲一束，這便是一卷，有如今日的裱畫方式（如圖三）。這根木棒就稱爲軸，此種裝裱制度稱之爲「卷軸」。

卷子的軸通常是一根有漆的木棒，但也有用比較講究的材料製成。軸的長度比

圖三

卷子的寬度要長一些，兩頭露出卷外，以方便舒捲。為免卷子的右端起頭處損壞，常常黏上一段羅、絹、錦等絲織品以資保護，叫做「褾」，俗稱「包頭」。褾的前端，繫上一種絲織品的東西，以便捆紮之用，叫做「帶」。帶亦分各種顏色，有時也代表書籍的性質和類別。

一部書往往有許多卷，為避免混亂，通常以五卷或十卷為單位，用一塊布或其他的材料包起來，這塊布就稱之為「帙」，是書衣的意思，有防止卷子散亂及保護卷子免於損傷的作用。卷子存放的方式，採插架式（如圖四）。卷子平放在書架上，軸端向外，便於抽出或插入。但這樣就看不見書名了，於是古人為了便於檢取，就在卷軸上懸掛一個寫明書名卷數的籤牌，以資識別，叫做「籤」，如後代的書籤。籤通常是用骨頭做的，也有用牙、玉或其他珍品做的。

紙發明以後，用紙寫的書，早期在形制上也承襲卷軸的制度。為了模仿帛書的型制，於是將若干張紙以漿糊黏長成長幅，紙與紙的接合處，通常有押縫或印章，在末端附一根軸捲起來收藏。為了便於直行書寫，使行與行有間隔空隙，用鉛將紙上下劃線分別界欄，寬度與簡策相仿，恰好能容一行，即唐人所謂的「邊準」，宋人所謂的「解行」，明清以來所謂的「絲欄」，展開卷子，一行行的文字，就像簡冊的編連一樣。而書寫用的紙，每每先用黃蘗染過，以防蠹蟲的蛀蝕，所以，古人稱入潢的紙為黃紙。又卷子書要時常閱讀舒捲，紙張容易破裂，所以有時另用紙裱在卷子背面，裱背要做到不起皺、不厚硬，才算上乘。卷軸的裝訂方式，後來雖然為葉子及摺裝的裝訂方式所取代，然而卻為書畫的裱褙所保留下來。

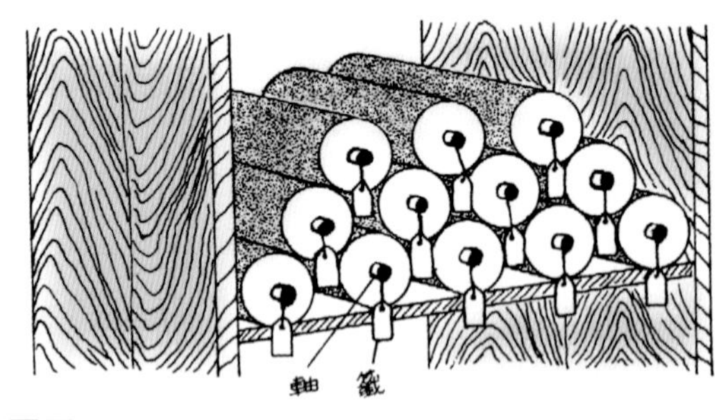

圖四

（三）葉子

紙寫的卷軸比起簡策固然輕便多了，然而經過長期使用，也漸感不便，主要是卷子本身很長，往往長達數丈，反覆誦讀、舒捲都相當麻煩費事。倘若僅需檢查一件記載，或是一個字的查對，必須把全卷或大半卷軸都展開，在時間上實在不經濟。因此，在唐代以後，由於佛教盛行，國人

受到傳入中國的貝葉梵文經的啓示，才將卷軸加以改良成爲「葉子」的型制。

唐代以前，印度尚不知造紙，所以寫經時，都用多羅樹（又名貝多樹）的葉子來書寫，它的葉子簡稱貝葉。貝葉的裝訂方式，是在累積若干貝葉後，上下用板夾住，將每葉穿有兩孔，再以繩綑紮（如圖五）。這種一張張單葉的經，如果要查某一段或

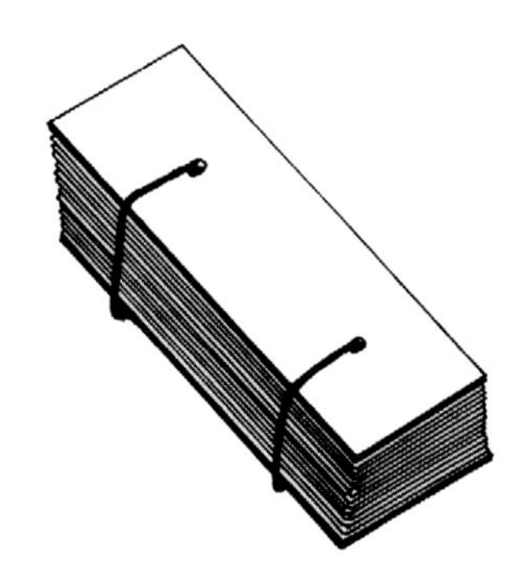

圖五 貝葉裝

某一句時，只要檢出那一葉就可以了，不必像卷軸一樣把全卷或大半卷都展開。所以，卷軸的改良就是模倣印度的貝葉經，不再將一張張的紙黏成長軸，只是保持原來的單張積疊起來收存，這就是宋人所謂的「葉子」。由此我們知道，中國圖書爲什麼稱一張爲一葉，無疑的就是受到貝葉的影響。

「葉子」既然是一張張的散葉，必須加以裝訂，才不容易散失。裝訂方法有二：一種是用夾，一種是用函。夾是倣貝葉經的方式，上下加上木板或厚紙，再以繩綑紮。函是種盒子，用來裝「葉子」，以免散失。所以，函裝書的出現，當在改卷軸爲葉子以後，後來書冊盛行，尙一直沿用這種方法來保護圖書。由上述可知，古人根據卷軸的缺失，遂先改良成葉子的型制，而非如前人所以爲的由卷軸一變而爲摺裝，再變爲冊裝，事實上還經過「葉子」的演變過程。

（四）經摺裝、旋風裝

葉子比起卷軸，要進步多了，查閱資料也甚爲方便。但是它不像卷子黏連在一起，容易散亂，於是便有經摺裝的出現。

經摺裝是將書葉先黏成卷軸一樣的長幅，但不捲起來，而是把它摺成數寸寬的長方形的一疊。在這一疊紙的最前面和最後面，黏上厚紙或木板，有時再裱上布或有顏色的紙，作爲書皮，以防止它的損壞。因爲此種裝訂方式運用在佛教經典中最爲普遍，所以，古人稱之爲「經摺裝」或「梵夾裝」（如圖六）。後來有人認爲此種裝訂的書很容易散開，於是用一大張紙對摺起來，一半黏在書的最前面一葉，另一

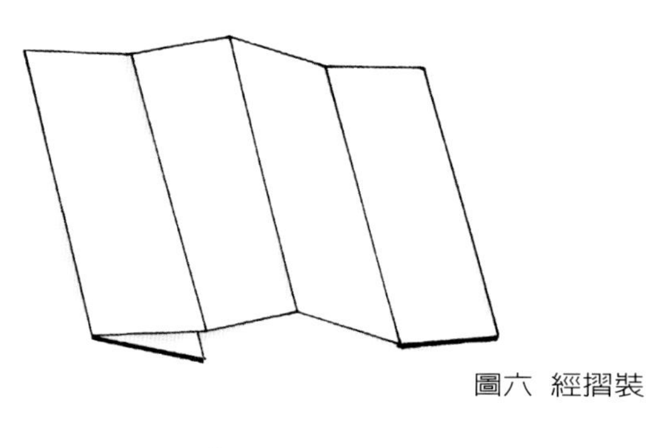

圖六 經摺裝

圖七 旋風裝

半從書的右邊包到背面，黏在最後一葉上。如此一來，可從第一葉翻起，直翻到最後一葉，仍可接連著再翻到第一葉，迴環往復，又不易散開，所以稱之爲「旋風裝」（如圖七）。因此，旋風裝實是經摺裝的改良形式，而非經摺裝的別稱。

（五）蝴蝶裝

經摺裝、旋風裝的書，比起卷軸和葉子形式的書的確方便多了，但是經摺裝的書在摺痕處，很容易斷裂，再加上受到雕版印刷術發明的影響，書籍的裝訂方式也就由摺裝逐漸蛻化成冊葉的型制。雕版印刷術對圖書形態的影響，主要是因爲雕版印刷所用的印墨爲松煙墨，紙張則爲類似棉紙、宣紙一類的紙張，所以，印紋會透過紙背，只能作單面印刷。其次是雕版的版式，所謂版式就是一塊書版的格式（如圖八）。紙面上印版所佔的面積稱爲版

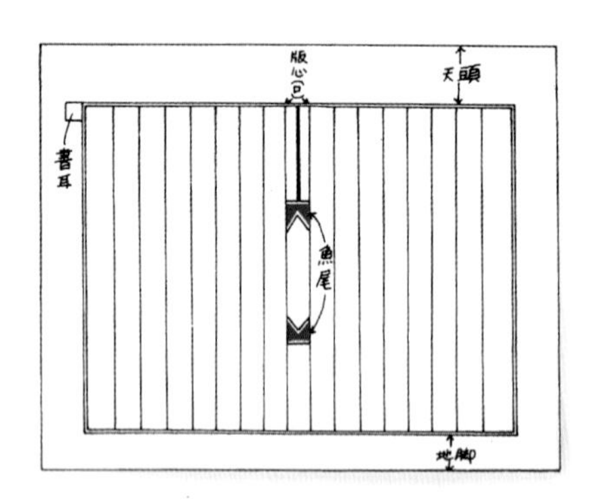

圖八

面。版面以外的餘紙，上邊叫天頭，下邊叫地腳。書版的中央留有一條不刻正文的部位叫版心，版心的作用是在將印刷葉對摺起來時作爲標準，以免參差不齊。版心中間離上面約四分之一高的地方有一「▲」形，稱爲魚尾，上下魚尾的分叉處是全版面的中心線，也就是對摺時的標準線。以上所述就是雕版印刷術對書籍形態影響的二個主要原因。

爲了防止經摺裝摺口的斷裂，有人便想出將右邊的摺口一起黏合，於是左邊的摺處就是斷裂的話，也不會散開。圖書的裝訂受到這種啓示後，不再將書葉經過黏成長幅的麻煩，而把每一印好的書葉，從版心魚尾處往裏對摺成兩半葉，然後依序一葉葉的積累起來成爲若干厚度，再將摺口一齊用糊黏在包背的紙上（如現在的膠裝）。這樣的一冊書，便是冊葉裝的最初形式。閱讀時整個印刷葉呈現在眼前，葉的版心黏在書背固定，葉的兩端恰似蝴蝶展翅一般，所以稱之爲「蝴蝶裝」。（如圖九）蝴

圖九 蝴蝶裝

蝶裝的書面，通常以堅硬的厚紙或木板再裱上紙、布、綾錦成爲皮面。這種裝訂方式，黏連的一方叫書背，散開的一方叫書口，書的上方叫書首，下方叫書根。古人在

陳列這樣的書時，往往書背向上，書口朝下，在書根的地方寫上書名及篇名以利查尋，再一冊一冊依次排列。（如圖十）

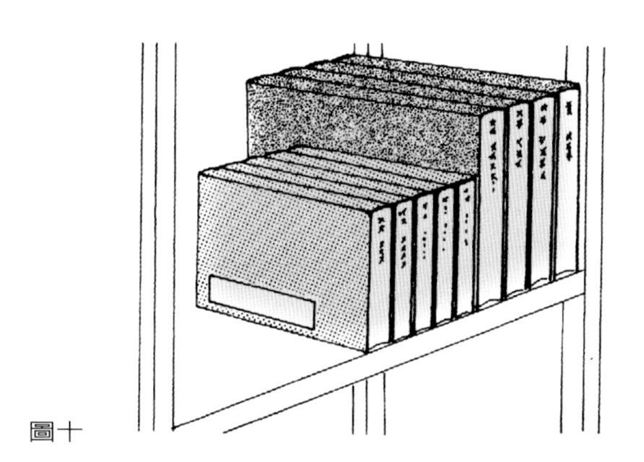

圖十

蝴蝶裝的優點除書背之處不易損傷外，其他三面，一有損傷霉濕，可隨意裁去，不像線裝書書口在外不便裁去，且全書是糊黏連起來，並沒有鑿孔穿線，雖經多次改裝，而原書不損，在保存上，頗多便利之處。

（六）包背裝、紙捻裝

蝴蝶裝固然便利且具有許多的優點，但有一令人煩惱的缺點，那就是常需翻過兩面白紙，才能繼續閱讀，所以久而久之，又被人加以改良。改良的方法是將版心向外正摺，使書葉有文字的一面在外，理齊後將書葉兩邊的餘幅都朝向書背，用糊黏在書背上，使版心成為書口，這樣的裝訂方式，稱之為「包背裝」（如圖十一）。這種裝訂方式，和現在的影印書籍很類似，只看到文字的一面，可以逐葉讀下去而不會間斷，完全沒有蝴蝶裝的缺點。

包背裝在裝訂時要將每葉的兩邊確實的黏在書背上，將書葉左右欄框外適當

圖十一　包背裝

的地方，穿上孔，用紙捻訂連起來，書便不會散開，也不用經過逐葉黏糊的手續。然後在外面再加上一張封面，將前後及書背都包起來，紙捻也看不見了，其外表和包背裝沒有什麼差別，我們稱這個裝訂方式為「紙捻裝」（有如現在的平釘方式）（如圖十二）。包背裝和紙捻裝的書籍，書口正是版心，如果像蝴蝶裝的書一樣陳列，版心和書架摩擦，容易斷裂，所以上架收

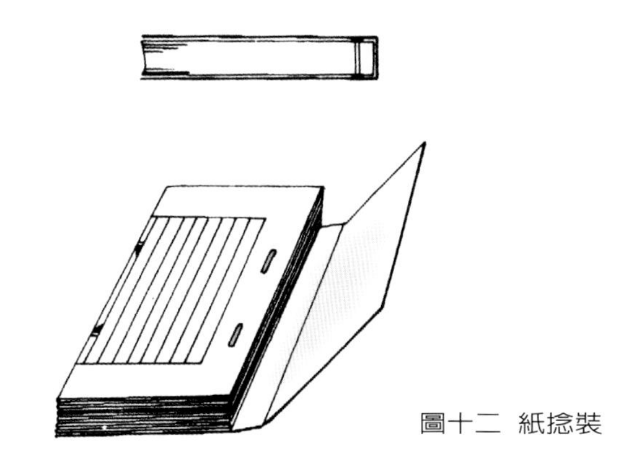

圖十二　紙捻裝

藏，都採用平放的方式（如圖十三）。因此，封面也就不一定要用硬性的材料，於是就出現軟面的書皮。

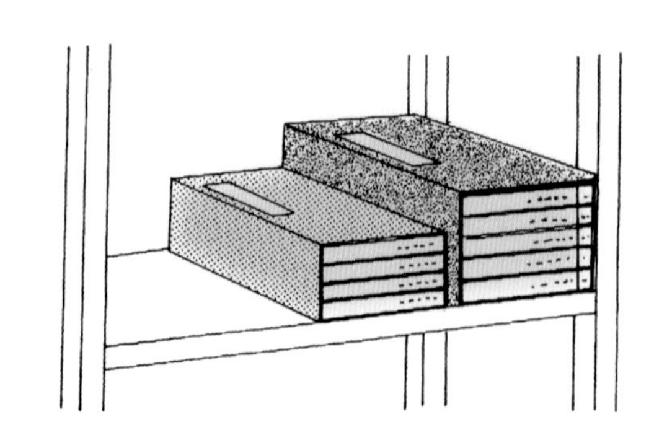

圖十三

（七）線裝

由於蝴蝶裝、包背裝僅用糊黏書背，翻久極易破散，經摺裝則翻閱時容易鬆散，甚爲不便，且摺痕處很容易斷裂，因此，在明朝中葉以後，爲了改進這些缺點，有人就將包背裝和紙捻裝改良成爲「線裝」的型制。

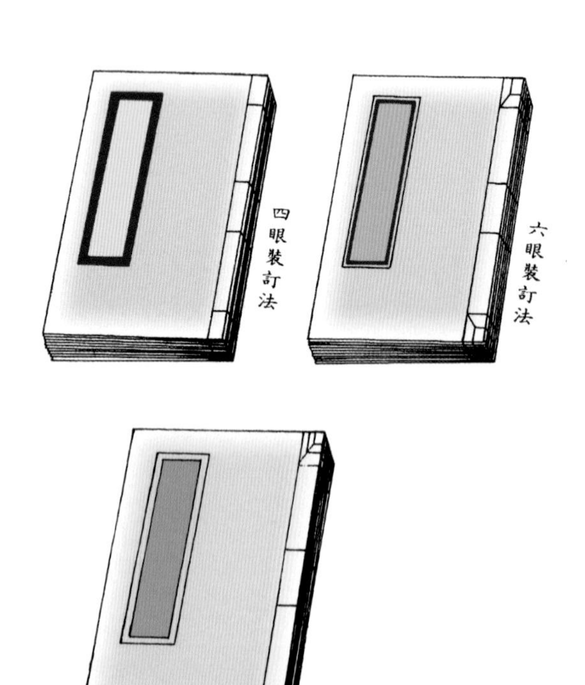

圖十四 八眼裝訂法

線裝的方法，基本上和包背裝相去不遠，但是不用整塊書皮將書背包起來。而是將書口（版心）和下邊欄理齊，在前後各加一張封面，用大書刀將上下及書背切齊，再打孔穿線，訂成一冊，最後再貼上書簽，才算大功告成。穿線的方式，有四眼、六眼、八眼等多種（如圖十四）。有時爲防備摩擦損壞書角起見，常將書角用綾錦包起來，稱爲「包角」。又有一種稱爲「鑲包角」，就是在包角時移去上下副葉數張，驟視之，好像鑲著白邊（如圖十五）。線裝書的陳列方式和包背裝一樣，採平放的方式，爲了查閱方便，常將書

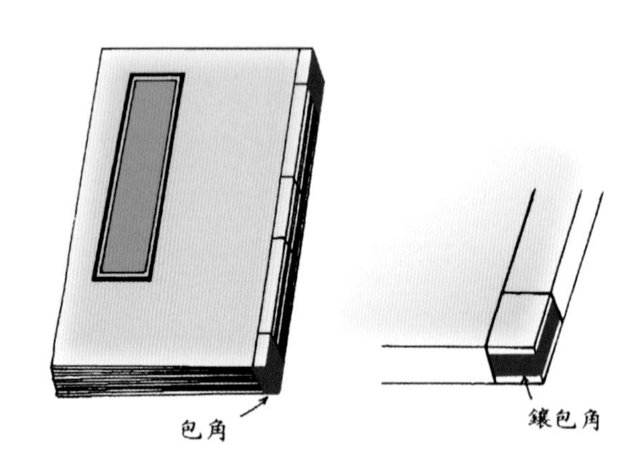

圖十五

名、卷次寫在書根的位置，如故宮博物院所藏佩文韻府的陳列一樣。

線裝書一直流行到清朝末年，才漸漸被歐美傳進來的新式印刷、裝訂方法所取代，印刷品一律改爲一葉兩面印刷，裝訂也採用平裝或精裝。

以下試以表解來說明中國圖書裝訂的變遷：

簡策→卷軸→葉子→經摺裝→旋風裝→
└─卷裝─┘　　└──摺裝──┘

蝴蝶裝→包背裝→紙捻裝→線裝
└──────冊裝──────┘

綜合以上所述，可知中國圖書的裝訂，莫不遵循著「收藏」、「方便」、「實用」、「美觀」這四個原則的支配而依序漸進改良的。從這段裝訂演變的歷程，其中有五個觀念是相當重要卻向來爲人所忽視，這些觀念在文中均已提示過，於此，特再予以廓清：

1.因簡策的書寫與裝訂特性，自然使中國文字的書寫習慣，形成由上而下直行，由右而左的排列方式。

2.卷軸以後的各種書寫格式，爲了便於直行書寫，將紙上下畫線分別界欄，寬度與簡策相仿，恰恰能容一行的形式，實是深受簡策編連的影響，此一影響既深且久，甚至如今仍在使用的「十行紙」，仍可見其痕跡。

3.紙張的發明，雖具有易於書寫、印刷、輕便等優點，但因紙張易透墨的限制，故只可作單面書寫與印刷，此自然形成中國圖書的特殊裝訂方式。

4.雕版印刷術的發明，不但使圖書的發行量大增，提供更精美的圖文複製，並且雕版印刷的版式，對中國圖書型制的影響尤深，譬如：版心、天頭、地腳、書口、書背等名稱的確定。因此也對蝴蝶裝以後的裝訂方式影響深遠。

5.前人多以爲中國裝訂的方式是由卷軸一變而爲經摺裝，其實不然，從卷軸到經摺裝的演變過程，其中尚經過「葉子」的裝訂方式。

目前在國內常用的裝訂方式，幾乎全是西式裝訂，只有少數畫冊、字帖、佛經尚採用中國傳統之線裝書與卷軸型式，希望讀者在讀完本文之後，能將中華裝訂之美融入現代設計中。

三、西式裝訂方式與程序

現有的西方裝訂方式按形式分類可分爲平裝與精裝兩大類。

平裝：一般可分爲平釘、騎馬釘、縫線騎馬釘、穿線膠裝、膠裝、線圈裝、機械裝、活頁裝等種類。

精裝：其書身和穿線平裝相同，但因外殼不同，分爲硬面精裝及軟面精裝兩類。硬面精裝堅固耐用，便於保存，一般百科全書或圖書館典藏的精典書皆採用此裝訂方式。硬面精裝又因書背結構不同，分爲圓背精裝（又稱膣背）、方背精裝（又稱硬背）、軟背精裝三種。軟面精裝通常採用封面、封底與書背連成一體的軟質封皮裝訂而成，方便閱讀，一般字典等經常使用翻閱的書籍常採用之。

一般裝訂的程序可分爲：齊紙、壓線、摺紙、配帖或集頁、打釘或穿線、上膠、修切、拷背等步驟。謹依序分述於下。

（一）齊紙

將印畢之每疊印紙，分次取紙（厚紙每次100~200張，薄紙每次500~1000張）放置於齊紙機上，利用齊紙機傾斜的方形淺盤所產生的高頻率震動波，使每張印張靠邊整齊堆疊、排列。

（二）壓線

一般薄紙在摺紙前不需經過壓線處理，但厚紙爲了降低其摺紙可能產生的伸張現象，必須在摺紙前先經過壓線處理。最常用的壓線法是運用圓面壓線尺在厚紙上直接壓線，壓線尺的厚度依不同紙張厚薄而定。紙張愈厚，其壓線尺也愈厚。反之，紙張愈薄，壓線尺也愈薄。

（三）摺紙

除活頁裝訂及張頁膠裝的印刷品外，所有成冊裝的印刷品均需經過摺紙的手續。目前摺紙的工作均使用摺紙機進行，其摺法可分平行摺與直角摺兩種（如圖所示）。平行摺所摺成的印刷品較平整，不會起皺，一般小簡介、DM、地圖皆採用平行摺。而直角摺法在多次連續摺疊時，因紙帖中的空氣一時無法排除，紙張容易打皺。這時必須在摺紙過程的摺線加打裂線，使空氣能由摺線中的裂縫排除，避免紙張打皺的現象。目前很多摺紙都採用平行摺與直角摺混合使用的方式。

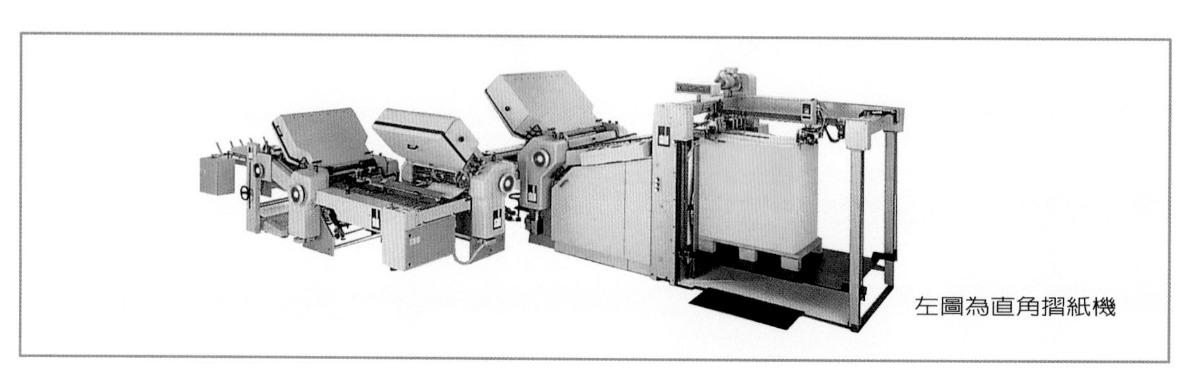

左圖為直角摺紙機

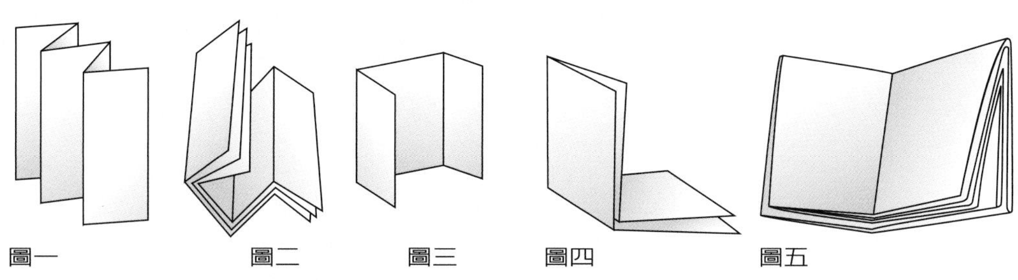

圖一　圖二　圖三　圖四　圖五

第一圖(左起)是一張10頁的經摺法，通常用於地圖或摺頁；第二圖是一張24頁準備作為騎馬釘的小冊子；第三圖是一張三葉式或門式摺法，通常用於廣告性直寄郵件；第四圖是一張風景圖的法國式摺紙，用於推廣聲譽或作為歡迎圖片之用；第五圖是一張32頁的小冊。

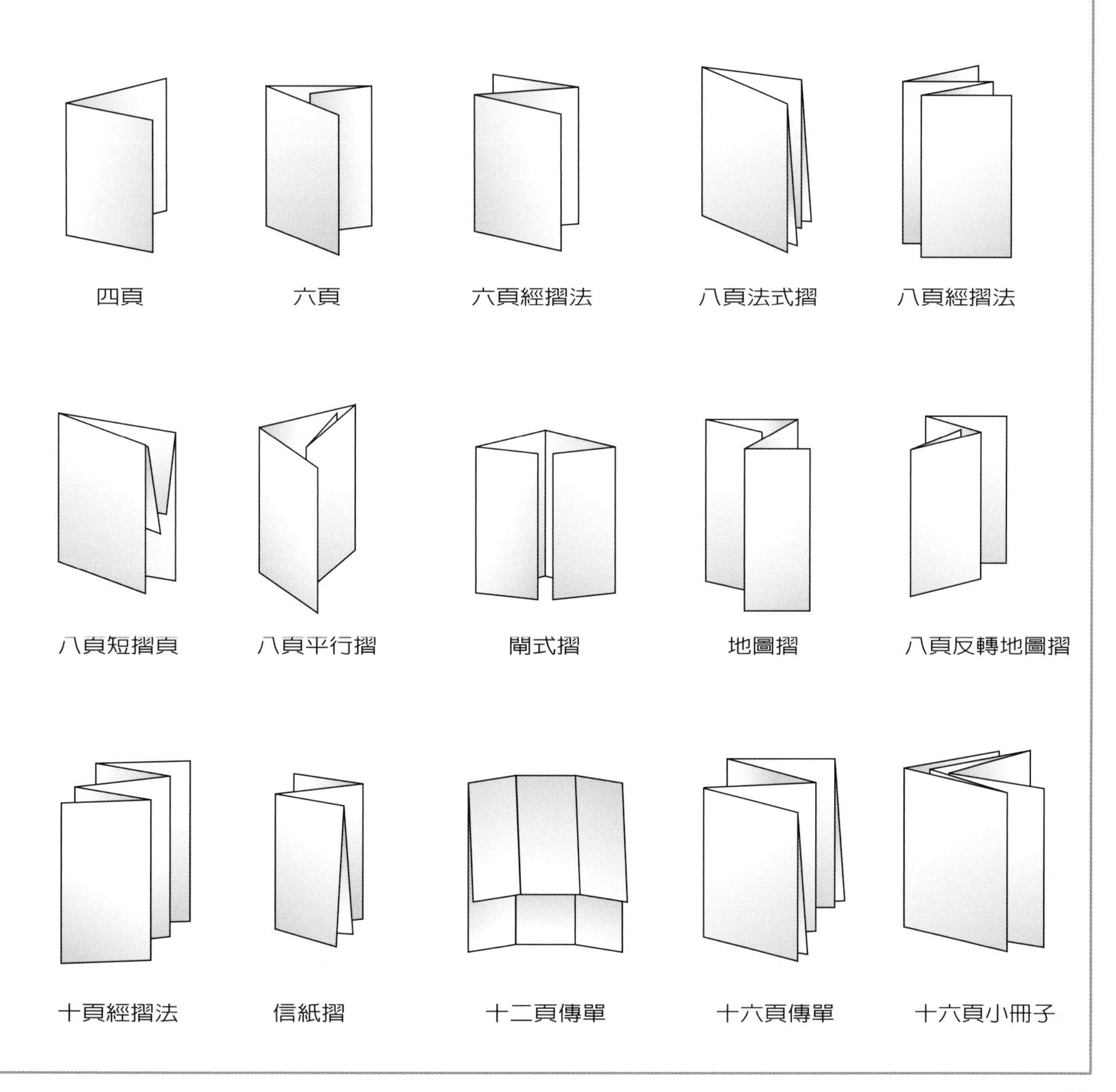

（四）配帖或集頁

摺紙成帖後，必須按次序配齊各帖，並在首頁之前及末頁之後，加貼蝴蝶頁完成配帖工作。配帖現多採用配帖機或配帖裝訂機，進行一貫作業的自動配帖裝訂工作。為了防止配帖時不小心造成漏帖、倒帖、重帖的情形發生，特別在每帖背部加上「背標」，以利檢查作業。為了因應不同裝訂方式的需求，配帖的方法又分為騎馬釘式的套帖及普通的上下相疊配帖兩種型式。

錯誤集帖

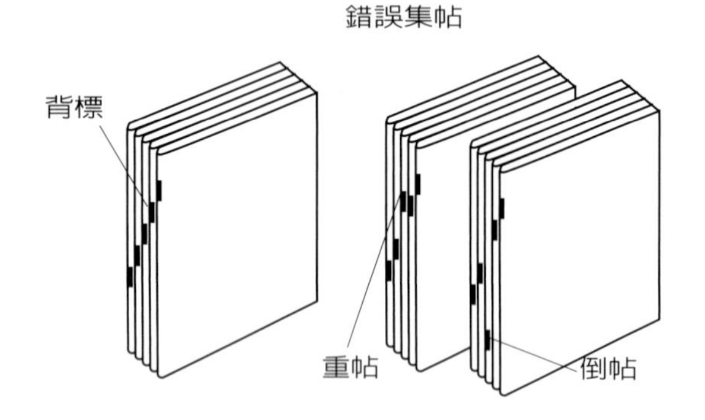

（五）打釘或穿線

將配帖成冊的內文書帖經由打釘或穿線固定書帖，常用的打釘方式有騎馬釘與平釘，穿線方式則有帶式穿綴法與騎馬釘縫線法。

穿線

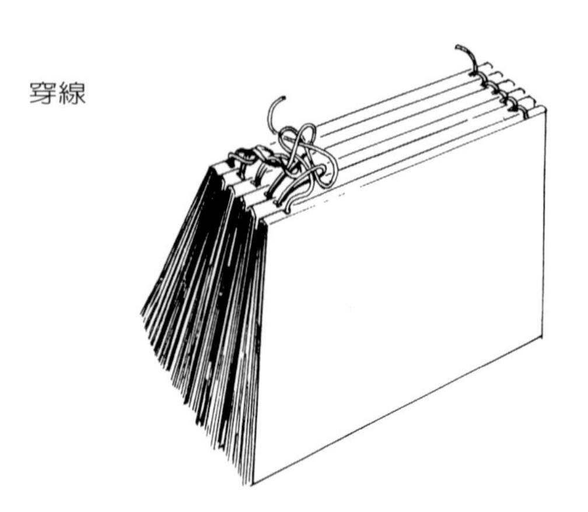

（六）緊書切邊

平裝書係先膠粘封面後再用裁刀將天、地、書口三邊切除，而精裝書則須在穿線後緊書、上膠後三邊修切，最後再裱貼上封皮。

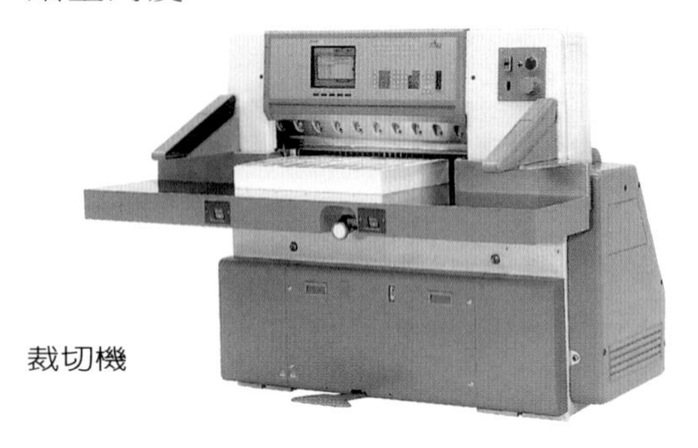

裁切機

（七）搼背與膠背

搼背又稱敲圓背，是圓背精裝必經的步驟。其作法是將已穿線完成的內文帖背用搼背機搼成圓弧的扇形，而書口則擠壓成凹溝狀。膠背是用合成樹脂或牛皮膠類的接著劑塗佈書背，再裱貼上紗布、書頭布及背紙，以防止變形，強化書背結構。方背精裝及軟背精裝不用搼背，直接將書背進行膠背即可。

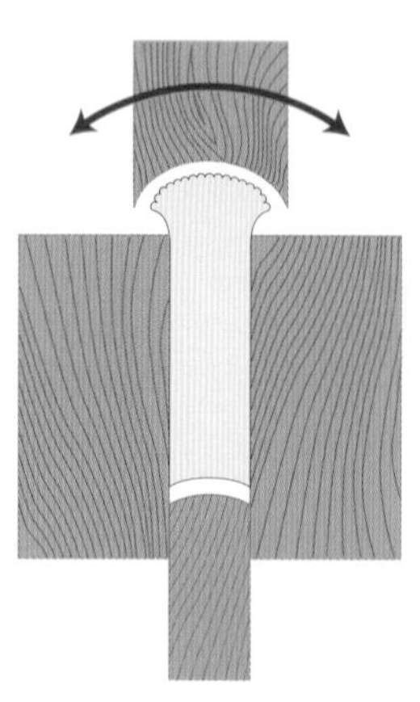

搼背

（八）裱粘封面

將膠背完成的書身與做好的封面書殼，利用蝴蝶頁分別裱粘於封面裡與封底裡，等乾後經壓書溝，即可完成精裝書裝釘作業。

四、各種裝訂方式概述

（一）騎馬釘

是一種快速便宜的裝訂方式，它是將內文各書帖及封面依先後順序用騎馬釘的套帖方式配帖後，在書脊處打入兩支到三支的鋼絲釘（打釘的材質，分鋼絲、鐵絲、銅絲三種，台灣氣候潮濕，鐵絲釘容易生銹，不宜使用）打釘後再經三邊修切即完成裝訂。因為在套帖及打釘時，書帖是由中央部攤開上下疊，如屋頂或馬鞍狀，所以稱之為「騎馬釘」。

騎馬釘具有快速便捷，開書度佳（可達180°）的好處，常為出版業所樂用，但它也有些缺點是在書刊設計時必須注意的，如：1.沒有書背，不利陳列檢索。2.騎馬釘在套帖時靠中間的書帖容易往外排擠（排擠的程度與紙張厚度成正比），而導致三邊修切後書背到書口的寬度不一，中央的書頁比封面封頁左右寬度短少5㎜以上，所以有時為了使頁碼排成一條線或書口寬度在視覺上等寬，必須將版心中的文字往內縮減一至二字。3.騎馬釘的書籍經多次翻閱後，容易鬆脫，且中間的書頁會再次微微向外排擠。以上缺點皆是在採用騎馬釘進行書刊企畫設計時，必須注意和避免錯誤的重點。

（二）縫線騎馬釘

縫線騎馬釘的裝訂方式和騎馬釘相彷，只是將打釘改為用縫線機進行書脊的整排車縫線處理，常使用於小型電話簿、學生筆記本之裝訂，其牢固性比騎馬釘強多了，但只適合薄的冊裝使用。

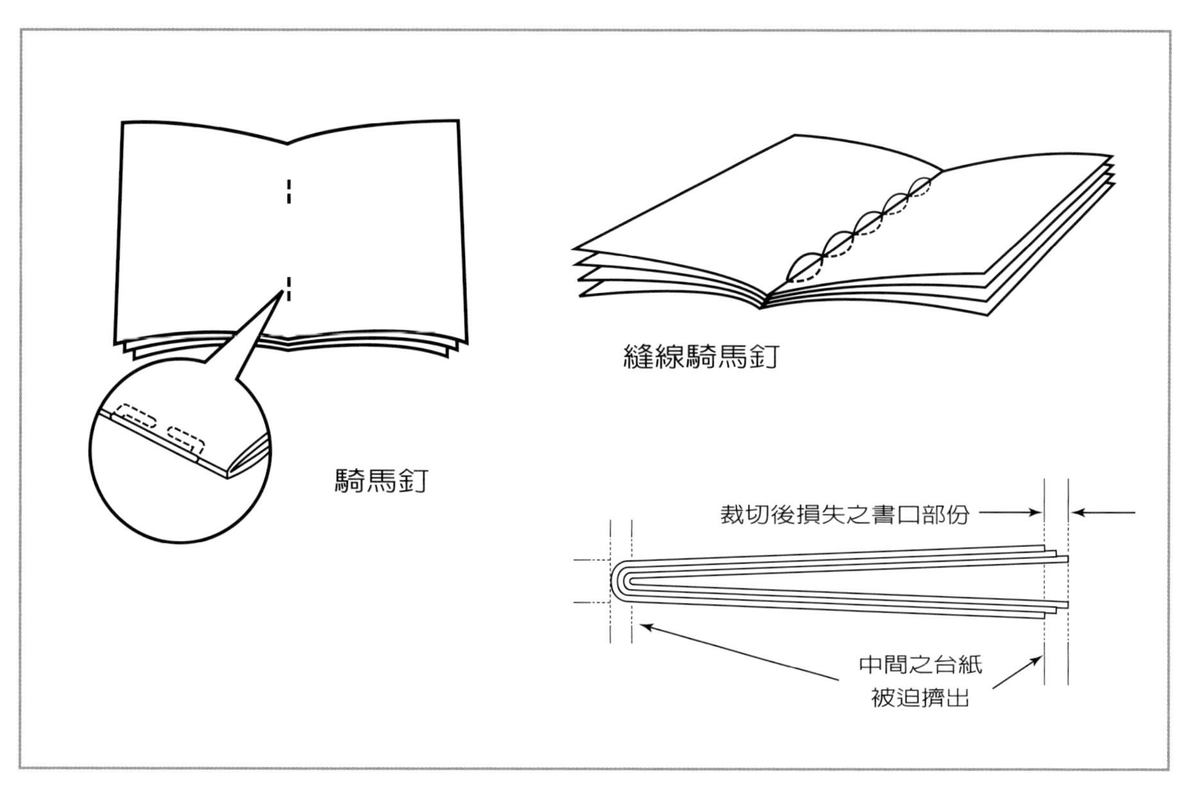

（三）平釘

平釘是將上下相疊配帖完成的書帖，在距離書背4～6㎜處打釘，鋼絲釘由書的首頁穿透書身到末頁穿出，再予以彎折包夾固定書頁，然後糊上封面再予三邊修切即告完成。它是極便宜且堅固耐翻的裝訂方式，其好處是厚薄不拘，由二、三十頁到三、四百頁皆可裝訂，厚度可達3公分以上，並且可以自由組合書頁，特別的大小插頁也有隨處都可安置的好處。所以各級學校的教科書，機關、學術界的報告書大量使用它來裝訂。雖然平釘有這些優點，但也有些缺點是設計者必須注意的。如：1.距書背4～6㎜處的版面被釘住無法使用，在計算版面時要扣除。2.在印製跨頁圖片時，要仔細計算圖片分割拼版的位置及需重複印刷的部份。否則會產生圖片中斷不連續的感覺。3.書在閱讀時開書度較差，只能將書展開到130°左右，尤其書愈厚其開書度愈差。

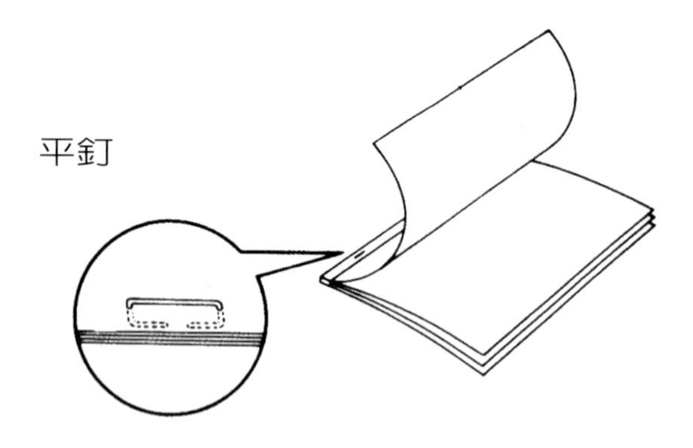

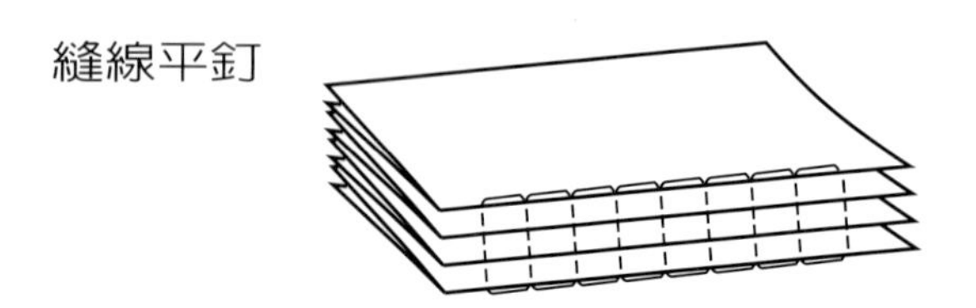

（四）膠裝

膠裝又名無線裝訂，因爲它不用線或鐵絲釘之類來固定書頁，而是以熱熔膠或冷膠將經刮削處理的書背或分離的書頁粘合，使膠能滲入每一張書頁，再粘上封面，待膠固著後，經三邊修切即告完成。膠裝具有平釘可以自由組合書頁的方便，以及騎馬釘不佔裝訂位置的優點。但若書背刮削技術不良或膠的品質不佳時，很容易使膠粘的書頁脫落。因此，書背的刮削技術最好採用像二丁掛的凹槽處理最牢固（如圖所示）。

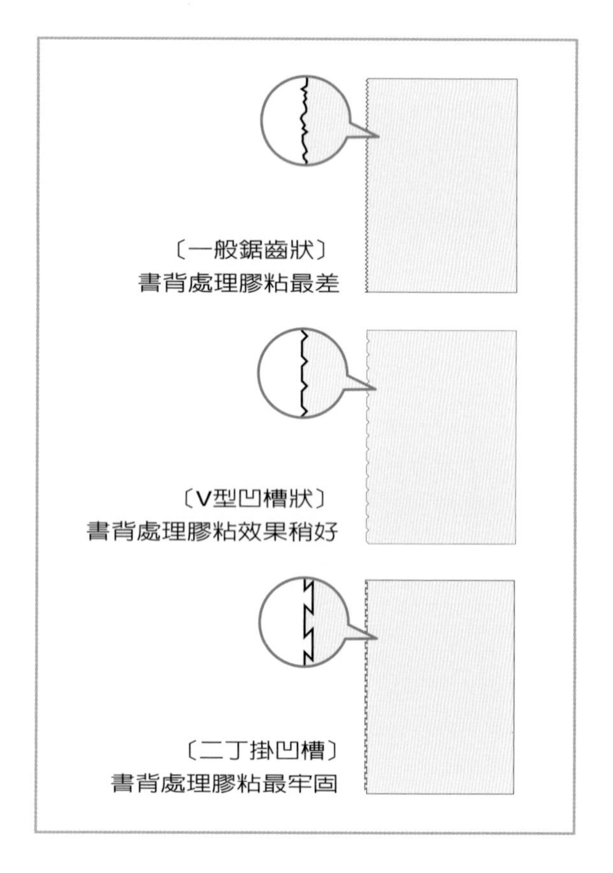

當然膠的品質包括：粘著力、彈性、耐久性等性質皆對膠粘的牢固性有很大的影響。

（五）穿線平（膠）裝

穿線平裝在設計上完全和精裝書要求一樣嚴謹，它和精裝書只差膠背處理與一個封面書殼而已。而其內文書頁經配帖成冊後，要經穿線縫合固定書背，方可粘貼封面，且每帖的書頁必須達到一定厚度才能穿線。若每帖的紙張堆疊的厚度太厚時，縫線針容易折斷；太薄時所縫的線頭太多，以致書背增厚粘貼封面後不容易平整，不但影響美觀，同時也易鬆脫。一般每帖的書頁厚度約在400磅到800磅左右的紙張堆疊厚度為宜（例如：80磅的紙張，經三折後其書帖厚度約為640磅）。

傳統的穿線平裝是將穿完線的書帖，用漿糊粘貼封面，再進行三邊修切。但因粘貼用的漿糊含有水分，容易造成書背凹凸不平的現象，乾燥後的漿糊又容易碎散、脫落。因此，現在已將漿糊改為熱熔膠來粘貼封面。熱熔膠冷卻固著後其粘著力強，具有彈性，在翻閱過程不會脫膠，且能將每書帖間的凹槽縫隙填平，使書背更加圓滑美觀、堅固耐久。因其兼具穿線與膠裝的優點，所以稱為「穿線膠裝」，是平裝書中最佳的裝訂方式。

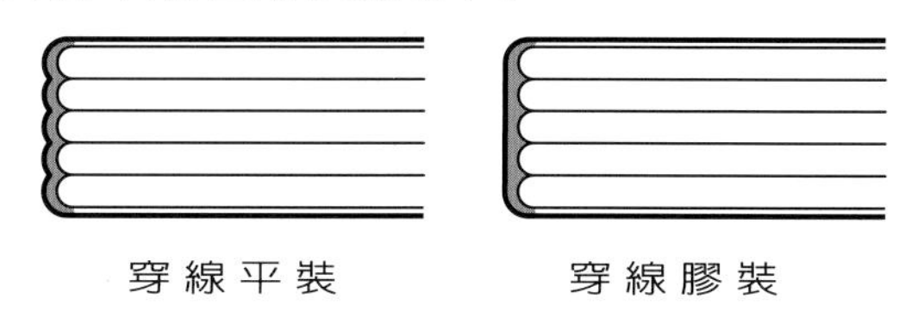

有些穿線膠裝的封面有折書口設計，以增強封面的硬挺度。此時就必須在內文書帖縫好線後，先行裁切書口，才能膠粘封面，再將折書口內折，最後用裁刀修切天、地兩部分，才告完成。

（六）方背精裝

方背精裝和穿線平裝除了在封面書殼有差異外，在裝訂程序上也有些不同。依序說明於下：首先要將封面書殼，按書身（配帖穿線完成的書帖）的長、寬、高（厚度）尺寸製作方背書殼，同時將完成配帖穿線的書身，先行三邊修切，然後在書身背部黏貼書籤帶、書頭布、紗布、背紙等精裝書的膠背工作，再將已完成膠背的書身與封面書殼組合，用冷膠塗佈於蝴蝶頁上，分別與封面書殼之封面裡、封底裡膠合。最後經壓書溝、壓平即完成方背精裝程序。

方背精裝書背是硬的，所以書背上的印刷文字不易受損，但其開書度只能達到140°~150°，在翻閱時較不暢順，在版面設計時，需將靠近裝訂線處多留些空白，才不會造成閱讀不便之處。

精裝書的書背處理情形

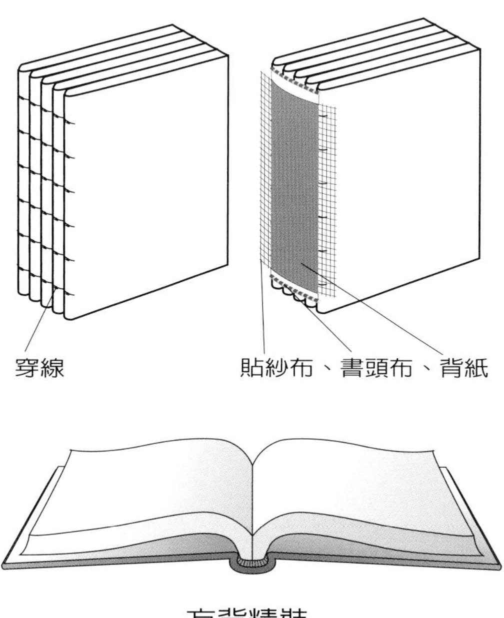

方背精裝

（七）軟背精裝、軟面精裝

軟背精裝和方背精裝在裝訂程序上完全一樣，只是書背的材質不同，方背精裝的書背是由厚紙板裱貼而成，而軟背精裝則由軟質封皮與書背膠合。因軟背精裝書背是軟的，所以開書度極佳可達180°，非常好翻閱，利於閱讀。但其書背隨著書的開合，書背上的文字容易受損，尤其是燙金文字沒兩下金箔就脫落光了。

另有一種和軟背精裝相仿的「軟面精裝」，已逐漸取代軟背精裝，其二者主要差異是：軟背精裝的封面與封底皆用厚紙板裱貼而成，而軟面精裝則是從封面、書背、封底皆是軟質封皮裱貼而成。需要經常查閱的字典、工具書常使用此種裝訂方式。

軟背精裝

（八）圓背精裝

圓背精裝是綜合方背精裝與軟背精裝的優點而捨棄其缺點的裝訂方式。其裝訂方式和方背精裝相仿，只是內文書帖膠背前，圓背精裝必須增加拷圓背的步驟，使內文帖背成圓弧的扇形，再進行粘貼書籤帶、書頭布、紗布、背紙等膠背工作，其餘裝訂程序和方背精裝一樣。

圓背精裝在翻開書本時，在內文書頁與封殼的書背之間會留出一個空洞來，所以圓背精裝又稱爲「膛背精裝」。因爲內文書頁經過拷圓背處理，不但翻書頁時更加順暢、開書度佳，且能保持封殼書背上的文字不致受損，是最佳的精裝書裝訂方式。各類百科全書或比較考究的書籍皆採用此裝訂法。

膛背精裝

（九）連頁糊裝

此種裝訂方式大部分用於幼兒版的童話書，其裝訂方式和中式蝴蝶裝很相似，內文也是將左右兩書頁拼在同版面進行單面印刷（印製在厚紙板上），裝訂時先將各書頁中央部分對折成帖，使有印刷部分向內折，未印刷的空白頁朝外，再把折好的書頁依順序配帖成冊，在完成配帖後將相鄰的空白頁上糊相互貼合，最後粘上封面，再經三邊修切及切圓角的處理便告完成。

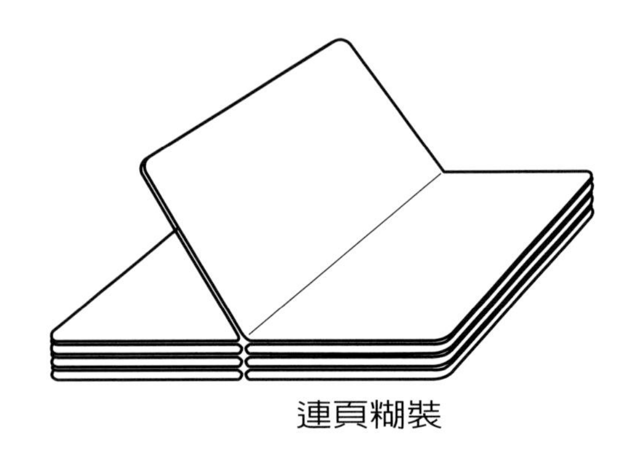

連頁糊裝

（十）機械裝（線圈裝、雙線圈裝、膠圈裝）

將書紙切成單張後，檢集成冊於靠書背邊打孔，穿以塑膠或鐵質的線圈、膠圈夾等不同夾具來固定書頁的裝訂方式。因爲此裝訂作業要靠機械完成，所以統稱爲機械裝。其開書度可達360°，常用於工作手冊、筆記本、小型月曆之裝訂。

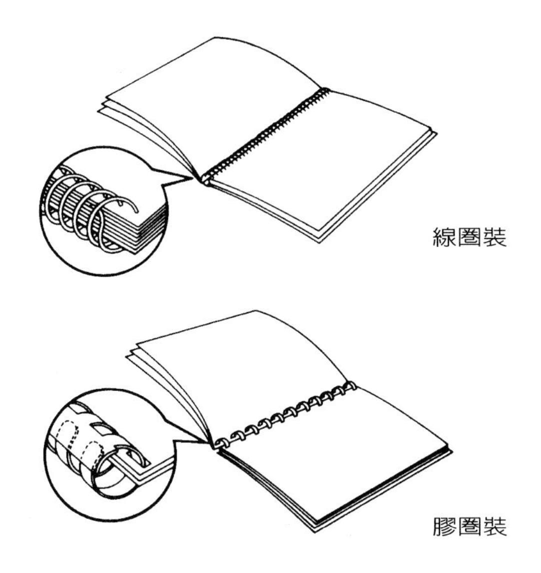

線圈裝

膠圈裝

（十一）活頁裝

活頁裝和機械裝之書頁處理相同，只是在夾具上不同。活頁裝的夾具可隨時開啓抽換、組合、抽閱書頁內容。適合帳冊資料、報告書、型錄、相簿、底片檔案、目錄等之裝訂。

活頁裝

（十二）其他裝訂方式

1.月曆夾式裝訂：是把檢集好的月曆頂端，以機器將鐵片夾緊捲曲回折，使紙張卡住不易脫落。

2.糊頭：這是一種暫時性黏合的裝訂，以方便撕開。如：便條紙、信紙、測驗卷等常用此裝訂法。其做法很簡單，是在裝訂處糊以糊劑即告完成。糊頭的糊劑可依不同紙質厚薄，採用不同強度的樹脂、漿糊、強力膠、熱熔膠來黏合。原則上薄紙用不太黏的膠即可，反之厚紙則要用黏性大的膠劑。有些便條紙或信紙在糊頭後會加上封面或裝飾紙以增加美觀。

3.彩帶裝、金線裝：此裝訂和騎馬釘相仿，常見於高級菜單、有夾頁的喜帖、邀請卡。其裝訂法是在書背或裝訂線上打孔，再以絲質彩帶穿繞固定，或直接以金線在折線處圈繞打結固定。

4.螺絲釘裝：是將需裝訂的書頁於裝訂邊上先打一至二個圓孔，再栓以螺絲釘使之固定。單孔螺絲釘裝適用於色帖、紙樣等需同時對比之印刷品，其最主要功能是可以螺絲釘爲中心，像扇子一樣打開來比對各種不同樣本。雙孔螺絲釘裝和平釘方式相仿，適用於需長期保存之文件、帳冊等。

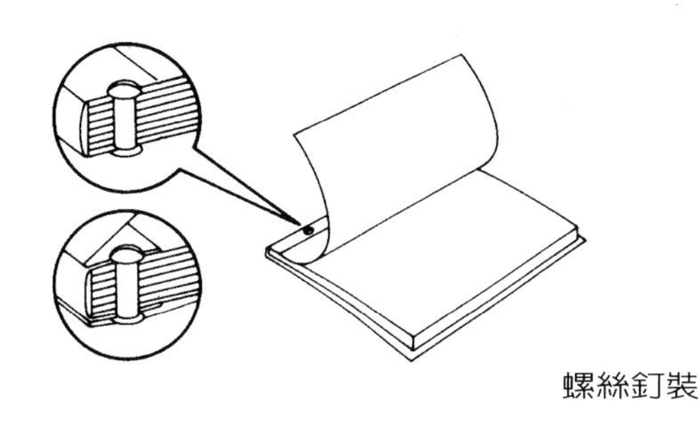

螺絲釘裝

玖、印後加工

為增強印件之印刷效果及實用功能，常須運用各種印後加工技術，提昇印件品質，強化印件功能。常用的印後加工包括：

（一）上光

上光一般可分為全面上光和局部上光兩大類。全面上光可增加紙張表面亮度及印紋的耐磨強度，大部分的平裝書封面及精裝書的封面、書皮多採用全面上光。而局部上光則多數使用在印刷畫面須特別強調突顯的部分或反光度較強的部分上光，使畫面更加立體化，強化視覺效果。上光依材質及塗佈方式可分為：上光油（凡尼斯）、PVA上光、UV上光、亮面PP上光、霧面PP上光、PVC上光、PVC墊板上光、局部立體上光、撲克牌上光。

1.上光油

以專用樹脂和松節油調合的上光膠液，在印刷完成品上塗佈而成，又稱上凡尼斯（Varnish）。上光油可用印刷機在印刷品上進行全面或局部的塗佈，是上光加工中最便宜的一種。因其耐磨性差、光澤度低，故適用於內文彩色頁之局部上光。

2.PVA上光

是將乙烯醇聚合液塗佈於印刷品上經加熱壓光而成。其光澤度、耐磨性皆比上光油為佳，但受熱時紙張容易收縮捲曲。

3.UV上光

即紫外光上光，是以UV專用特殊塗劑，精密均勻塗佈於印刷紙面後，經紫外線照射，在極快速度下乾燥硬化而成。經UV上光的印刷品具有較高耐磨性及亮麗效果，並擁有抗紫外線功能，可使印墨顏色不易退色的優點，應用範圍極為廣泛。

4.亮面PP上光

是以亮面PP膠質薄膜，經熱壓裱貼於印刷品而成。具有極佳的防潮、抗污、耐磨特點，及玻璃光澤般的效果，是較高級的上光方式。除應用於精緻印刷品外，並適合開窗式之包裝外盒使用。

5.霧面PP上光

採用特殊霧面壓紋處理的PP膠質薄膜，經熱壓裱貼於印刷品而成。除具有亮面PP上光的優點外，其獨特霧面、不反光效果及柔細的觸感是其他上光方式所無法比擬的。但價格約為亮面PP上光的一倍。

6.PVC上光

以厚度約0.02㎜PVC薄膜，經熱壓裱貼於印刷品而成。具有透明度高、防潮、抗污、耐磨極優異的特質，經其上光處理之印刷品更顯亮麗出色，是民國70年代最常用的上光方式，因費用極高，已逐漸被PP上光所取代。

7.PVC墊板上光

採用厚度約0.1㎜硬質PVC薄片為裱

貼材料，通常以兩面護貝而成。具有硬度挺、防水及耐磨度特強的特點，其成品表面平滑呈鏡面光澤，是上光費用最高的一種。適用於墊板、證卡、桌墊、吊牌、撲克牌、遊戲卡……等。

8.局部立體上光

是以專用樹脂，用印刷機在印刷品進行局部印刷，因樹脂在乾燥後會有立體的視覺與觸覺，所以稱局部立體上光。現在很多印刷品都先採用霧面PP上光，再在上面進行局部立體上光，效果極佳。

9.撲克牌上光

採用特殊膠合液在印刷品上塗佈上光，具有防水、抗靜電、表面平滑、光澤效果、高挺度的特質與功能。在乾燥及表面處理的方式不同，撲克牌上光又可分亮面與粒面兩種。常用於撲克牌、PPC板、PVC板或PP等材質上光護貝使用。

（二）燙金

燙金（Hot Stamping）又名燙印。是用金屬製之鋅凸版或銅凸版為印刷版，在燙印前先將印刷版用加熱器加熱，然後在被印物上放置燙金紙（燙金紙是在染色的鋁箔上塗以熱熔膠膜而成），燙印時金屬凸版的熱力，透過與印紋部分接觸的燙金紙而將熱熔膠熔解，將壓燙過的顏色金箔固著於被印物上。而非印紋部分因沒有與燙金紙接觸，所以不會將熱力傳到下面的燙金紙，當燙印完成時非印紋部分的金箔會和被印物分離，而離開印刷品。燙金紙因染色的不同可分為：紅口金、黃口金、青口金、銀色、紅色、綠色、藍色及彩虹色、珍珠光等。在燙印時，因需將燙金紙與被印物相密接，故較適宜燙印在平滑的表面材質上。若是採凹凸不平的花紋紙，燙金效果常受到限制、影響。又因燙金紙之鋁箔是不透明的，可遮蓋任何深淺顏色，更能增加色彩效果，所以無論傳統或現代之賀卡、結婚請帖最常使用，高級典藏的精裝書封面也常使用燙金。

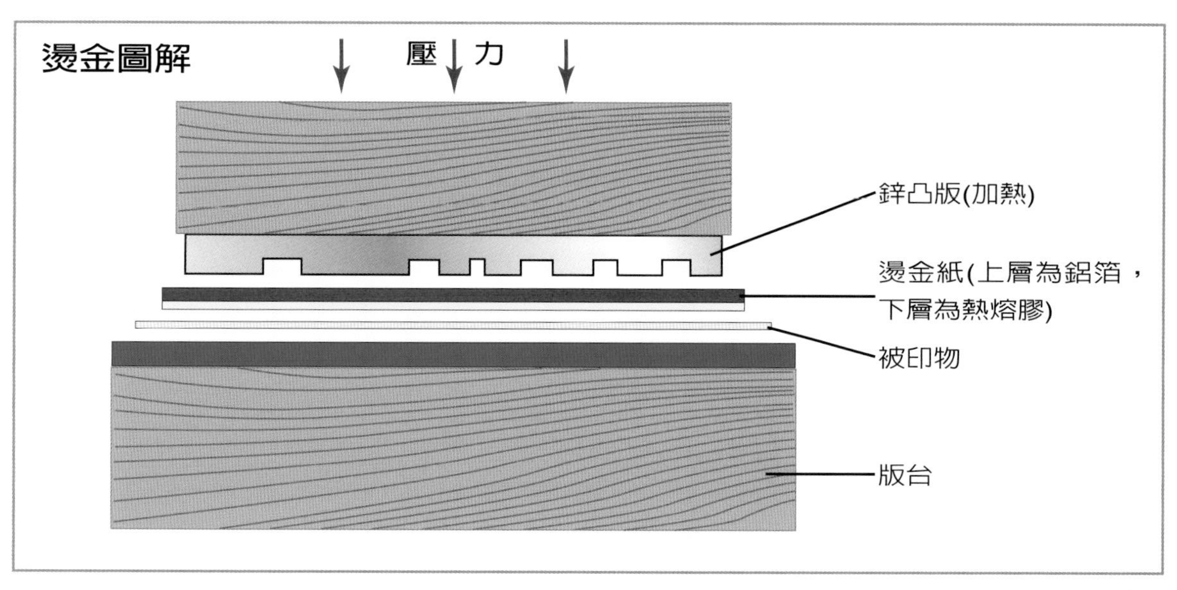

（三）燙漆

燙漆和燙金原理與印製過程完全相同，只是將染色鋁箔改爲不透明的漆料薄膜製成燙漆紙。在印刷時也是採用金屬凸版經加熱壓燙漆料薄膜於被印物而成。燙漆紙的顏色常用的有黑白兩色。現已少有人使用，且多用印色處理。

（四）壓金口

壓金口俗稱書邊燙金。其作法和木雕品貼金箔的過程一樣，先將安金漆塗刷於書的天、地、書口三邊，等安金漆乾燥後，再將金箔拍壓在書邊上即告完成。書籍經壓金口後，具有防潮、防塵、美觀的功能，常用於金邊聖經、高級工商日誌、帳冊等。

（五）刷色、噴色

在西式的圖書爲了防止典藏時的塵埃堆積在書的天邊，常將書籍的天邊或三邊塗刷上顏色，以防止灰塵造成的書邊污損。也有些是在書籍的天、地、書口三邊噴上砂目狀的橙色點做爲防塵與裝飾之用。

（六）壓凸

壓凸（Embossing）又名擊凸，屬於凸版印刷的一種形式，一般其製作程序可分爲下列兩種：一、是利用凸版或凹版和軟墊（如厚絨布或膠墊），將紙張放置在印版和軟墊之間，經滾壓機壓印後即可製成指定凹凸立體印紋。二、是利用凹凸成對的陰陽模，在壓印時先將紙張置於凹凸版之間，經壓力一擠壓即可製得凹凸立體印紋。，現在使用之鋼印和明朝的拱花皆是用此方法。

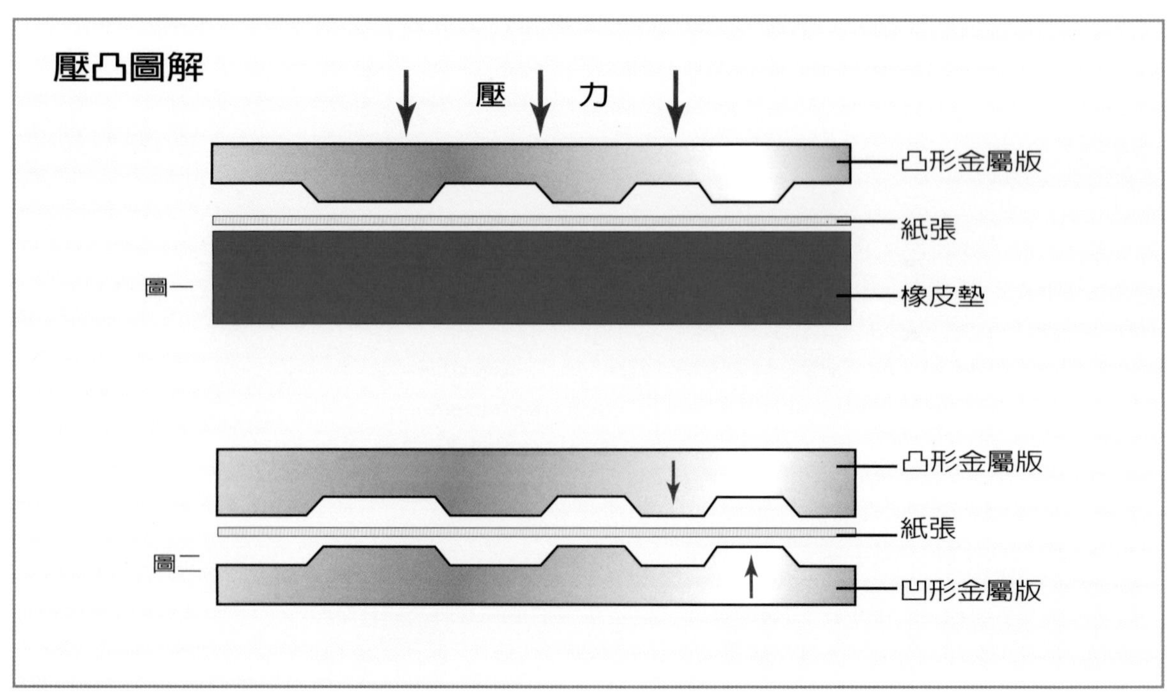

（七）軋型

一般的切紙機只能作直線的裁切，遇到印刷品需要切圓弧線、不規則曲線、開窗、壓折線、裂線時，就必須採用另一方式來處理，這方法就是軋型又名「模切」。軋型需要先製作刀模，刀模的製作方法如下：將要軋型的圖型先畫在夾板上，然後依形用線鋸鋸出「鋸路」，在鋸出的縫隙中，再鑲入鋼片製的切刀、壓線刀、裂線刀，並在切刀旁貼上膠條，即完成刀模。

軋型時先將刀模裝於機器上，利用衝壓的力量將卡紙或紙板切壓成型。此時鋼片切刀插入紙品把它切開，壓線刀壓出折線，同時在鋼片旁的軟膠條會全部壓緊收縮，當壓切完畢，刀模離開壓印台時，所有膠條會隨即彈起，將壓切軋型完成的印刷品推出，完成軋型作業。

各式包裝紙盒、立體卡片、春節時的大型剪紙圖案等皆需使用軋型方能完成作品。

包裝盒刀模展開圖

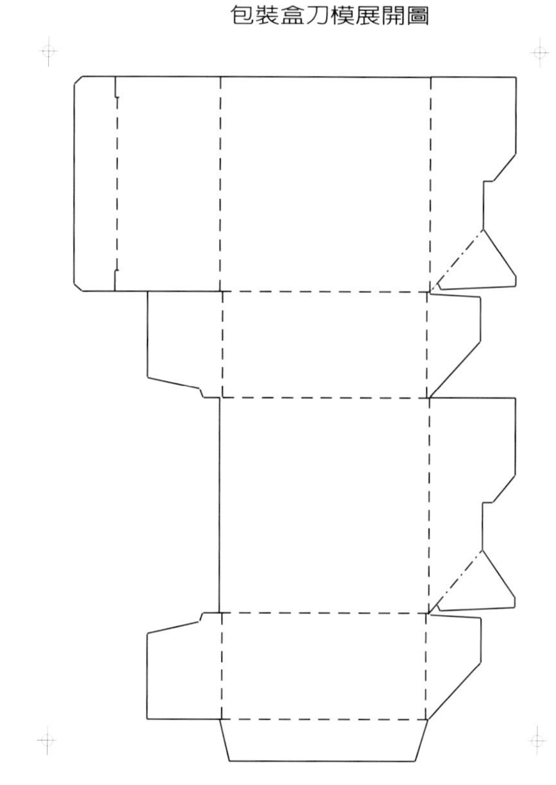

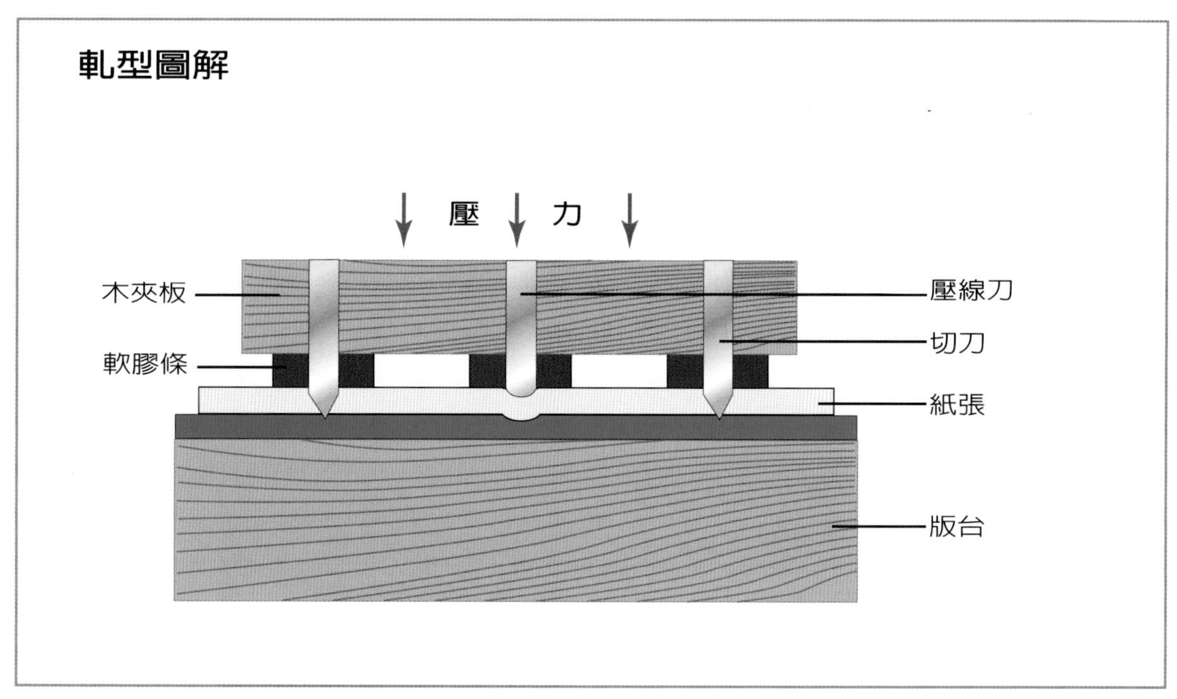

（八）修圓角

常見書刊的書角或名片的邊角都是呈直角，但有些書的書角和名片邊角卻是圓弧角，其主要原因在印刷後經過修圓刀修切處理過，此種加工方式即稱爲「修圓角」。

半徑 6mm 修圓角圖例

半徑 3mm 修圓角圖例

（九）打裂線

有些印刷品爲了便於撕開，在欲撕開處用排針打出一條裂線，如摸彩券、收據正副聯等印刷品。

（十）打齒孔

另有一種爲便於印刷品撕開的方法，即是打齒孔。最常見的有郵票的齒孔、紀念票、藏書券的齒孔。打齒孔和打裂線是不同的，打裂線是用排針將紙張頂破產生小裂縫，而打齒孔是用排狀打孔器將紙打出一個個圓滑無毛邊的小齒孔。

（十一）糊工、成盒

包裝盒、購物袋、精裝書的封面，皆需經過糊工進行糊貼、黏合或摺紙成盒的步驟，才能完成精美的印刷品。

（十二）鐳射切割 (數位模切)

近年來鐳射切割技術已引入印後加工領域，讓包裝印後由機械刀模模擬加工，變成鐳射模切數位加工，紙盒包裝和商業標籤加工，可以眞正享受到鐳射模切數位化解決方案所帶來的高效率和靈活性。鐳射切割又稱數位模切，其最大優勢是在電腦的控制下，可以任意設置切割圖案，無需製作模板，省去了製作刀模的麻煩，大大縮短了模切出樣的時間。由於鐳射光束非常精細，可以切割機械刀模無法完成的各種曲線，使印刷品的後續加工更加細膩，因此能帶給設計者新思維，延伸更多的設計理念，創造出與衆不同的感覺，讓產品創造更大的附加價值。尤其是數位可變數據印刷技術的飛躍發展，再加上目前印刷業越來越少量化、短版和個性化的需求，傳統印後機械模切已越來越不能因應。所以，以鐳射模切技術爲代表的數位化印後加工便應運而生。

拾、製版技法應用

以往一件平面設計印刷品的好壞，主要取決於圖文的版面編排設計，除此之外，如能對印刷製版技法有充分的了解，如版調反差控制，網點網線應用、色版互換、色調控制、合成等技法，必能達到原稿美化，強化圖片的效果。即使一些原稿不理想的圖片，也可透過印刷製版技法作適當的改良，製作出富有創意，視覺效果強烈的印刷設計品。

製版技法圖例

一、版調變化控制

一張圖片在分色製版過程會因轉檔，縮小放大或原稿品質不良，造成製版效果不良。現在的電子分色機、電腦組頁系統、電腦繪圖軟體皆有修正功能，以改善其品質。

（一）明度調整

當原稿在拍攝不理想時，造成曝光過度或不足，可利用製版系統的軟體功能進行明度調整，一般其功能有：

1. 整張圖片的明暗調整。
2. 圖片亮部階調區域明暗調整。
3. 圖片暗部階調區域明暗調整。
4. 圖片中間階調明暗調整。
5. 局部區域明暗階調調整。

原稿

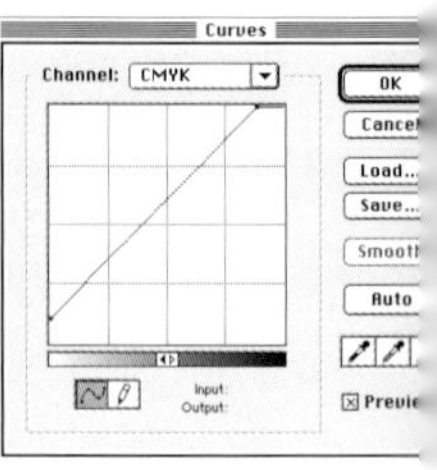

明度減一格

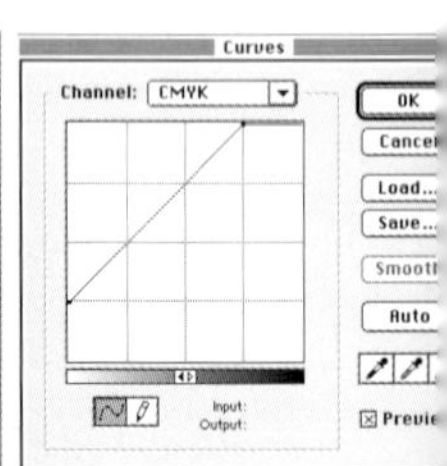

明度減二格

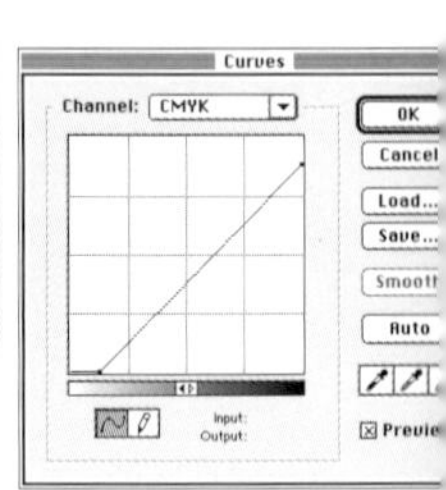

明度加一格

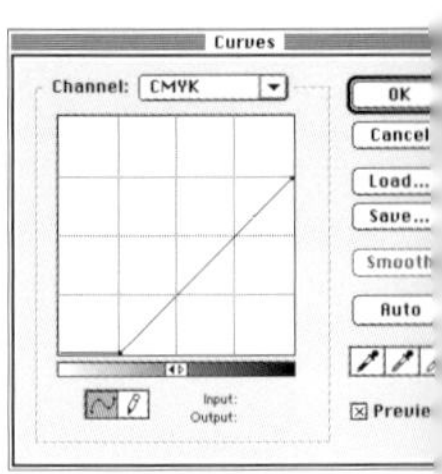

明度加二格

原稿

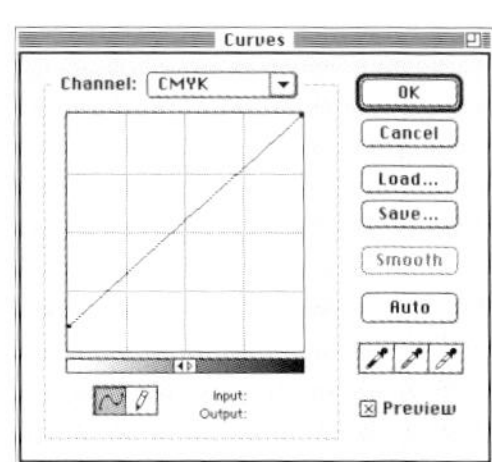

亮部調暗

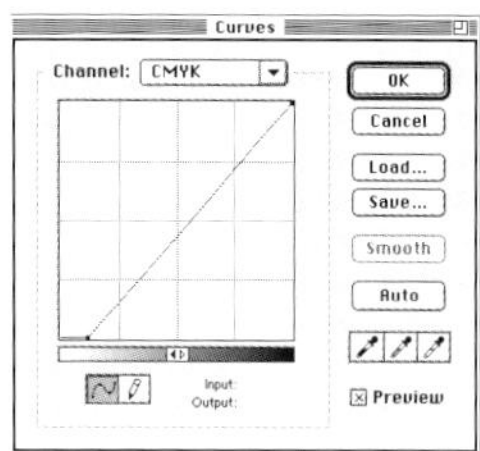

亮部調亮

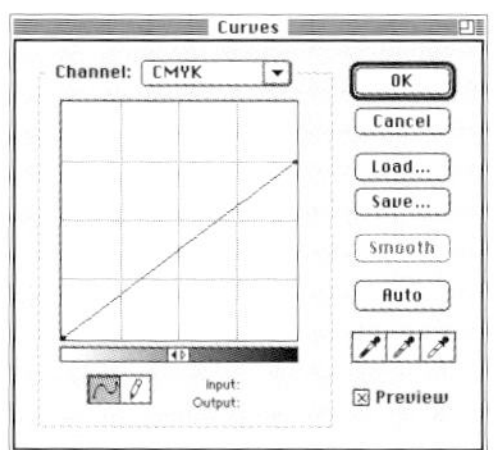

暗部調亮一格

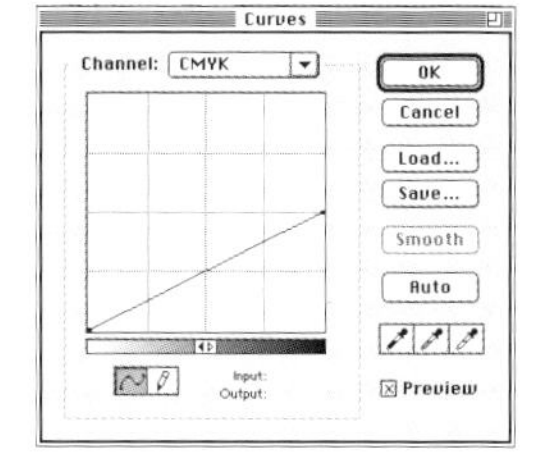

暗部調亮二格

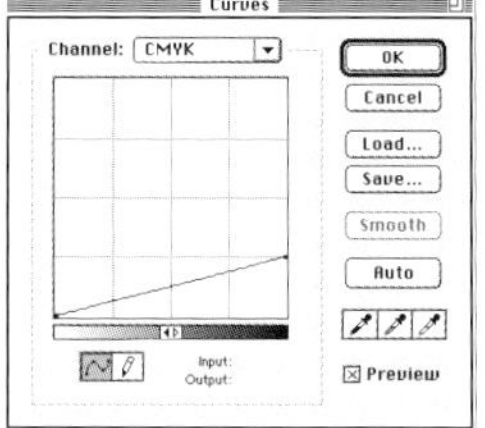

暗部調亮三格

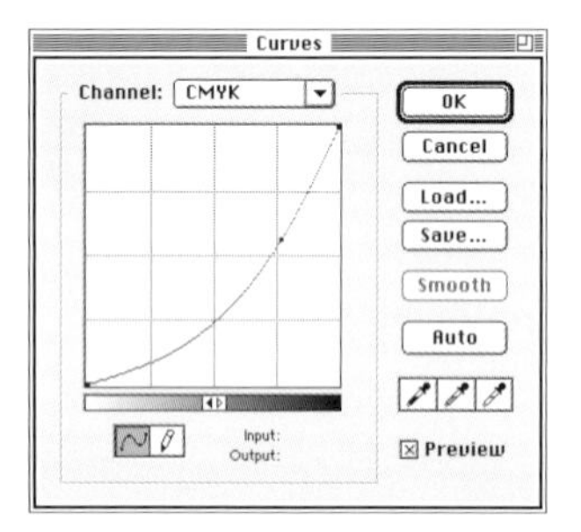

中間調調亮一格半

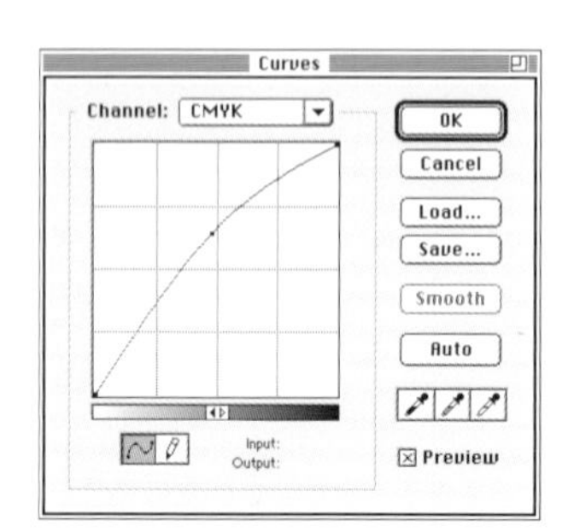

中間調調暗一格

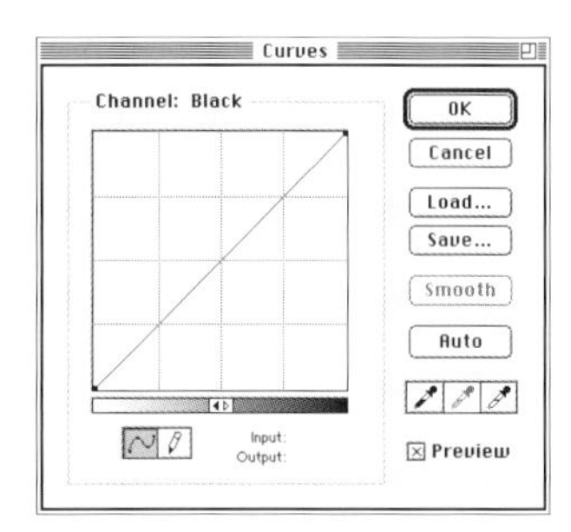

原稿

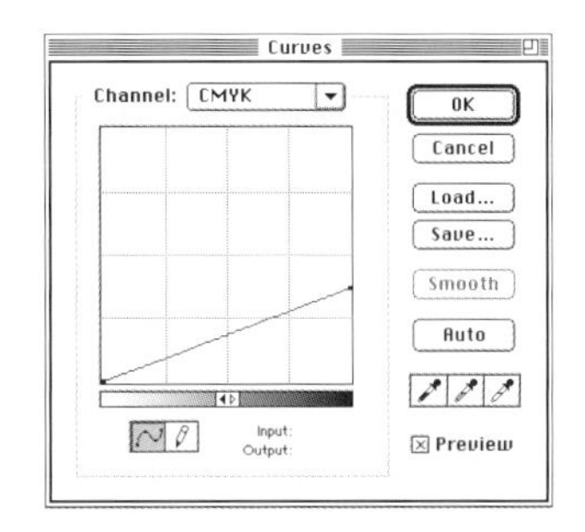

主圖案不變，壁面明度調亮三格

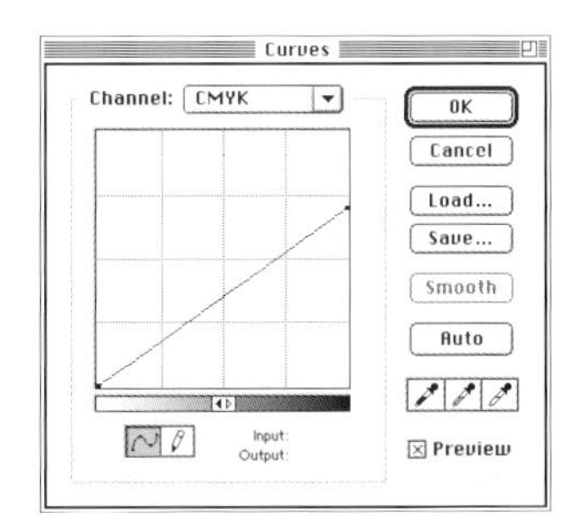

壁面不變，主圖案明度調亮一格半

（二）反差調整

當原稿拍攝的光源不理想，造成圖片反差過大或過小時，可利用製版軟體調整其反差，改善其品質。當原稿不良時，也可利用反差製作特殊效果。

原稿

反差加大的效果

原稿

反差加大的效果

原稿

反差減低的效果

（三）銳利度

圖片經分色機多倍的縮小放大時，會產生色彩壓縮（明度變暗，畫面模糊）或色彩擴散（畫面模糊）的情形，可利用分色機或電腦製版軟體，使畫面經修正由模糊變銳利。同理，有些當底圖效果的圖片過份鮮銳時，也可運用修正功能使其畫質「柔化」甚至模糊化，產生新的視覺效果。

原稿

提高銳利度的效果

原稿

周圍柔焦效果

二、複色調印刷(Duo－Tone)

複色調印刷乃是用同一張圖片分別攝製兩張以上不同階調的過網底片，再經疊印後產生較佳效果的印刷方法。這些效果不是單色印刷所能達到的效果，有時也可僅用雙色調印刷出彩色效果，節省一半印刷成本。

（一）黑灰複色調印刷

一般黑白照片，經過製版印刷之後其濃度階調最高只能達到1.7濃度左右，無

原稿

暖灰色版

法達到原稿2.2~2.4濃度的全階調再現。所以要將黑白照片原稿，用製版相機或掃描機複製出兩張不同階調變化的網片，再分別用黑色及灰色版疊印，即可得到一張層次階調豐富的黑白圖片。一般灰色版的印墨可分爲冷灰與暖灰二類，其疊印出來的複色調圖片，自然產生冷色調與暖色調的不同效果。高級攝影年鑑、明信片、海報等需高檔畫質的圖片印刷，大都採用此種方式來複製原稿。

黑色版

灰黑複色調成品

（二）雙色調印刷

雙色調印刷和上述黑灰複色調印刷的方法一樣，只不過把印刷版的顏色改變，一般作法有下列三種：

1.以黑色版爲主調，另一色版以黑灰以外的顏色取代，且其版調較淺。適用於具有歷史感覺的圖片。

2.以顏色版爲主調，另一色版以淺色

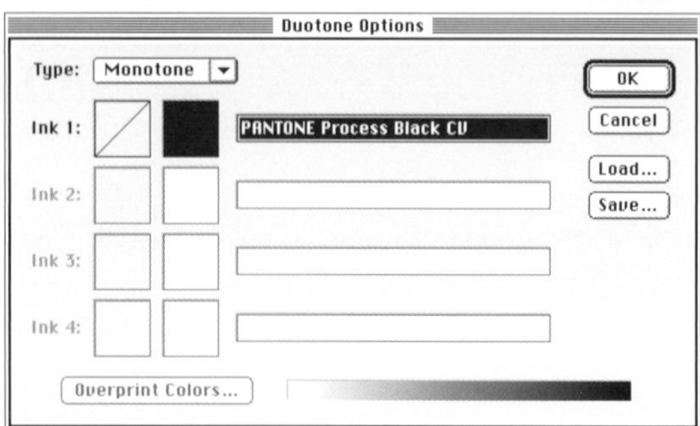

原稿

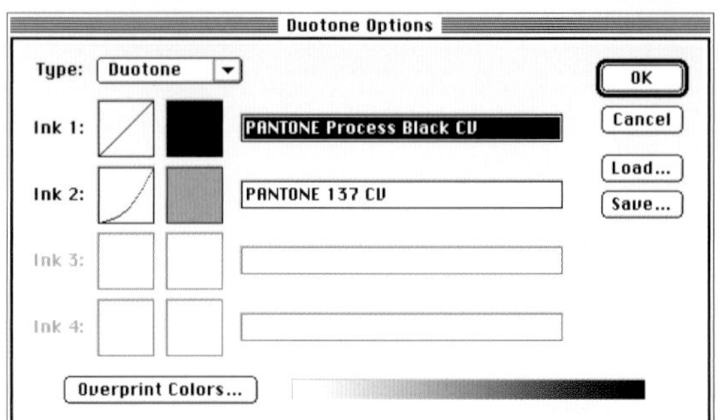

以黑色版為主調橙色版為輔的複色印刷

調的黑色版爲輔，疊印而成。適用於以某一色調爲主的照片。

3.以兩個顏色版疊印的雙色調印刷，主要以圖片性質來決定版調的深淺與顏色組合。例如：黃昏日落的景色，可以黃、橙、紫等色調相互疊印而成。森林、風景圖片可以藍、綠色調爲主。

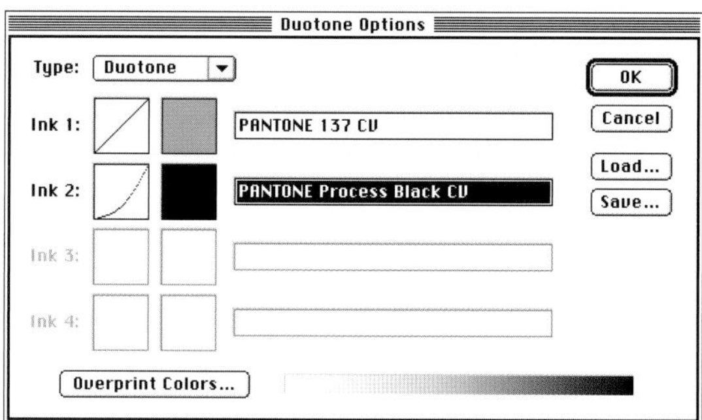

以橙色版為主調黑色版為輔的複色印刷

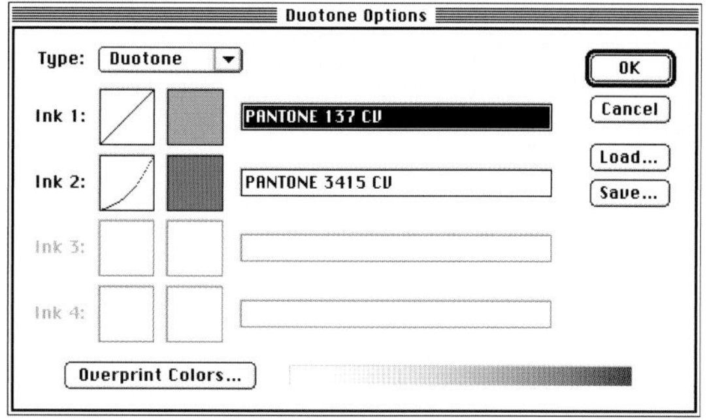

以橙色與綠色疊印的複色印刷

（三）三色調印刷

高級藝術年鑑、黑白攝影作品複製品，有時用雙色調印刷尚不足以複製表現其豐富色調，這時就要用到三個色調的印版來複製，常用的色調組合有黑、灰、藍及黑、灰、咖啡的色版組合。

原稿 ▶

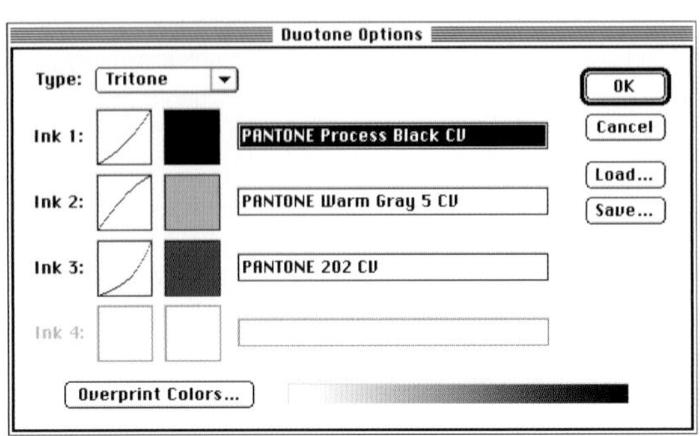

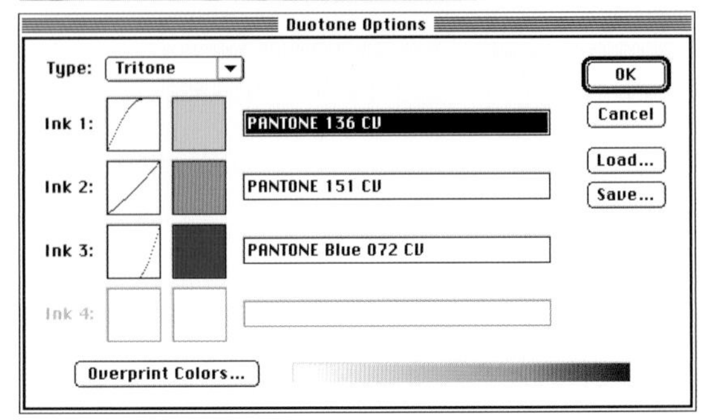

（四）以彩色原稿作複色調表現

彩色印刷成本較高，有時爲了降低成本，可將彩色原稿以雙色稿印刷處理，其表現方法如下：

1. 以彩色原稿之Y、M、C、K四張分色片，選擇其中兩色版疊印而成。例如：Y+M，M+C，C+Y的各版複色調表現。
2. 以彩色原稿之Y、M、C、K四張分色片，選擇兩色版將其色版原來顏色改掉，改印別的顏色相互疊印而成複色調表現。例如：可將Y版改爲M版，C版不變，將兩版疊印即可產生和彩色原稿不同風貌的複色調。

原稿

黃版＋洋紅版的複色印刷

青版＋洋紅版的複色印刷

黃版＋青版的複色印刷

黃版→洋紅版＋青版的複色印刷

（五）底色印刷

底色印刷又稱假複色調（Fake Duo－Tone）印刷，它是用一張黑白照片製作的黑色版，印於一底色或平網底色上，疊印而成。其效果僅能接近複色調印刷，無法像複色調的階調豐富。

原稿

黑版與橙色版的複色印刷

黑版＋橙色平網的底色印刷(假複色調)

黑版＋20%橙色平網的底色印刷(假複色調)

黑版＋15%青色平網的底色印刷(假複色調)

三、高反差技法

各種印刷品對圖片處理，大都採過網照相方式，使其連續階調能轉換成半色調的網點印刷，讓原稿的階調能忠實複製保存下來。但有時爲了特殊效果，常用印刷製版的高反差底片（Lith Film），直接對黑白照片原稿進行線條照相，使原本階調豐富的原稿，成爲壓縮層次的高反差圖片。換句話說，經高反差照相處理的圖片，其圖片上原有0 ~ 100%的階調變化，會轉成在某一階調之前的圖案整個變黑（漆黑一片沒有層次），階調之後的圖案消失（在底片上呈透明狀）。例如有一連續調圖片經高反差線條照相，其畫面上的圖案在60%網點濃度以上的區域（60% ~ 100%），整個變黑，而在60%網點濃度以下的區域（0% ~ 60%），完全消失（靠近50% ~ 60%的濃度區域不會完全消失，會變成粗糙不規則的點）。

在傳統暗房進行高反差底片製作，是利用曝光及顯影時間來控制底片上圖案黑化的區域，若曝光時間縮短則底片上圖案變黑的區域會減少，透明沒有圖案的區域增加；相反的，若增加延長曝光時間，則底片上圖案變黑的區域會增加，透明沒有圖案的區域減少。但在底片黑色圖案和透明交界處並非完全透明，而是有些粗糙不規則的網點。因此，可以依不同的印刷設計需要，製作出不同黑化區域的高反差底片，再疊印出千變萬化的特殊效果圖片。

原稿

右邊兩張圖片是經由高反差底片翻拍原稿，利用曝光時間的長短控制底片上圖案黑化的區域所產生的高反差圖片。

目前電腦繪圖的製版軟體，已將傳統暗房的技法轉變為電子暗房的技法。也就是可以透過電腦數位化訊號，控制影像的複製曲線，完成各類型高反差技法。一般將高反差技法分為：1.高反差圖片 2.色調分離 3.浮雕 4.線條化效果等技法。其製作方法分述如下：

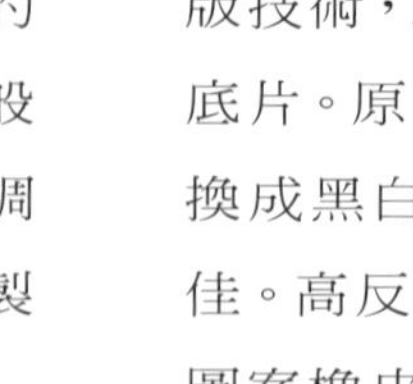

（一）高反差圖片

直接將黑白照片，透過高反差照相製版技術，即可將連續調原稿轉換成高反差底片。原稿是彩色圖片時，最好將原稿轉換成黑白影像，再進行高反差照相效果較佳。高反差的圖案一般應用於T恤印刷、圖案橡皮章、卡片、文章插圖、大型展示看板、玻璃蝕刻、木板鐳射雕刻等。

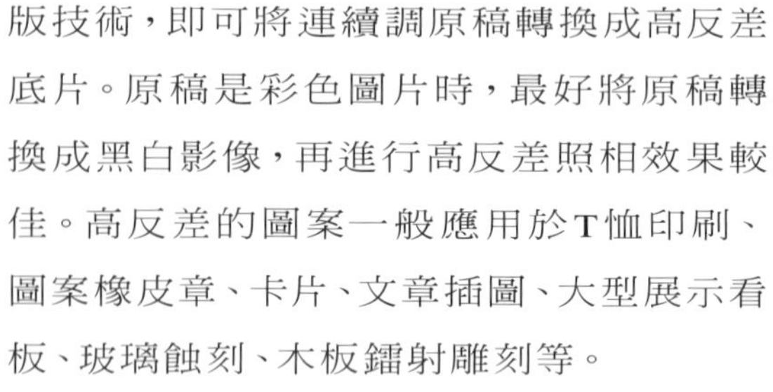

原稿

高反差圖片

高反差圖片

（二）色調分離

一般有人稱爲海報化效果，是利用不同壓縮的色層去表現連續調圖片，其方法是將連續調原稿透過暗房高反差照相，用不同的曝光時間製作出不同壓縮色層的多張高反差底片，再利用灰階及黑色疊印成黑、白、灰色調分離的圖片，或利用不同色彩疊印成彩色的色調分離圖片。所以，色調分離依色彩來區分，可分爲黑白灰階的色調分離與彩色的色調分離。若以疊印色層來分，可分爲兩色調（Two Tone Effect）、三色調分離（Three Tone）、四色調分離（Four Tone）、五色調分離（Five Tone）等。一般色調分離用到四色調、五色調已足夠，若色層太多，其效果和一般圖片太接近，反而失去色調分離的特殊風貌。

色調分離在製作時要特別注意壓縮色層的分佈是否適當，疊色灰階或色彩是否符合美感與視覺效果，才能製作出具有良好視覺效果的圖片。色調分離作品無論應用在海報、書籍、雜誌及唱片、CD的封面等設計都非常適宜，許多版畫家也常利用此技法表現在藝術創作上。而現代的電腦繪圖軟體多有此功能，可利用數位化控制壓縮色層，做出千變萬化的疊色效果。

原稿

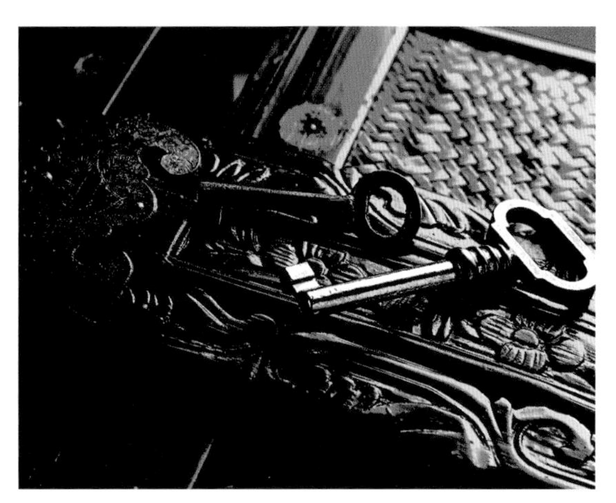

灰黑雙色調色調分離

橙黃、橙紅、紫三色調色調分離

淺灰、中灰、黑三色調色調分離

色調分離作品圖例

- 雙色調分離Two Tone Effect
- 三色調分離Three Tone Effect
- 四色調分離Four Tone Effect
- 五色調分離Five Tone Effect

原稿

雙色調分離

四色調分離

三色調分離

五色調分離

（三）浮雕

傳統暗房的浮雕技法，是將連續調原稿用高反差的利斯片（Lith Film），攝得一高反差之陰片，再經翻片取得一高反差陽片。將此兩張高反差陰、陽片疊合，圖案重疊處少許錯開1～2㎜，其次用膠帶將陰、陽兩張底片固定於放大機的平台板上，分兩次不同曝光時間將陰、陽片上的圖案重複疊印在同一張相紙上，經沖洗就可得到一張浮雕效果的圖片。浮雕效果好壞和兩次曝光的組合有關，因此，要用不同曝光時間組合去做多次的實驗，才能製作出合適的浮雕效果。在電腦影像的Photo Shop軟體中也有浮雕效果的功能鍵，但也需多次嘗試調整方可得到滿意的成果。

原稿

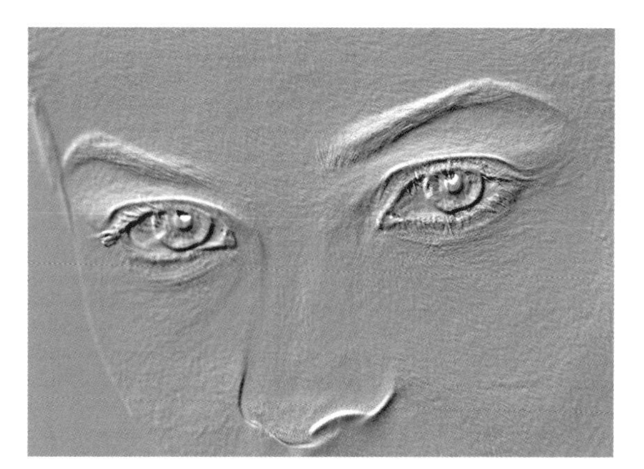
浮雕作品

原稿

浮雕作品

（四）線條化效果

線條化效果的製作方式，前面步驟和浮雕技法一樣，也是利用同一原稿複製出來的高反差陰、陽片。但不同之處是線條化效果所得的高反差陰、陽片是藥背面對藥背面使圖案完全套準密接，且圖案無任何重疊處用膠帶將兩底片固定黏合，再將疊合的陰陽片與感光材料密接用旋轉的斜光進行曝光覆片，經沖洗即可翻製出一張像用針筆勾畫出來的線條化效果圖片，如圖所示。線條的粗細可用光線的角度和曝光時間來控制。現在的電腦影像處理軟體也大都有此功能。

原稿

旋轉的斜光
陽片
陰片
感光軟片

線條化效果

四、印刷分色版的變換

如果將彩色印刷的各分色版不按其原有的色印刷，而將其中的二色或三色交換色版印刷，其結果會變成如何呢？如此大的改變當然會使整個版的色調起了很大的變化。例如：一張印有蘋果和芭樂的水果圖片，若將其洋紅版（M）改印青色（C），青色版（C）改印洋紅（M），此時改變色版的印刷效果，將使紅色的蘋果變為綠色的蘋果，而綠色的芭樂將會變成紅色的芭樂。利用此種印刷分色版變換的技法，在某些宣傳海報或版畫製作，往往會得到意想不到的效果。讀者不妨可在電腦上多作些實驗性的色版互換組合，有時會組合出一張比原稿好上數倍效果的圖片。下列圖例中，P：是指陽片，N：是指陰片。

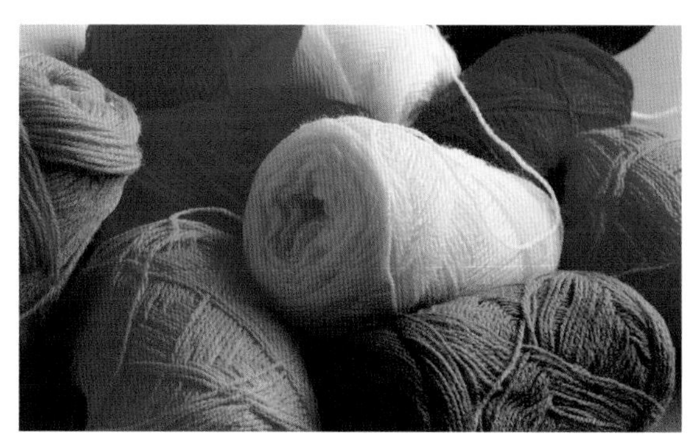

原稿

P:Y→C+P:C→Y+P:M+P:BK

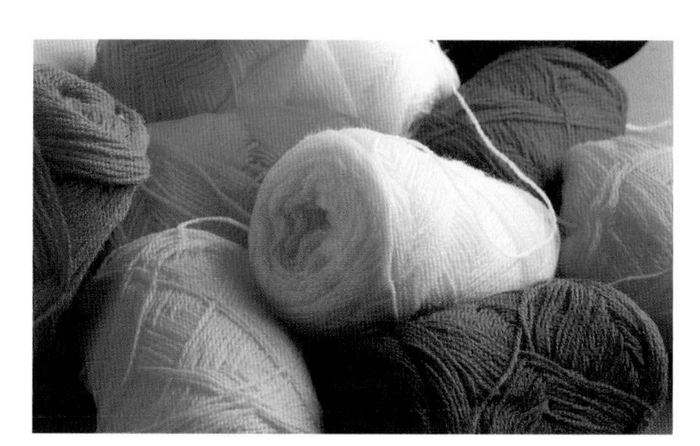

P:C→M+P:M→C+P:Y+P:BK

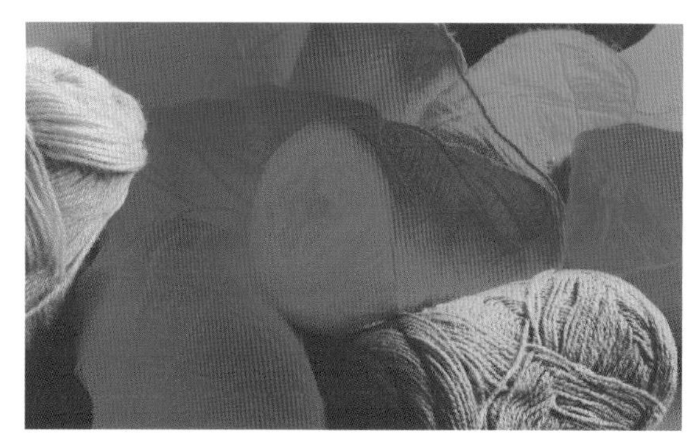

N:C→M+P:M→C+P:Y+P:BK

P:Y→M+P:M→Y+P:Y+P:BK

N:M→Y+P:Y→M+P:C+P:BK

五、特殊網屏

特殊網屏是指產生正常的圓形、方形、鏈形（橢圓形）網點以外的網屏。常用的特殊網屏有粗砂目網屏、細砂目網屏、垂直線網屏、水平線網屏、波浪形網屏、同心圓網屏等。其他還有磚紋網屏、帆布網屏、麻布網屏......等上百種不同材質的網屏。

特殊網屏主要使用時機，在當原稿圖片視覺效果較平調或原稿圖片品質太差時，可利用富有變化的特殊網屏，改變其圖片的品質，創作強有力的視覺效果，達到設計者的訴求。因此，特殊網屏常使用於學生刊物或需特殊視覺效果海報設計上。

模擬水彩筆觸過網效果

細砂目網屏效果

水平網屏

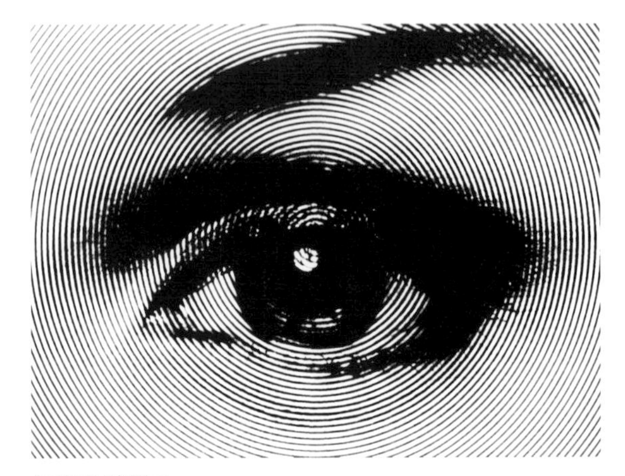

同心圓網屏

六、立體化效果

傳統暗房的浮雕技法，可使文字和高反差圖案產生凹凸層次的立體化效果，但因作業繁複、失敗率高，較少人使用。現在受電腦科技之賜，使文字與圖案的立體化，變得更加容易、快速。目前已有多家報紙與雜誌的刊頭標準字，已改爲立體效果的字體。以下文字、圖案是利用多種電腦軟體所製作的立體效果。

原稿

陰影立體效果

浮雕立體效果

3D立體效果

原稿

立體圖案效果

七、反轉、鏡映

在書刊、雜誌的版面設計，有時為了視覺律動及圖文編排的需要，可將具有方向性暗示的圖片反轉拼版，使其版面視覺能更暢順、平衡。例如有一張側面人像照片，進行拼貼完稿時，若其圖片鼻尖朝書口外側，會使人有不舒服、視覺不平衡的感覺，此時若將圖片反轉使圖片的鼻尖朝向版面中心，整個版面會感覺平衡、舒適。但在圖片反轉時要特別注意原圖片的

原稿(1)

原稿(2)

圖例(1)

圖例(2)

圖例(3)

背景是否有文字，否則會造成文字左右顛倒的穿幫情形。假設圖片中有背景文字且又需要將圖片反轉時，可先用製版軟體將背景打模糊或直接去背景再進行反轉拼貼。

一般設計品中常見到鏡映效果的圖片，其做法是將原稿複製兩張相同的一組底片，將其中一張反轉與另一張底片密接拼貼在一起，即可完成鏡映效果的照片。

原稿

鏡映效果(1)

鏡映效果(2)

八、變形效果

早期在暗房要將影像做變形處理最直接的方法，是在製版相機上直接裝上變形鏡頭，即可將圖案與文字拉長、壓扁、變斜等效果。同時也常用蛇腹、魚眼鏡頭、波浪稜鏡、球面透鏡……等變形工具，進行透視調整、波浪變形、環狀變形、球面變形……等規則形的變形手法。比較特殊的時候，也可利用平面玻璃板上灑上不規則大小水滴或在直立的玻璃板上灑上流動的水，將原稿放在玻璃板後面進行製版照相，可使文字和圖案產生水滴狀或流動狀的文字與圖案表現效果。若將玻璃板上改用凡士林油做局部的塗抹，再進行原稿照相，則有凡士林油塗抹的地方影像會產生柔暈效果，沒有凡士林油的地方其影像保持原狀不會改變。同樣，這些傳統的變形技法，已有電腦繪圖影像處理軟體，模擬其效果，只不過其效果尚無法像傳統暗房變形效果的自然。

原稿

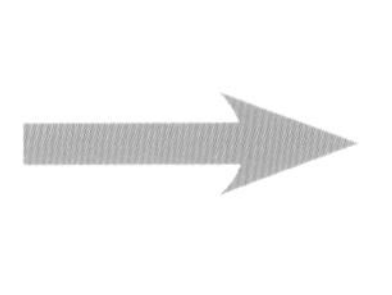

壓扁變形

拉長變形

原稿

水珠效果

原稿

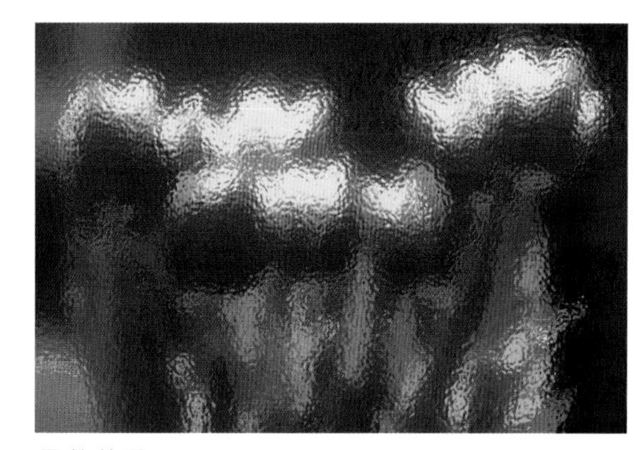

柔焦效果

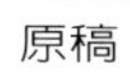

原稿

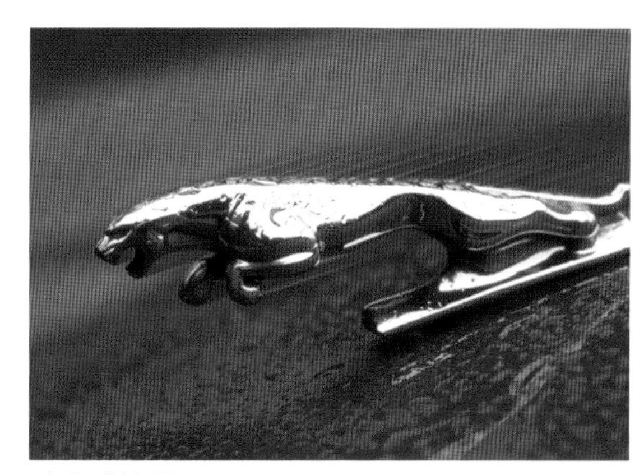

速度感效果

九、綜合製版技法

上述的製版技法，只是上百種技法中較具代表性的十餘種技法，通常在應用時，可交替綜合使用，製作出富有創意、美感、特殊視覺效果的圖片。下面僅舉數例，提供參考。

（一）平網的應用

原稿

平網效果

Different
Children
Different
Needs

（二）綜合網紋應用

原稿

原稿

原稿

（三）Masking綜合技法

第3篇……印刷正稿製作

第三篇　印刷正稿製作

壹、印刷正稿概說

在設計印刷品時，通常要經過兩個階段的設計程序。第一階段是透過草圖設計發展將粗略的構想、創意，經由構想草圖→發展粗稿→理解性精稿（又稱：精細色稿或預想圖），逐漸完成具體、精細的彩色稿。再依第一階段的理解性精稿，進行第二階段的印刷正稿製作，其內容包括：文字稿處理（字體選擇、標示與編排方式的指定）、圖片的處理與製作（攝影、插畫、圖案的拍攝與繪製，及圖片的格放、放大、縮小）、圖文的編排與拼貼、印刷尺寸線、規線的繪製與印刷色彩的標示、印刷技法、紙張與加工方式的指定……等。

將上述第二階段的文字與圖片加以處理、編排、拼貼，使之適合製版與印刷條件的整理工作，即是所謂的印刷正稿，俗稱黑白稿或完稿。

因為，草圖發展的各階段色稿，只是

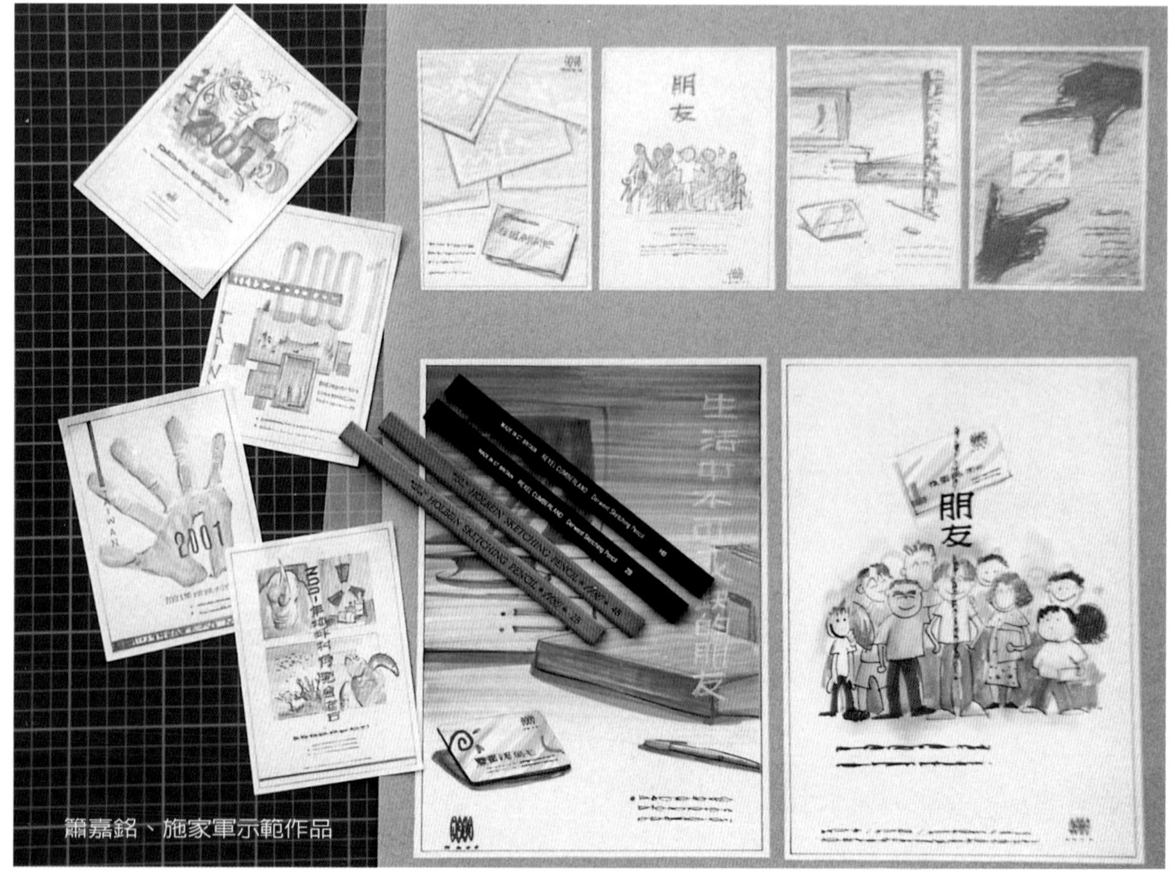

簫嘉銘、施家軍示範作品

提供印刷正稿製作時的執行參考依據，並不能直接當作製版的原稿，必須將理解性精稿轉換成印刷正稿，才能進行製版工作。因此，印刷正稿製作的各項工作是否精良完美，對印刷品的品質好壞有決定性的影響，每一位平面設計工作者，必須對印刷正稿的相關知識與實務工作，要能深入了解與掌握，才能避免錯誤，勝任愉快。

印刷正稿依其使用工具與作業方式的不同，可分爲傳統手工完稿與電腦完稿兩種。此兩種印刷正稿製作方式雖有不同，但工作內容和程序大致相同，電腦完稿的軟體乃是依據手工印刷完稿的作業程序而寫，所以，只要手工完稿的各項工作能精熟，隨時轉換以電腦完稿時，必能駕輕就熟。

貳、印刷正稿工具

「工欲善其事，必先利其器。」要做好印刷正稿製作，必須選擇合適的完稿工具，並且能熟悉其使用方法與功用。茲介紹常用的印刷正稿基本工具：

一、完稿紙的選擇

印刷正稿是一種精密性要求極高的原稿，因此能被採用爲繪製印刷正稿的完稿紙，必須是平滑度極高且白的紙質。同時，完稿紙是用來完成黏貼文字原稿、繪製圖案、印刷規線、標示圖框位置等工作，所以完稿紙的吸墨性與黏貼性也是重要考量，符合這些條件的最佳完稿紙就數重磅的雪面銅版紙，目前市面所售的各種規格尺寸的完稿紙，亦多數採用雪面銅版紙。

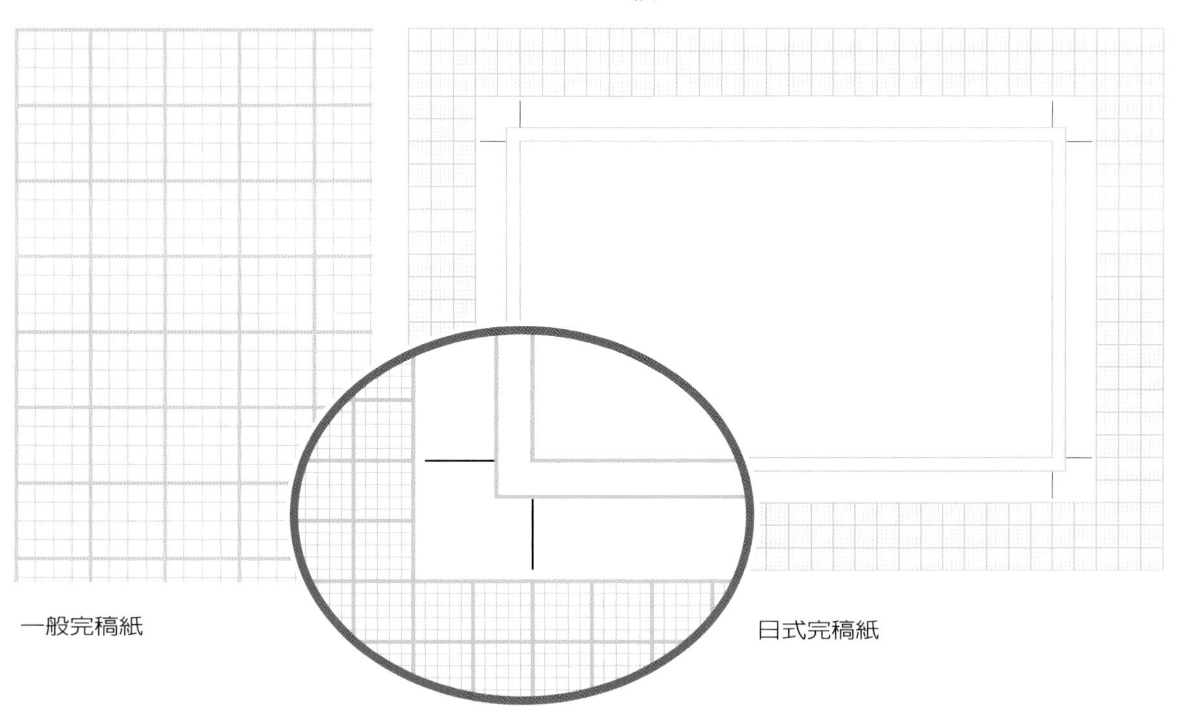

一般完稿紙　　日式完稿紙

二、繪製印刷規線的筆

印刷正稿俗稱黑白稿，但嚴格說起來，印刷正稿不能稱爲黑白稿，因爲在印刷正稿上通常會出現藍、紅、黑三種顏色的線或圖框，而這三種顏色的線是用什麼筆繪製的？各代表什麼意義呢？

1. NONPHOTO－BLUE藍色鉛筆：此種鉛筆有三種規格（1）0.5~0.7藍色自動鉛筆蕊（2）藍色工程筆蕊（3）標示有NONPHOTO－BLUE的色鉛筆，此三種鉛筆繪製的藍色線，用製版專用的正色性感光材料拍攝時，因會感光所以無法成像，經製版照相後鉛筆線會完全消失不見。因此，在印刷正稿中需繪製的底圖草稿、參考線、隱藏線，但製版過程中不希望出現的線條，皆可用NONPHOTO－BLUE的鉛筆繪製。其他如：完成尺寸線、摺線、分欄線、圖片合成與去背景圖片的底圖線......等亦是。電腦繪圖、影像處理、圖文排版的各式軟體中，皆有和NONPHOTO－BLUE鉛筆線一樣的隱藏線、參考線功能，這些圖線會在螢幕出現，供繪圖、畫線的參考依據，但卻無法用印表機列印出來。

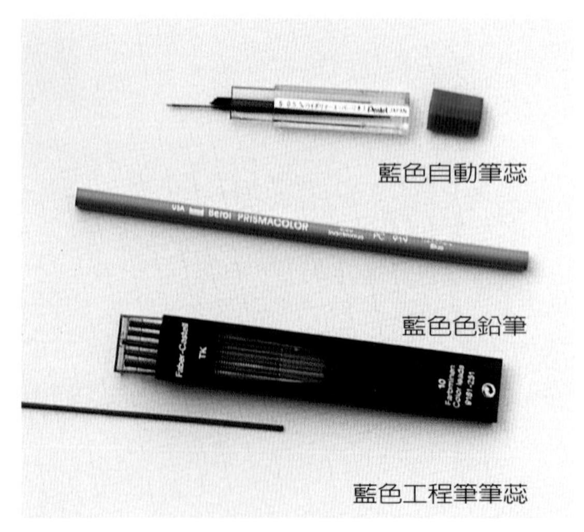

2. 紅色針筆：是指裝有紅色墨水的0.1~0.2針筆，此種筆專門用來繪製需去邊框的色塊、色帶、相片等之圖框線。因爲紅色線條用製版的正色性感光材料拍攝時不會感光，在製版時圖框線會成像出現，以供拼小版時圖片與網片拼貼的參考線，拼完版再用修版筆塗蓋去除。因此，印刷時紅色針筆所繪的線條、圖框將不會被印刷出來。在歐美的印刷正稿製作規範，紅色針筆線作爲需去邊框的線及出血（界）的圖框、滿頁出血的製版尺寸線等。國內傳統印刷正稿製作，在繪製需去邊框的圖框線，現大多還採用黑色墨線繪製，並在描圖紙上標示「去邊框」的字句，如此的作業方式容易因疏忽或標示不清，造成該去除的邊框線條沒被消除，該保留的線段，反而被去除的現象。所以，建議在印刷正稿製作時，需去邊框的線條，宜採用國際上統一的紅色針筆線繪製。在電腦繪圖排版軟體中，也有和紅色針筆一樣功能的圖框、線之設定，只要選擇不同粗細圖框或線條時，同時設定其線條爲「NONE」，其所繪之線條將不被印刷出來。

3. 黑色針筆：印刷品上的各種顏色線條、圖框、圖案、反白線......等，在印刷正稿製作時需要用0.1~0.5的針筆，來繪製不同粗細的黑色線條，以供製版照相之用。同時各種裁切線、十字對位線、摺線、刀模線亦需用0.1~0.2針筆繪製圖線，較粗框線則改用鴨嘴筆繪製。所以，凡是要在印刷品上出現各種框、線、色塊、圖案皆要用黑色墨線繪製。

三、修正工具

當在繪製印刷規線發生錯誤時，一般小點或極小面積的線框可用美工刀，刮除完稿紙上的白色塗佈層，即可將錯誤的線框消除乾淨。但大面積之錯誤時，則需使用完稿專用的修正白墨（BLEED PROOF WHITE）在錯誤之處用白圭筆塗蓋，經修正白墨塗蓋之處其白度與完稿紙紙質接近，且能在其上重新繪製圖線，非一般市面上的修正液所能取代的。

四、貼稿用的完稿膠

在完稿紙上進行文字稿的拼貼時，往往有人使用膠水黏貼，容易造成完稿紙遇水伸縮以致版面凹凸不平，萬一拼貼有錯誤需要調整時，也會造成文字稿或完稿紙的破損，所以，在印刷正稿製作拼貼文字稿時不宜使用膠水，一定要使用完稿專用的完稿膠。什麼才是合適的完稿膠呢？它應具有那些特性？

1. 完稿膠必須是無水膠，才能保持完稿紙的平整。

2. 完稿膠的黏性在未乾燥前必須是弱黏性，以利於拼貼文字稿時，進行水平垂直性的微調，但完稿膠在乾燥時其黏性會增強，使其固著原稿。

3. 完稿膠在乾燥後，可用生膠塊（俗稱豬皮），擦除乾淨，不留下任何痕跡。若使用具有上述特性的完稿膠，不但作業快速，所完成的印刷正稿，作品平整、乾淨，可減低不少修版的工作。萬一沒有專業的完稿膠時，也可用口紅膠代替，但效果沒有完稿膠好。市面上有一種強黏性的完稿噴膠，不宜使用在印刷正稿製作上，因其黏性過強，一貼即牢，無法進行水平垂直性的微調，讀者宜審慎選用。

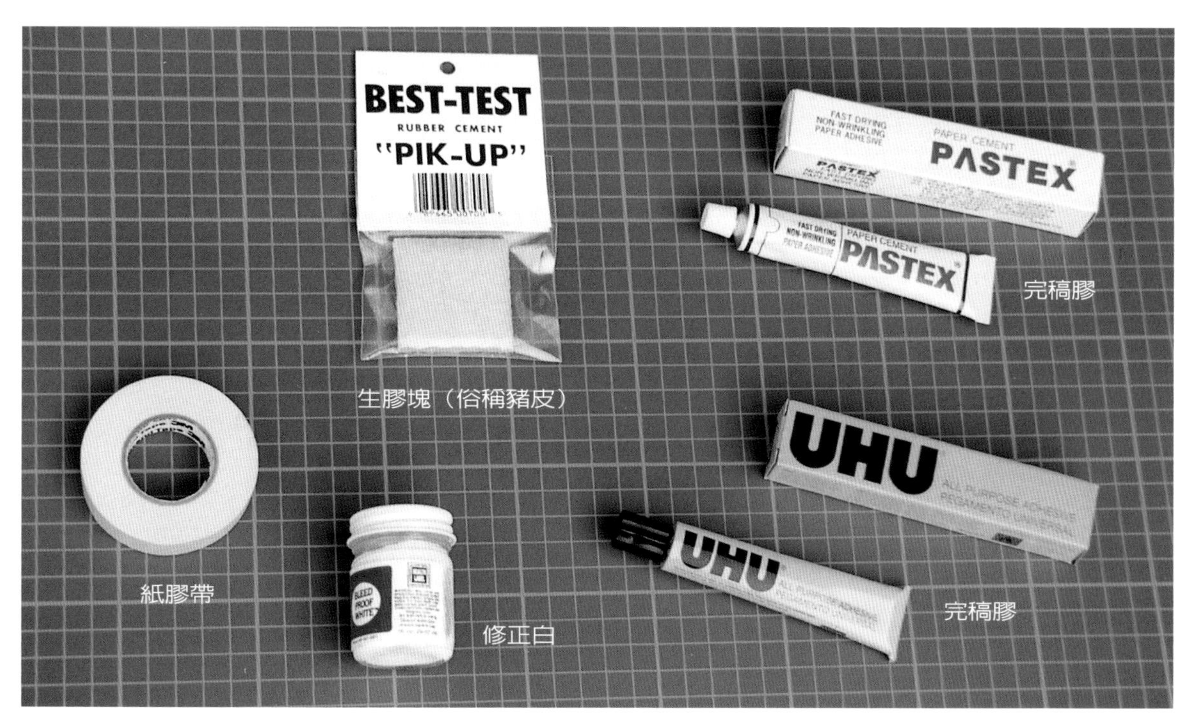

五、印刷標色工具

進行印刷標色時，必須具備下列工具：

1. 描圖紙：當完成印刷規線繪製與文字稿拼貼後，需在完稿紙上黏貼描圖紙，才能在描圖紙上標示色彩及印刷指示。

2. 紙膠帶：黏貼描圖紙時宜使用紙膠帶，若使用一般膠帶黏貼描圖紙，容易因膠帶與描圖紙之膨脹收縮係數不同，造成描圖紙起皺不平的現象出現。

3. 麥克筆：當貼完描圖紙後，用麥克筆或彩色筆在描圖紙上塗上將要印刷表現的色彩，其使用之麥克筆之色彩應與將印刷之色彩接近或淡些，以作為文字及色帶、圖框、底色之色彩區隔，讓製版者便於作業。

4. 針筆或代用針筆：使用能清楚辨識與書寫的細字型紅色或黑色筆，在已塗有色彩標色之色帶、圖框、底紋、文字上標示其Y、M、C、K的百分比組合及印刷製版技法。

5. 演色表：是一種專門用來作爲色彩變化比對的工具書，在理論上，是以Y、M、C、K四原色爲基礎，以不同百分比之網點組合相互疊印出各種可能的印刷色彩，供印刷標色參考之用。因同一種顏色印在不同紙張上，其所呈現色彩的彩度與明度會有明顯的差異。因此，標準的演色表，應該是使用同一個演色表版印在不同種類紙張所組成。例如：一本演色表應具有用新聞紙、道林紙、畫刊紙、銅版紙、雪面銅版紙、銅版紙加亮面上光、銅版紙加霧面上光等七個部份，由不同紙張及上光方式所印製的演色表所組成。坊間所售的演色表，大多只用銅版紙來印刷，較好的演色表頂多是使用銅版紙和道林紙兩種紙來印製。且各色網點百分比大多數是10%、20%~80%、90%、100%的階調變化，其所疊印出來的演色表，將無法呈現出Y12＋M64＋C24的色彩。所以，在日漸全面電腦化的今天，急需要一套具有各類紙張及上光印刷完成的演色表，且其網點百分比之階調變化，能更細到以2%、4%、6%、8%~96%、98%、100%之網點變化來疊印，使用如此的演色表標色，將可使色彩偏色降到最低的程度。

6. 色票：使用Y、M、C、K四原色以外之油墨印刷時，在印刷標色時就不宜使用演色表，應改用色票進行色彩標示，才能複製出合乎需要的色彩。色票最好使用將印刷之同廠牌油墨廠商所印製的色票，才能正確使色彩重現。

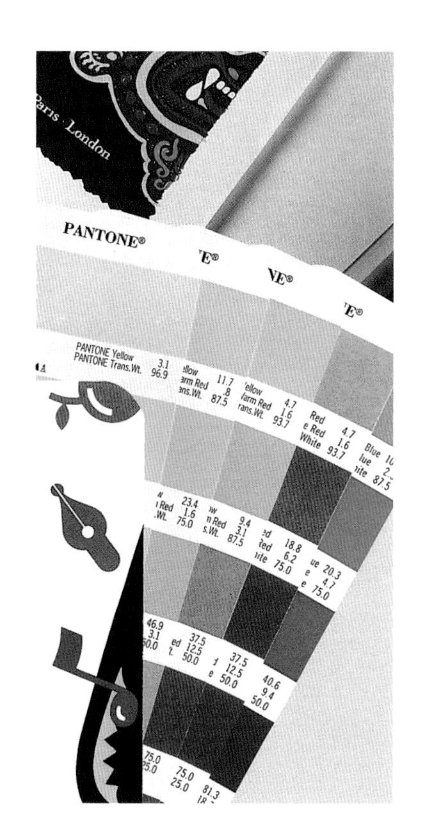

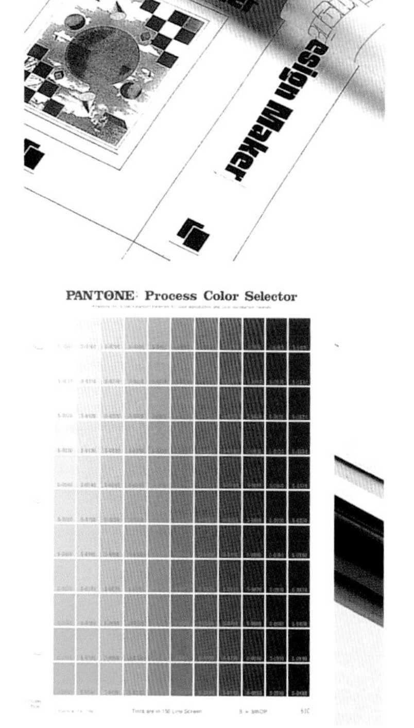

六、製圖工具

在印刷正稿製作時，除上述各類工具外，尚需製圖工具輔助相關作業，常用的製圖工具如下：

1. 尺：完稿用的尺，應具有下列四種功能：（1）測量長度的刻度（2）切割用的尺邊（鑲有鋼片）（3）尺面上印有校正水平垂直的方格表（4）尺面有割有溝槽筆用的溝槽。長度約30~45cm為宜。

2. 雲形規：又稱曲線板，用來繪製一般幾何圖法不容易繪製的曲線，三片為一套。

3. 三角板：用來繪製平行與垂直線，各種不同角度的框線......等。

4.橢圓板與圓圈板：用來繪製各式大小不同的圓圈與橢圓。

5.製圖儀器一套：包括大小圓規、分規、鴨嘴筆、量角器......等。

6.平行尺：附有平行尺的製圖桌或製圖板是完稿工作者的利器，因為其所繪製圖線之水平與垂直精密性較高。

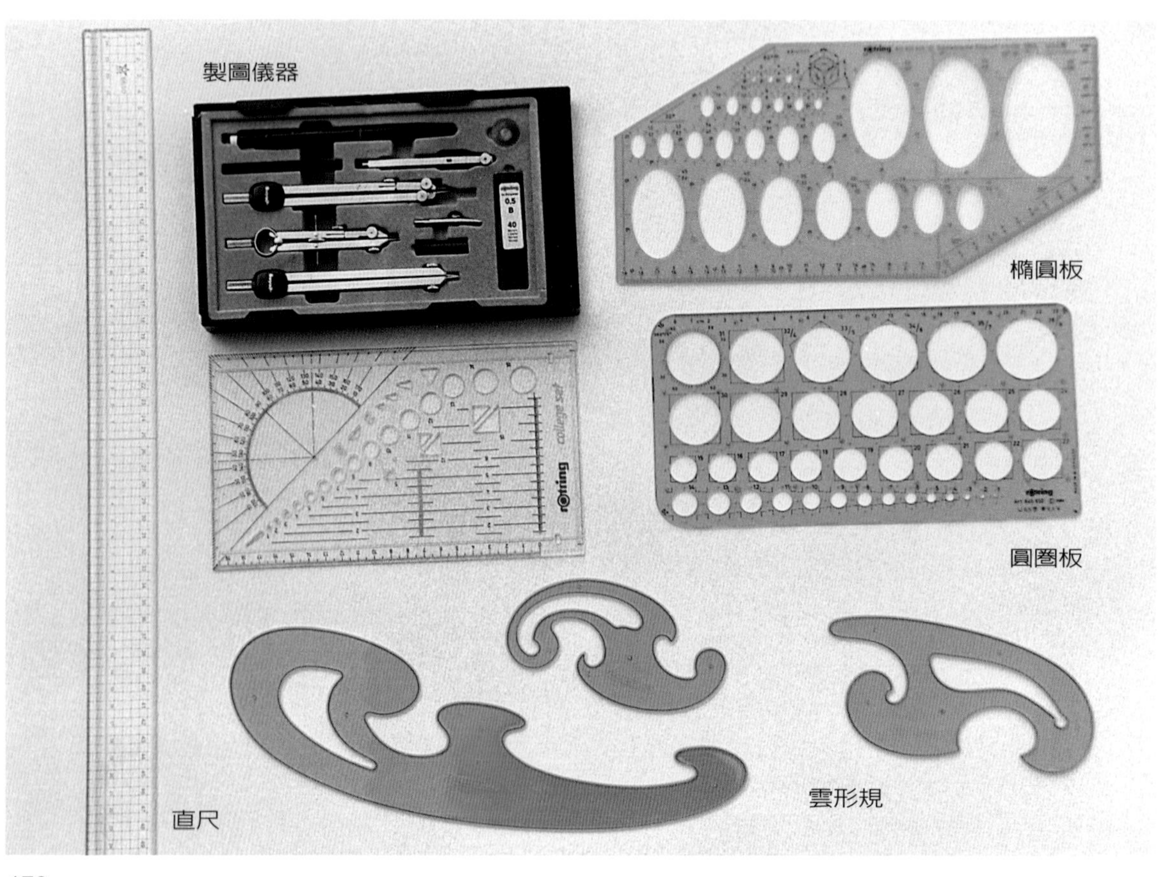

七、電腦印前作業完稿工具介紹

上述所介紹的傳統手工印刷正稿製作的工具，隨著時代與電腦印前作業的發展，已完全爲電腦繪圖軟硬體所取代，幾乎所有製圖、繪圖、影像處理等功能，電腦印前作業系統皆已發展完成。所以，現代的電腦印前作業環境的工具種類繁多，包羅萬象，包括：文書處理軟體、2D及3D繪圖軟體、影像處理軟體、圖文整合編輯軟體......等。讀者可依自己需求選擇不同的印前工具。

參、文字原稿的製作與處理技術

在印刷正稿製作中，文字原稿的製作與編排處理技術所佔的比率很大，如何根據設計稿的需求及客戶所提供的資料，在統一規劃下製作出合適的文字原稿，是不可忽視的學問。

文字原稿係指鉛字、照相打字、電腦排版、書法體、美術字，圖畫字......等非圖片性原稿的總稱。一般依其造字的形式與使用工具的不同，區分爲「手寫文字原稿」與「印刷字體」兩大類。現將各類文字原稿介紹如下：

一、文字原稿的種類

（一）手寫文字原稿

1. 書法體：是指由中西傳統書寫工具創造出來的字體，如中國書法的各類字體——篆、棣、行、楷；西方沾水筆所描繪精美華麗的花草體、裝飾性書體。這些中西書法體被廣泛用於特殊設計的書刊、標語，精美古典的書籤、卡片、節目單、菜單也常使用書法體表現。

中國書法體

西洋書法體

2. 集字法：書法體是由設計者自行書寫創作或請專家代爲書寫的文字原稿。若想以書法體表現特殊字體，自己又不善此道或找不到人書寫時，則常以集字法來表現。集字法是將前人的墨寶或字帖上的字體，經摘錄、放大縮小的視覺修正拼組而成。例如：天下雜誌的標準字「天下」二字，即是摘錄自　國父孫中山先生「天下爲公」的墨寶，經拼組視覺調整而成。同時使用國父墨寶，用集字法的尚有「新黨」及「親民黨」。中正紀念堂正門的題字「大中至正」及故宮博物院出版品「故宮文物月刊」的封面題字皆是採用集字法，摘錄自唐代歐陽詢書帖中的字體拼組而成。而更新版「中華民國童軍」的會籍章，則是我用書聖王羲之的字體，修正而成的。

在使用集字法時，不能直接將字帖中的字體直接拷貝引用，一定要將摘錄的字體，依其字體大小、筆畫粗細先經視覺修正後才可進行拼組，同時字與字之間也要注意行氣，才能組合出「氣、韻、神」皆佳的文字原稿。

故宮文物月刊

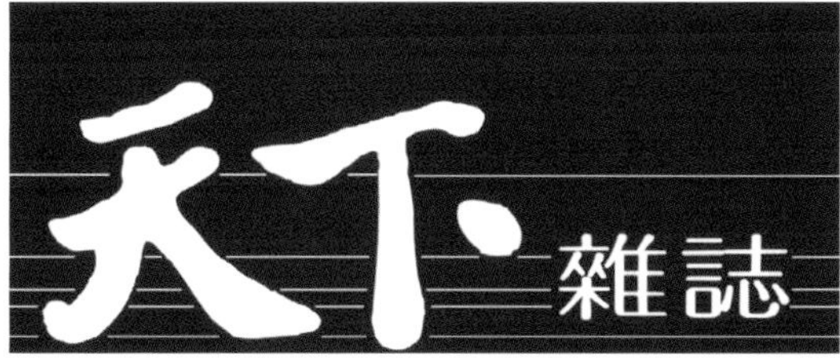

大中至正

中華民國童軍

3. 合成字：又稱美術字、標準字。是利用製圖工具描繪完成的文字原稿。常用於公司名稱、機構名稱、產品名稱等設計上。例如：IBM公司的Logo是用1 Byte＝8bit的理念爲發想，用8條橫線代表8bit，結合埃及體所合成的字體。聯邦快遞Fed Ex公司，則是將代表使命必達的「→」，隱藏在Fed Ex的字體中，組合而成的Logo。其他常用的合成字方法：如使用竹葉、木頭、繩子、鋼管、人體…等來合成中、英文字Logo。高雄市徽是由彩帶與行草的「高」字來合成的。

IBM®

FedEx

4. 圖畫字：一般是以宋體字與黑體字爲架構，依設計的特殊需求，根據文字造形的特色、形象、意義配上合適的圖案組合而成的文字原稿。圖畫字的表現種類型態有單一文字的圖畫字與字串式的圖畫字兩大類。

5. 童趣字：是以鉛筆、色鉛筆、簽字筆、蠟筆、平塗筆等書寫工具所創作出具有童趣活潑的字體。常見於兒童圖書、劇展之海報及封面的標題字。

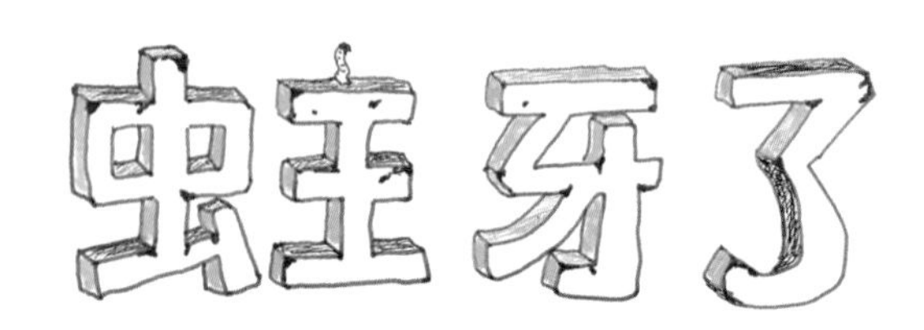

（二）印刷字體

印刷字體依其字體的製作方式可區分爲兩大類：一類是熱鑄式排版（Hot Metal）；另一類是冷式排版（Cold Type）。熱鑄式排版是指傳統的鉛字排版而言，冷式排版則包括照相打字、電腦排版、IBM打字...等。現將各類印刷字體分述如下：

1. 鉛字排版

鉛字排版即是凸版活字檢排，所使用的鉛活字係用字體銅模，以鑄字機將鉛、銻、錫的合金（鉛80%、銻15%、錫5%）鉛液鑄成鉛字，其每字高度約爲0.918"~0.922"。鉛字鑄好後依字體大小、筆畫多少、類別分別擺在字架上。在排版時，由檢字人員按原稿檢取鉛字，經組版、打樣、校對、改版後製成印刷版。印刷完成後即可解版將鉛活字歸回字架。由於鉛字需要溶鉛鑄字，所以稱爲熱鑄式排版。

鉛字的大小是指鉛字的腹部到背部的距離。中文鉛字的大小係以號數制來計算，從初號、一號、二號、三號、四號、五號（分新五號與老五號兩種）、六號、七號，共有九種。而英文鉛字則是點數制計算，1點＝1/72"。

中文鉛字字體種類只有宋體、仿宋體、黑體、楷體等四種，排版時只能根據這些字體及九種大小來變化，無法完全配合版面設計的需求。且因鉛字排版所需資金、設備、空間皆很龐大，作業程序繁雜，不符經濟效益，又有公害（鉛中毒），已無法滿足廿一世紀印刷的需求，現已淘汰不再使用。

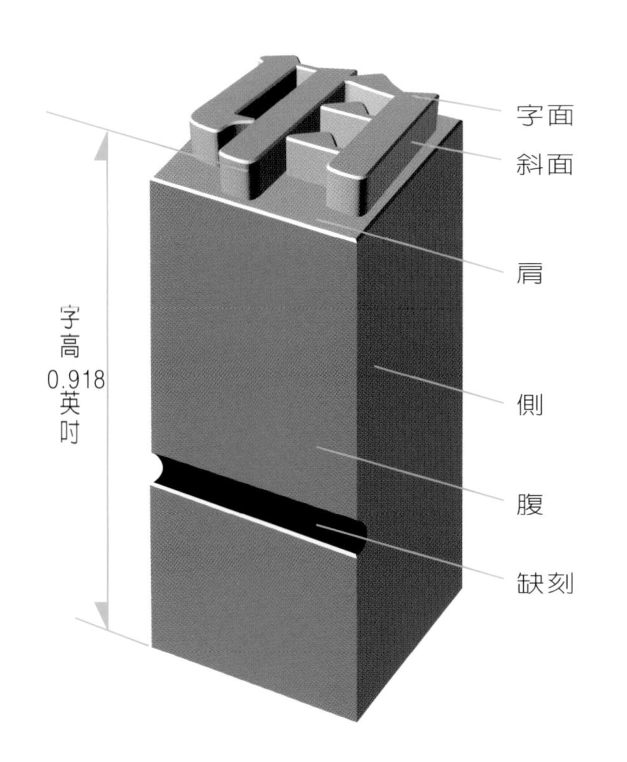

初號　春夏秋冬

一號　東西南北中

二號　美術工藝　廣告設計

三號　春眠不覺曉　處處聞啼鳥
夜來風雨聲　花落之多少

2. 照相打字

照相打字係利用照相原理，將字模版上的字型所透過的光，經由鏡頭的變換投射於感光材料（相紙或底片）上，再經暗房沖洗出來即可得到精美的相紙文字原稿或底片文字原稿。(照相打字字體的大小係以級數制來計算，1級（Q、#）＝0.25㎜ 4Q＝1㎜)由於照相打字可以運用不同鏡頭，使字體放大、縮小、拉長、壓扁、傾斜等功能，此種靈活的字體變化，使設計者有更大的發揮空間，曾是1970~1990年代出版及設計界的利器。

因為，照相打字是直接在感光材料上感光成像，所以成本高，也無法像電腦排版一樣，具有改版容易的方便性與經濟性的特質，所以也難脫淘汰的命運。

照相打字機原理圖

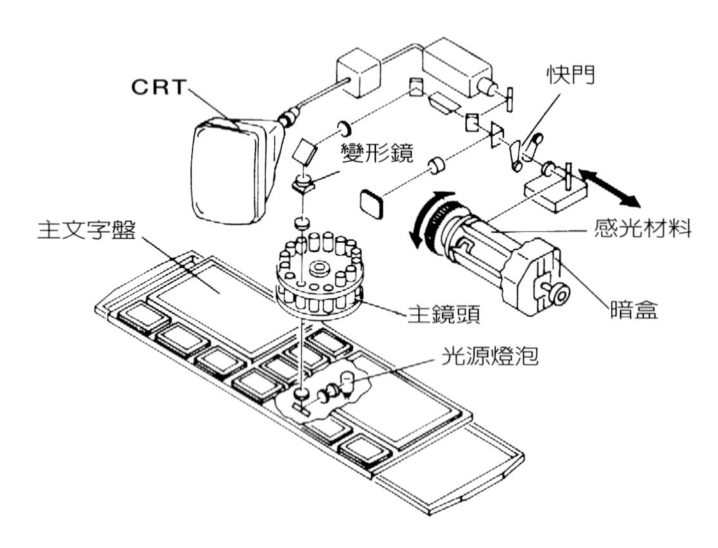

1Q=1/4(0.25)mm
4Q=1mm
20Q=5mm見方的文字

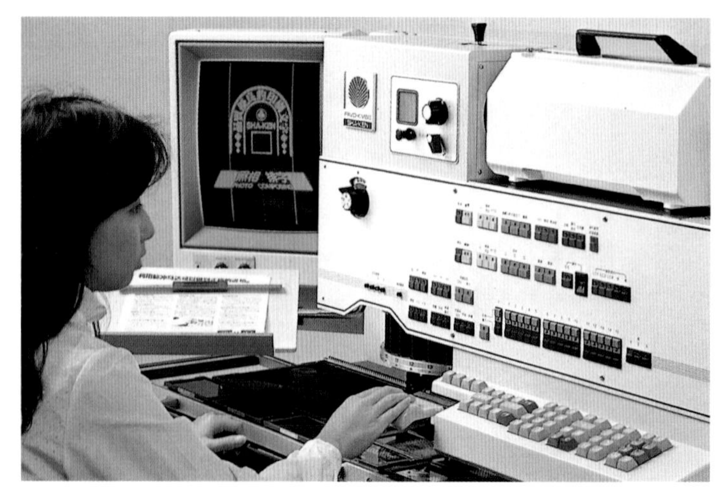

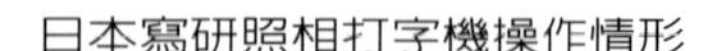
日本寫研照相打字機操作情形

日本寫研照相打字機

3. 電腦排版

在印前作業全面電腦化的時代，傳統的打字排版方式如鉛字排版、色帶打字、照相打字等已不符時代需求，陸續走入歷史，取而代之的是電腦排版。電腦排版是利用電腦硬體與字形字庫軟體、文書編輯軟體組合而成的打字排版方式，其最大優點是可先將手寫文稿資料輸入電腦，經校正之後，再設定字體的大小、種類、編排方式而後進行最後輸出工作，整個作業流程可透過電腦螢幕進行文字校對、修改、加插、刪除，並可隨心所欲的變化字體大小、變形及在版面上移動文字、改變編排方式及自動編頁等功能。由於電腦排版鍵盤輸入容易，使打字速度加快，再加上能以驚人的速度處理大量文字資料，所處理完成的文字資料，只需磁片或光碟即可儲存，並可重複再利用，已是處理文字原稿的最佳利器。

電腦排版所使用的電腦字體因需要的精密度及用途不同而在造字的技術上有所區隔，在排版中最常用的電腦字庫分別有PostScript Font及Ture Type兩類。PostScript Font主要是配合PostScript的輸出裝置而設，而Ture Type是Apple公司所發展出來的字形技術，類似Adobe ATM的原理，所以在非PostScript的輸出裝置，也可得到很精美的字形。但如要配合圖形的話，則非PostScript不可。

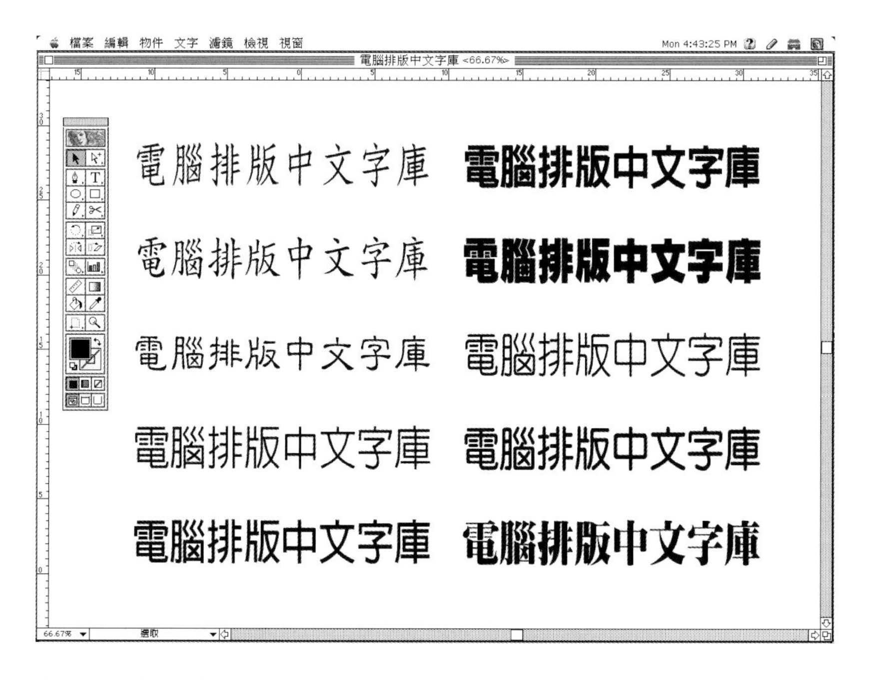

電腦排版常用字型

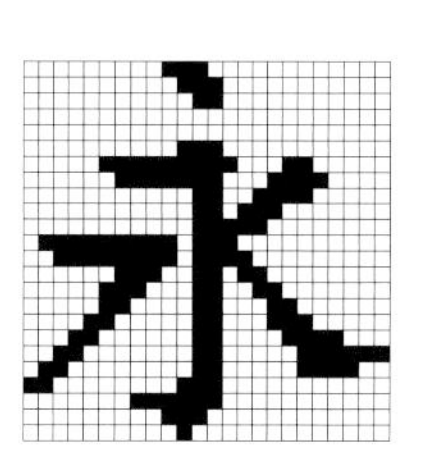

點陣字型 (Bitmap)

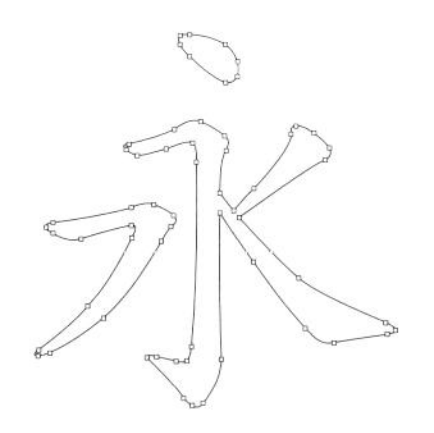

Truetype 字型

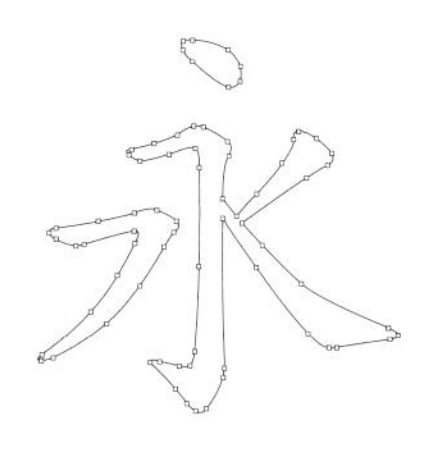

PostScript 字型

二、文字原稿的標示

手寫文字資料在進行傳統打字排版或電腦排版前，皆要在文字手稿上標示下列事項：

(1)字體的種類(2)字體大小(3)變形率(4)字間行距(5)每行字數(6)編排方式。

所以，要想設計好文字版面構成，對於各類文字原稿的標示所代表的意義要能充分了解與掌握，才能製作出合宜的印件。現將各類文字原稿標示內容介紹如下：

(一)字體

1.中文字體

傳統中文字體主要可分爲：宋體、楷體、黑體、仿宋體四種，主要應用於鉛字排版。

但中文字體經過照相打字、電腦排版的發展，已發展出近千種的各類中文字形，茲將主要常用中文字體列表於下：

文鼎字體範例

明體

- ●新細明 文字傳情之美
- ●細明 文字傳情之美
- ●中明 文字傳情之美
- ●粗明 文字傳情之美
- ●中特明 文字傳情之美
- ●特明 文字傳情之美
- ●超明 文字傳情之美

宋體

- ●細上海宋 文字傳情之美

圓體

- ●細圓 文字傳情之美
- ●中圓 文字傳情之美
- ●粗圓 文字傳情之美
- ●中特圓 文字傳情之美
- ●特圓 文字傳情之美
- ●超圓 文字傳情之美

黑體

- ●細黑 文字傳情之美
- ●中黑 文字傳情之美
- ●粗黑 文字傳情之美
- ●中特黑 文字傳情之美
- ●特黑 文字傳情之美
- ●超黑 文字傳情之美
- ●新細黑 文字傳情之美
- ●新中黑 文字傳情之美
- ●新粗黑 文字傳情之美
- ●新中特黑 文字傳情之美
- ●新特黑 文字傳情之美

仿宋體

- ●細仿宋 文字傳情之美
- ●中仿宋 文字傳情之美
- ●粗仿宋 文字傳情之美

書法體

- ●細楷 文字傳情之美
- ●中楷 文字傳情之美
- ●粗楷 文字傳情之美
- ●中隸 文字傳情之美
- ●中粗隸 文字傳情之美
- ●粗隸 文字傳情之美
- ●中行書 文字傳情之美
- ●粗魏碑 文字傳情之美
- ●細行楷 文字傳情之美
- ●粗行楷 文字傳情之美
- ●顏楷 文字傳情之美
- ●超顏楷 文字傳情之美
- ●粗毛楷 文字傳情之美
- ●中特毛楷 文字傳情之美
- ●特毛楷 文字傳情之美

美工字體

- ●新藝體 文字傳情之美
- ●海報體 文字傳情之美
- ●勘亭流 文字傳情之美
- ●空疊圓 文字傳情之美
- ●疊圓 文字傳情之美
- ●粗廣告體 文字傳情之美
- ●POP-2 文字傳情之美
- ●古印體 文字傳情之美

注音體

- ●注音體 ㄨㄣˊ ㄗˋ ㄔㄨㄢˊ ㄑㄧㄥˊ ㄓ ㄇㄟˇ

標準國字

- ●細標準宋體 文字傳情之美
- ●標準宋體 文字傳情之美
- ●標準楷體 文字傳情之美

外字

- ●中明外字一
- ●中楷外字一
- ●新中黑外字一

2.英文字體

傳統英文字體主要分為六大類：Roman、Sans Serif、Square Serif、Text、Script和Occasional等。其中Roman又可分為Old-Style、Modern和Transitional三種。現代的電腦排版英文字體日新月異，已非傳統分類法可涵蓋，常用的字體表列於下：

ABCDEFGHIJKLMNOPQRSTUVWXYZ
Times Roman

ABCDEFGHIJKLMNOPQRSTUVWXYZ
Time Italic

ABCDEFGHIJKLMNOPQRSTUVWXY
Time Bold

ABCDEFGHIJKLMNOPQRSTUVWXYZ
Time Bold Italic

ABCDEFGHIJKLMNOPQRSTUVWXYZ
Helvetica

ABCDEFGHIJKLMNOPQRSTUVWXYZ
Helvetica Bold

ABCDEFGHIJKLMNOPQRSTUVWXYZ
Helvetica Bold Oblique

ABCDEFGHIJKLMNOPQRSTUVWXYZ
Genvea

ABCDEFGHIJKLMNOPQRSTUVWXY
New York

ABCDEFGHIJKLMNOPQRSTUVWXYZ
Chicago Regular

ABCDEFGHIJKLMNOPQRSTUVWXYZ
Courier

ABCDEFGHIJKLMNOPQRSTUVWXYZ
Courier Bold

ABCDEFGHIJKLMNOPQRSTUVWXYZ
Courier Bold Oblique

ABCDEFGHIJKLMNOPQRSTUVWXYZ
Monaco Regular

ABCDEFGHIJKLMNOPQRSTUVWXYZ
Black Regular

ABCDEFGHIJKLMNOPQRSTU
Orleans Plain

ABCDEFGHIJKLMNOPQRSTUVW
Ultra Plain

ABCDEFGHIJKLMNOPQ
EileenCaps Regular

ABCDEFGHIJKLMNOPQRSTU
Griffin Regular

ABCDEFGHIJKLMNOP
Walrod Regular

ABCDEFGHIJKLMNOPQRSTUVWXYZ
RoostHeavy Regular

ABCDEFGHIJKLMNOPQRSTUVWXYZ
Marker Regular

ABCDEFGHIJKLMNOPQRS
MachineScript Regular

ABCDEFGHIJKLMNOPQRSTUV
Hancock Regular

ABCDEFGHIJKLMNOPQRSTUVW
Ransom Regular

ABCDEFGHIJKLMNOPQRSTUVWX
MemphisDesplay Regular

ABCDEFGHIJKLMNOPQRSTUVWXYZ
Galleria Italic

ABCDEFGHIJKLMNOPQRSTU
Attic Antique Regular

(二)字體大小

字體大小的標示，共分為號數制、級數制、點數制三種，其中號數制和級數制已很少使用，國際字體大小現已統一採用點數制。

1.號數制

號數制是中文字體大小的傳統標示方法，為了配合方塊鉛字拼版的需要，中文字體的大小是以初號、一號、二號、三號、四號、五號、六號、七號依序排列，號數愈大，字體愈小，最小的字為七號字，最大的字體為初號字。為了排版的需要字體大小共分三種系列：

(1)初號、二號、五號、七號為同一組字體，其字體大小為四的倍數關係。如四個七號字所組成的面積等於一個五號字的大小；四個五號字所組成的面積等於一個二號字的大小；四個二號字所組成的面積等於一個初號字。所以一個初號字的面積大小是七號字的64倍大。

(2)一號、四號為同一組字體，四個四號字所組成的面積等於一個一號字。

(3)三號、六號為同一組字體，四個六號字所組成的面積等於一個三號字。

上述三個系列字體大小在排版時不宜混用，否則在拼版時容易鬆散開來。

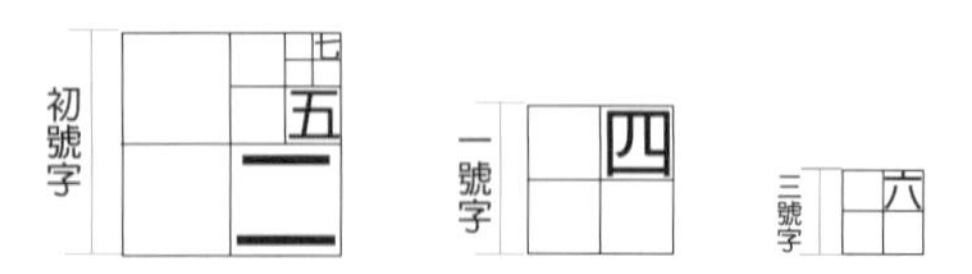

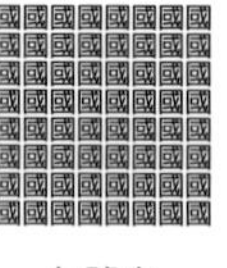

謹訂於
中華民國八十六年國曆十二月二十五日 農曆十一月二十六日（星期四）
為長男力行 肆女曉安 於松山教會舉行結婚典禮敬備喜筵
恭請
闔第光臨
同頌主恩

上面請帖圖例是由二、三、六號楷體字所組版而成

號數制在字間行距是以下列方式標示：

「全角」：表示行距空一行。

「半角」：又稱「二分」表示行距空半行。

「二聯」：表示行距空二行，同理「三聯」即是空三行，以此類推。

「三分」：表示行距空三分之一行。

「四分之三分」：表示行距空四分之三行。

下面試舉數例說明以「號數制」標示文字排版的方式：

(1)直排，五宋每行11字，行距二分，每欄13行，欄間二聯。

人類的文明發展與圖文傳播有著密不可分的關係。遠自上古時期穴居生活的人類，就已經將生活經驗用繪畫圖象表達於壁面上，作為經驗的傳承。到了有文字記載的時代，在中西方則分別將其生命經驗以文字、圖飾用手繪或書寫、雕刻等方式，表達於泥板、陶器、甲骨、竹木簡、羊牛皮　上，正式展開圖文傳播的手寫

時代。人類文明的巨輪到這時候才剛開始啓動，以牛車般的速度平緩的向前滾動，直到紙張與印刷術發明後，人類便正式進入圖文傳播的印刷時代，文明的巨輪遂以火車般的速度向前推進，在中國產生了漢唐盛世；在西方興起了文藝復興的風潮。此時由於印刷術結合科技與時俱進，乃能不斷地推陳出新，依照其演進過程，可

（上面排版標示是指：將文字採直排，字體大小爲五號宋體字每行16字，行距空半行，每欄排13行，欄和欄之間空二行距離。）

(2)直排，六正四破三，二分。

（上面的標示是早期報社的標示法，六正是指六號的楷書體，四破三是指將四欄的高度改爲三欄，因中文報紙每欄爲9字高，四欄爲36字高，將36字高改爲三欄，所以每欄爲12字高即是四破三的意思，二分指每行距爲空半行。）

人類的文明發展與圖文傳播有著密不可分的關係。遠自上古時期穴居生活的人類，就已經將生活經驗用繪畫圖象表達於壁面上，作爲經驗的傳承。到了有文字記載的時代，在中西方則分別將其生命經驗以文字、圖飾用手繪或書寫、雕刻等方式，表達於泥板、陶器、甲骨、竹木簡、羊牛皮上，正式展開圖文傳播的手寫時代。人類文明的巨輪到

這時候才剛開始啓動，以牛車般的速度平緩的向前滾動，直到紙張與印刷術發明後，人類便正式進入圖文傳播的印刷時代，文明的巨輪遂以火車般的速度向前推進，在中國產生了漢唐盛世；在西方興起了文藝復興的風潮。此時由於印刷術結合科技與時俱進，乃能不斷地推陳出新，依照其演進過程，可分爲下列三個時期：

在傳統中鉛字排版使用號數制標示時，其正體是指楷書體，方體是指黑體字，其餘宋體字與仿宋體名稱沒有改變。

二正　　二方

眞善美　突破更新

2.級數制

照相打字是日本人石井茂吉和深澤信夫於1924年所發明的，同時也制訂「級數制」作爲照相打字字體大小計算的標準。

照相打字是以級（Q）爲單位，表示所需排「字」的大小：

1級（Q或#）＝0.25mm四方大小的字

20級＝20×0.25mm＝5mm正方形的字

級數愈大字體愈大，一般照相打字的級數變化爲7級～100級（100級以上字體，需經暗房放大才可）。

照相打字中的「級」是表示字的大小，而以「齒」爲字間行距的單位，因爲在排字時，文字的移動是使用齒輪，齒輪的一齒也是0.25mm，一齒相當於一級。且字間或行距的計算是從每行或每字的中心至另一行或另一字的中心爲計算距離的單位。例如40Q密排無字間的文字，其送齒數爲40齒(H)；40Q字間空半個字的文字編排，其送齒數爲60齒(H)；40Q字間空一個字的文字編排，其送齒數爲80齒(H)。（如圖所示）

照相打字在設計時，每個字之間在密打時也都保持些微的安全間距，因此標示20Q的字實際上約爲18Q大小，字間約保持2Q的間距，而非完全密接。

照相打字可透過變形鏡頭組使文字拉長、壓扁、變斜。每種變形率均有10%、20%、30%、40%等四種變化。例如：20Q長一的字體，即表示其上下字高仍爲20Q，但是左右寬度變爲18Q的字體，20Q平一的字體，即表示其上下字高變爲18Q，而字的左右寬度仍爲20Q的字體。其餘以此類推。

下面試舉數例說明以「級數制」標示文字排版的方式：

(1)橫打，14Q平一細黑，每行20字，行距22。

（上面排版標示是指：將文字採橫排，字體大小爲14級上下壓扁10%的細黑體字，每行排20字，行距空3/4行）

(2)橫打，齊中，16Q平一仿宋，行距30

（上面排版標示是指：將16Q仿宋體字壓扁10%橫打，行距爲空1行，編排方式爲齊中排列）

人類的文明發展與圖文傳播有著密不可分的關係。遠自上古時期穴居生活的人類，就已經將生活經驗用繪畫圖象表達於壁面上，作為經驗的傳承。到了有文字記載的時代，在中西方則分別將其生命經驗以文字、圖飾用手繪或書寫、雕刻等方式，表達於泥板、陶器、甲骨、竹木簡、羊牛皮　上，正式展開圖文傳播的手寫時代。人類文明的巨輪到這時候才剛開始啓動，以牛車般的速度平緩的向前滾動，直到紙張與印刷術發明後，人類便正式進入圖文傳播的印刷時代，文明的巨輪遂以火車般的速度向前推進，在中國產生了漢唐盛世；在西方興起了文藝復興的風潮。此時由於印刷術結合科技與時俱進，乃能不斷地推陳出新，依照其演進過程，可分為下列三個時期：

一、圖文複製時期（Print）1950年代以前

此時期的印刷術，是以能將作者的原稿忠實複製為主要目標，印刷品大多以文字為主，圖面為輔的黑白或套色印刷品居多。

二、圖文藝術時期（Graphic Arts）1950～1980年代

因著電子、鐳射科技影響，使原本複雜困難的彩色分色製版技術，變得更容易掌控且富

鄉音

鄭愁予詩

我凝望流星
想念他乃宇宙的吉普賽
在一個冰冷的圍場
我們是同槽栓過馬的
我在溫暖的地球已有了名姓
而我失去了舊日的旅伴
我很孤獨

我想告訴他
昔日小棧房坑上的銅火盆
我們併手烤過也對酒歌過的——
它就是地球的太陽
一切的熱源
而為什麼挨近時冷
遠離時反暖
我也深深納悶著

3.點數制

點數制是西方傳統標示字體大小的計算方式，現已成爲國際間統一的文字標示制度。其計算字體大小方法如下：

1（英吋）＝6 pica（派卡）

1 pica＝12 point（點）

1"＝72 point（點）　　1 point＝1/72"

其標示文字方式和照相打字的級數制完全相同，只是將計算字體大小的單位由級（Q）改變爲點（pt）而已。

下面試舉數例說明以點數制標示文字編排的方法：

(1)横打，10 pt平一細黑，每行20字，行距16。見左下圖例。

（上面的排版標示是指：將10 pt的細宋體，上下壓扁10%横打，每行排20字，其行距16 pt，也就是空7/9行）。

(2)直排，10 pt長一楷，每行32字，行距15。見下方圖例。

（上面的排版標示是指：將10 pt的楷書體左右壓縮10%直打，每行排32字，其行距15 pt，也就是空2/3行）。

人類的文明發展與圖文傳播有著密不可分的關係。遠自上古時期穴居生活的人類，就已經將生活經驗用繪畫圖象表達於壁面上，作為經驗的傳承。到了有文字記載的時代，在中西方則分別將其生命經驗以文字、圖飾用手繪或書寫、雕刻等方式，表達於泥板、陶器、甲骨、竹木簡、羊牛皮　上，正式展開圖文傳播的手寫時代。人類文明的巨輪到這時候才剛開始啓動，以牛車般的速度平緩的向前滾動，直到紙張與印刷術發明後，人類便正式進入圖文傳播的印刷時代，文明的巨輪遂以火車般的速度向前推進，在中國產生了漢唐盛世；在西方興起了文藝復興的風潮。此時由於印刷術結合科技與時俱進，乃能不斷地推陳出新，依照其演進過程，可分為下列三個時期：

一、圖文複製時期（Print）1950年代以前

此時期的印刷術，是以能將作者的原稿忠實複製為主要目標，印刷品大多以文字為主，圖面為輔的黑白或套色印刷品居多。

二、圖文藝術時期（Graphic Arts）1950～1980年代

人類的文明發展與圖文傳播有著密不可分的關係。遠自上古時期穴居生活的人類，就已經將生活經驗用繪畫圖象表達於壁面上，作爲經驗的傳承。到了有文字記載的時代，在中西方則分別將其生命經驗以文字、圖飾用手繪或書寫、雕刻等方式，表達於泥板、陶器、甲骨、竹木簡、羊牛皮上，正式展開圖文傳播的手寫時代。人類文明的巨輪到這時候才剛開始啓動，以牛車般的速度平緩的向前滾動，直到紙張與印刷術發明後，人類便正式進入圖文傳播的印刷時代，文明的巨輪遂以火車般的速度向前推進，在中國產生了漢唐盛世；在西方興起了文藝復興的風潮。此時由於印刷術結合科技與時俱進，乃能不斷地推陳出新，依照其演進過程，可分爲下列三個時期：

一、圖文複製時期（Print）1950年代以前

此時期的印刷術，是以能將作者的原稿忠實複製爲主要目標，印刷品大多以文字爲主，圖面爲輔的黑白或套色印刷品居多。

二、圖文藝術時期（Graphic Arts）1950～1980年代

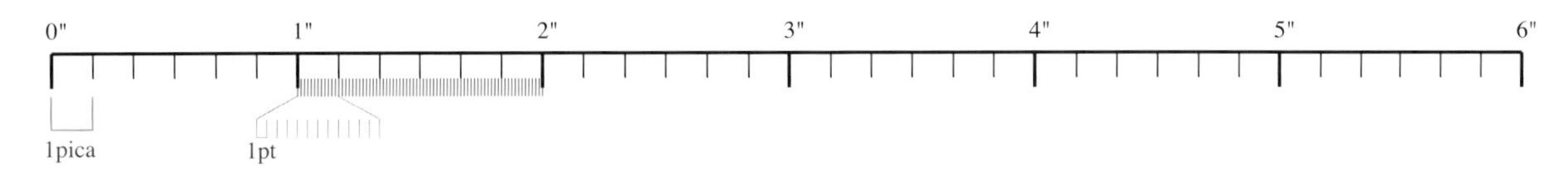

5 Point 電腦排版
6 Point 電腦排版
7 Point 電腦排版
8 Point 電腦排版
9 POint 電腦排版
10 Point 電腦排版
12 Point 電腦排版
14 Point 電腦排版
16 Point 電腦排版
18 Point 電腦排版
20 Point 電腦排版
24 Point 電腦排版
30 Point 電腦排版
36 Point 電腦排版
42 Point 電腦排版
48 Point 電腦排版

排版 140 Point
排版 100 Point
排版 84 Point
排版 72 Point
排版 60 Point

電腦排版字體變形範例

垂直100%水平100%

電腦排版技法

垂直95%水平100%

電腦排版技法

垂直90%水平100%

電腦排版技法

垂直85%水平100%

電腦排版技法

垂直80%水平100%

電腦排版技法

垂直75%水平100%

電腦排版技法

垂直70%水平100%

電腦排版技法

垂直65%水平100%

電腦排版技法

垂直60%水平100%

電腦排版技法

垂直55%水平100%

電腦排版技法

水平100%
垂直100%

電腦排版技法

水平95%
垂直100%

電腦排版技法

水平90%
垂直100%

電腦排版技法

水平85%
垂直100%

電腦排版技法

水平80%
垂直100%

電腦排版技法

水平75%
垂直100%

電腦排版技法

水平70%
垂直100%

電腦排版技法

水平65%
垂直100%

電腦排版技法

水平60%
垂直100%

電腦排版技法

水平55%
垂直100%

電腦排版技法

三、文字原稿的表現技法

文字原稿可透過製版照相技法與電腦繪圖軟體將原稿產生形變與質變，較常見的表現技法有：反白字、變形文字、漸層字、過網字、倒影鏡映字、立體字……等。可依所要傳達的圖文內容意涵，將文字原稿進行適當的處理，使文字原稿更具視覺傳達效果。

1. 反白字

原稿

陰影擴散反白字

滿版反白字

過淡網反白字

2. 變形文字

挑戰未來

原稿

3. 過網字

4. 漸層字

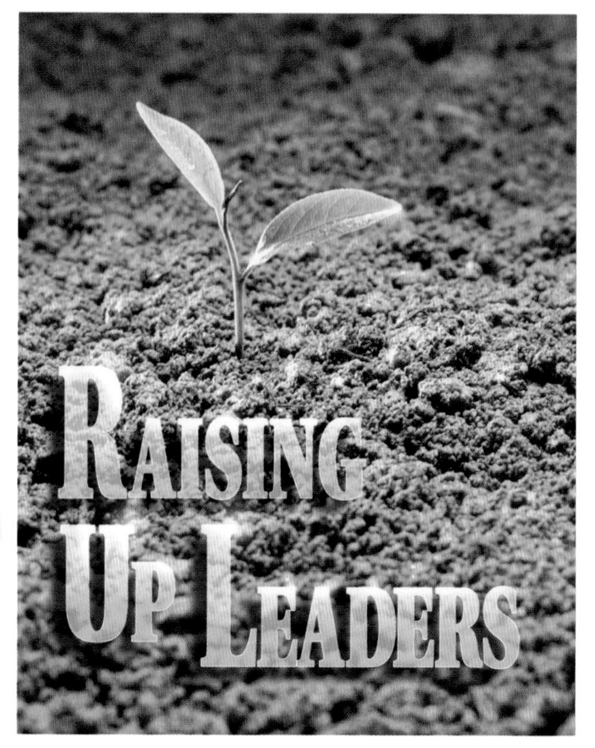

5. 倒影鏡映字

ALOHA

真假
公主

6. 立體字

DTP輸出專用紙

Season's best to you
平安夜
國王的宴席

生命
講章
極短篇

今天

聖靈的醫治

四、文字原稿的編排研究

值此資訊發達的時代，各類報刊、雜誌、D.M及設計精美的印刷品，充斥於人們的生活中。而每個人每天花在閱讀各類資訊的時間，遠較十年前高出二～三倍。所以，如何利用最少時間，吸收最多資訊是目前視覺傳達設計的重要課題。下面即以視覺心理學角度探討文字編排的易讀性。

(一)文字編排之視覺心理

1.長度原則與閱讀方向的關係

上下左右距離均相等的橫、直排列的兩組正方形群體，長度較長者會造成視覺動勢，決定視覺律動的方向。

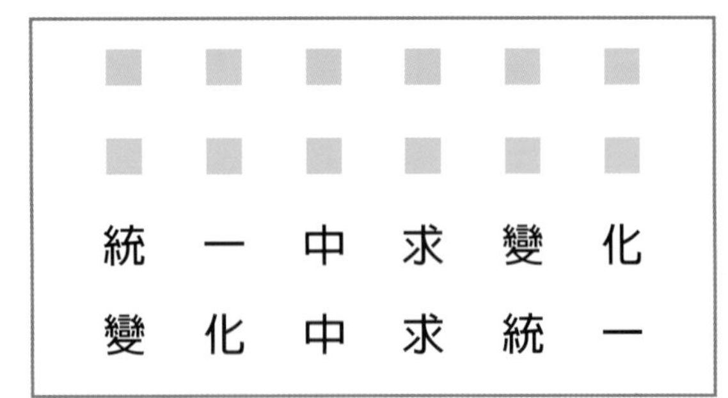

統 中 變 變 中 統
一 求 化 化 求 一

變 統
化 一
中 中
求 求
統 變
一 化

一 統
求 中
化 變
化 變
求 中
一 統

2.文字變形方向與閱讀方向的關係

若我們延續長度原則的實驗，使正方形、扁形、長形、斜形等四組四邊形，使其上下左右距離相等，且橫、直排之長度均相等，將發現正方形群體沒有明顯的視覺引導，而扁形群體則有利於由左向右的視覺引導，長形群體則有利於由上而下的視覺律動，而斜形群體之視覺動線則隨著斜形體的傾斜方向而動。

由以上的實驗例子我們可以得知，若視覺動線（閱讀方向）與文字變形的方向一致時，有利易讀性的提高，反之則不然（如圖所示）。另外當長度原則和字體變形方向同時存在時，字體變形方向對視覺的引導大於長度原則的視覺引導。

3.近接原則與文字編排

當你凝視畫面中的兩個黑點時，會發現兩黑點之間具有牽引的作用力存在，此時若加入另兩個黑點進入畫面（如圖所示）時，其原有的引力作用會馬上消失，而為分別加入之兩黑點所吸引，產生兩個新的群體。這種畫面內具有同質的形體，因距離接近而彼此結合成一群的現象稱之為「近接原則」。而近接原則如何應用於文字編排上，下面以圖解說明之。

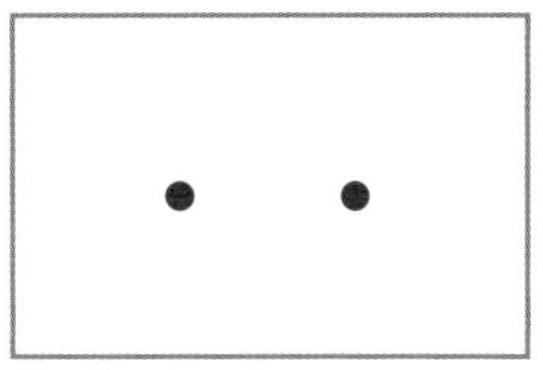

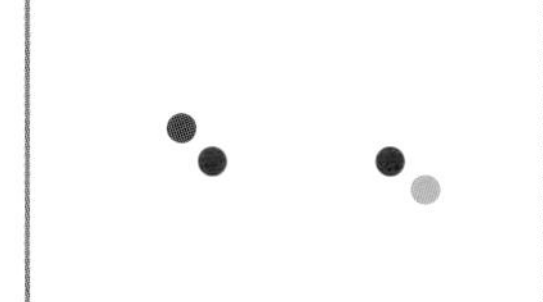

若將長度原則的圖例使其上下或左右距離改變時，將使其橫向視覺律動，改為直向視覺律動；同時原直向視覺律動，會改變為橫向視覺律動。由此可知近接原則之群化作用大於長度原則之群化，也就是當近接原則和長度原則同時存在時，近接原則對視覺的引導大於長度原則。

公務員加休 遊樂業大樂
規劃休閒活動 招攬周六人潮

在內文版面設計時，亦可應用近接原則使標題與內文之間產生群化作用。如圖例中是一般書刊雜誌小標題與內文之間的關係，標題和上下文之間距離相等，甚至有些書刊標題和上段文章過於接近，造成標題與內文分割的現象，皆不是很好的編排。正確的編排是使標題與上文距離(a)要大於標題與本文之間的距離(b)，且(b)要大於或等於行距(c)，〔即是a＞b≧c〕，如此每段文章之標題與內文自然產生群化，有助於易讀性與理解性的提昇。

攝影可以說是我們視覺所延伸的第三隻眼睛，它開闊了人類的眼界，為我們的知覺世界增添了許多驚奇與讚嘆。

1-4 攝影有創作的個性

攝影是不是藝術的創作？自有攝影以來，人們便一直思考著這個問題。

攝影可以說是我們視覺所延伸的第三隻眼睛，它開闊了人類的眼界，為我們的知覺世界增添了許多驚奇與讚嘆。

1-4 攝影有創作的個性

攝影是不是藝術的創作？自有攝影以來，人們便一直思考著這個問題。

攝影可以說是我們視覺所延伸的第三隻眼睛，它開闊了人類的眼界，為我們的知覺世界增添了許多驚奇與讚嘆。

a

1-4 攝影有創作的個性

b

攝影是不是藝術的創作？自有攝影

c

以來，人們便一直思考著這個問題。

4.類似原則與文字編排

在畫面中大小、形狀、色彩或明度等不同之圖文，會因其大小、色、形、明度之類似性而產生群化的現象，稱爲「類似原則」。而在文字編排上可應用之類似原則如下：

(1)大小的類似：

在圖例中圓圈和小三角形很容易分別群化成兩組，所以「企業識別」和「CIS」即可群化合成如圖例中複合字串。

(2)明度、色彩、形狀的類似：

各字串之間很容易因明度的類似或色彩的類似或字形的類似而產生群化，如圖例中所示即是各報刊雜誌常用來處理標題及廣告文案的方式。

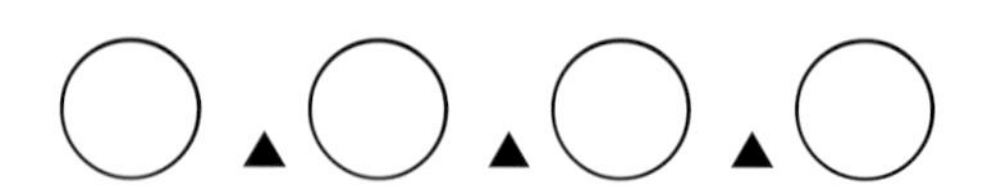

企 C 業 I 識 S 別

廣告設計 美術工藝

吵推打國大開議亂

建築師節擴大獻禮

視・傳・文・化・好・禮・相・贈

機會難得，只限12月26日一天！

今年唯一獲大會邀展之建築設計專業書店——視傳文化，12月26日建築師台中開會期間，只要親臨一館**A052**本公司展台，所有中西設計叢書、木屋設計、九七傢俱新款造型等，全部特價供應。

現場同時————

- 「**照明設計**」全系列買四送一
- 「**中國一流飯店**」四大冊與「**世界最新建築佳作選集**」五大冊、合購特惠4950元（市價69折）。

最大獻禮！現場訂購————

- 新版「**世界新建築**」（全五冊）：高層、交通、體育、娛樂、商業建築，我們**再送您**今年出版另一套書——**世界小住宅**（五大冊）。

設計的色彩心理

(288頁，定價：560元)

本書全部精美彩色印刷。內容親切平易，可看性及可讀性均高。內容敘述色彩的有關歷史、傳統和習俗資料，提供讀者由文化的角度認識顏色。本書並兼顧學術性內容，介紹科學化的色彩體系、色彩工學的表色方法等。另外介紹甚多生動的流行色名，可資啓發豐富色彩情感，陶冶色彩感性。

基礎攝影

(300頁，定價：600元)

基礎永遠是最重要的。「基礎攝影」一書旨在幫助學習攝影者，充份瞭解攝影的基本原理，從而能掌握攝影的多彩多姿的變化。這本書包括了：相機、鏡頭、感光材料、其他附件、光線、色彩、黑白暗房等的理論與實務，是作者從事攝影教學十多年來的寶貴經驗。

5.共同邊原則與文字編排

傳統文字編排方式不外乎：齊頭、齊尾、齊頭尾、齊中（居中）、文繞圖等五種方式。這些編排方式皆有一條或一條以上之共同邊做為編排時的軸線、骨架，故稱此編排方式為「共同邊原則」或「軸線法」。

由下面的圖例，我們可以發現每種文字編排皆有共同邊，而且共同邊可有不同的型式如直線、斜線、曲線、格線等。共同邊可以只有一條亦可有多條，可依不同文章的性質，採用不同的共同邊，使整篇文字編排「統一中求變化，變化中求統一」。

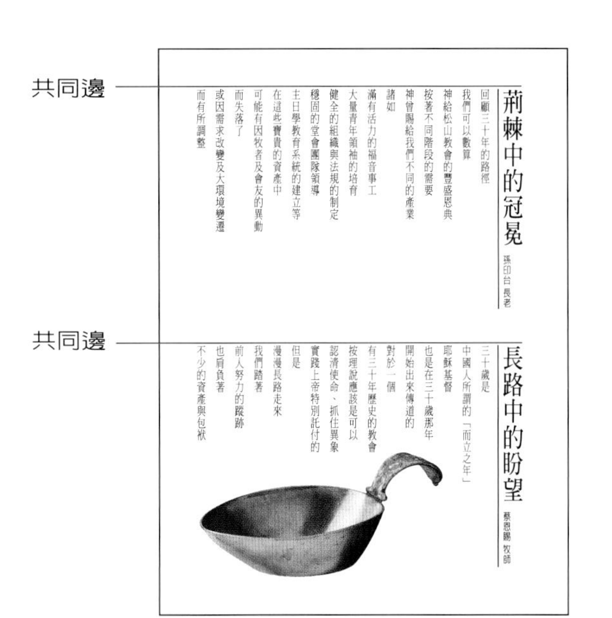

長路中的盼望
三十年是一個歷史的段落，
也是一個新的起點，
回顧三十年的路徑，
我們可以數算神給松山教會的豐盛恩典，
按著不同階段的需要，
神曾賜給我們不同的產業，
諸如：滿有活力的福音事工、大量青年領袖的培育、
健全的組織與法規的制定、
穩固的堂會團隊領導、主日學教育系統的建立等，
在這些寶貴的資產中，可能有因牧者及會友的異動而失落了，
或因需求改變及大環境變遷而有所調整。但什麼是教會不能變動的根基？
30

松 山 教 會 三 十 週 年
長路中的盼望
蔡恩賜 牧師
三十年是一個歷史的段落，
也是一個新的起點，
回顧三十年的路徑，
我們可以數算神給松山教會
的豐盛恩典，
按著不同階段的需要，
神曾賜給我們不同的產業，
諸如：滿有活力的福音事工、
大量青年領袖的培育、
健全的組織與法規的制定、
穩固的堂會團隊領導、
主日學教育系統的建立等，
在這些寶貴的資產中，
可能有因牧者及會友的異動而失落了，
或因需求改變及大環境變遷而有所調整。
但什麼是教會不能變動的根基？

長路中的盼望
三十歲是中國人所謂的「而立之年」
耶穌基督也是在三十歲那年開始出來傳道的
對於一個有三十年歷史的教會
按理說應該是可以認清使命、抓住異象
實踐上帝特別託付的。但是漫漫長路走來
我們踏著前人努力的蹤跡
也肩負著不少的資產與包袱
似乎仍在跌撞摸索。儘管如此
我們終究找到了長路中的盼望
三十年是一個歷史的段落，也是一個新的起點
回顧三十年的路徑
我們可以數算神給松山教會的豐盛恩典
按著不同階段的需要，神曾賜給我們不同的產業
諸如：滿有活力的福音事工
大量青年領袖的培育
健全的組織與法規的制定
穩固的堂會團隊領導
主日學教育系統的建立等
在這些寶貴的資產中
可能有因牧者及會友的異動而失落了
或因需求改變及大環境變遷而有所調整
但什麼是教會不能變動的根基
什麼又是能指出未來五年、十年
甚至另一個三十年方向的願景呢
蔡恩賜 牧師

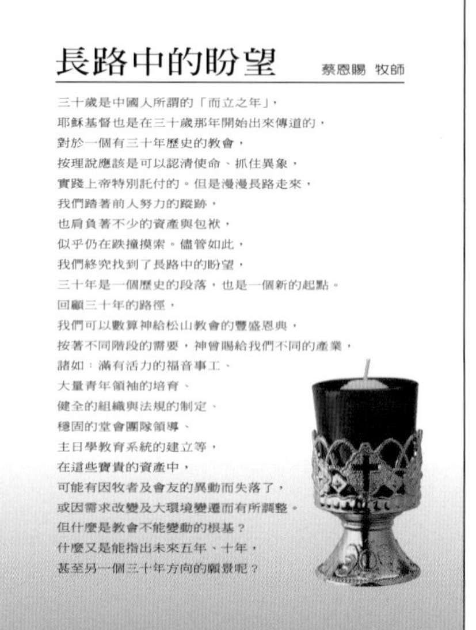
長路中的盼望 蔡恩賜 牧師
三十歲是中國人所謂的「而立之年」，
耶穌基督也是在三十歲那年開始出來傳道的，
對於一個有三十年歷史的教會，
按理說應該是可以認清使命、抓住異象，
實踐上帝特別託付的。但是漫漫長路走來，
我們踏著前人努力的蹤跡，
也肩負著不少的資產與包袱，
似乎仍在跌撞摸索。儘管如此，
我們終究找到了長路中的盼望，
三十年是一個歷史的段落，也是一個新的起點。
回顧三十年的路徑，
我們可以數算神給松山教會的豐盛恩典，
按著不同階段的需要，神曾賜給我們不同的產業，
諸如：滿有活力的福音事工、
大量青年領袖的培育、
健全的組織與法規的制定、
穩固的堂會團隊領導、
主日學教育系統的建立等，
在這些寶貴的資產中，
可能有因牧者及會友的異動而失落了，
或因需求改變及大環境變遷而有所調整。
但什麼是教會不能變動的根基？
什麼又是能指出未來五年、十年，
甚至另一個三十年方向的願景呢？

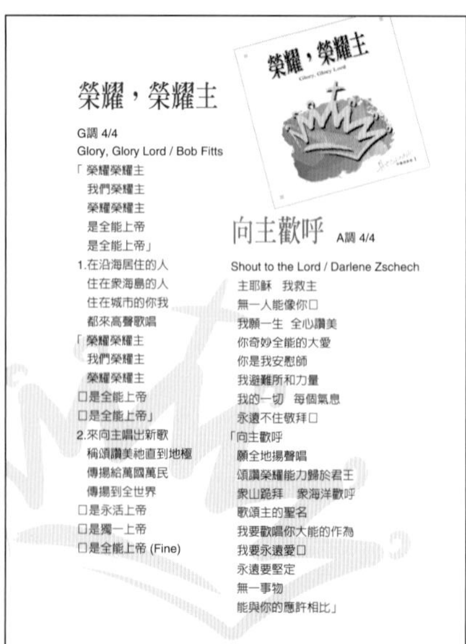
榮耀，榮耀主
G調 4/4
Glory, Glory Lord / Bob Fitts
「榮耀榮耀主
我們榮耀主
榮耀榮耀主
是全能上帝
是全能上帝」
1.在沿海居住的人
住在眾海島的人
住在城市的你我
都來高聲歌唱
「榮耀榮耀主
我們榮耀主
榮耀榮耀主
□是全能上帝
□是全能上帝」
2.來向主唱出新歌
稱頌讚美祂直到地極
傳揚給萬國萬民
傳揚到全世界
□是永活上帝
□是獨一上帝
□是全能上帝 (Fine)
榮耀，榮耀主
Glory, Glory Lord
向主歡呼 A調 4/4
Shout to the Lord / Darlene Zschech
主耶穌 我救主
無一人能像你□
我願一生 全心讚美
你奇妙全能的大愛
你是我安慰師
我避難所和力量
我的一切 每個氣息
永遠不住敬拜□
「向主歡呼
願全地揚聲唱
頌讚榮耀能力歸於君王
眾山跪拜 眾海洋歡呼
歌頌主的聖名
我要歡唱你大能的作為
我要永遠愛□
永遠要堅定
無一事物
能與你的應許相比」

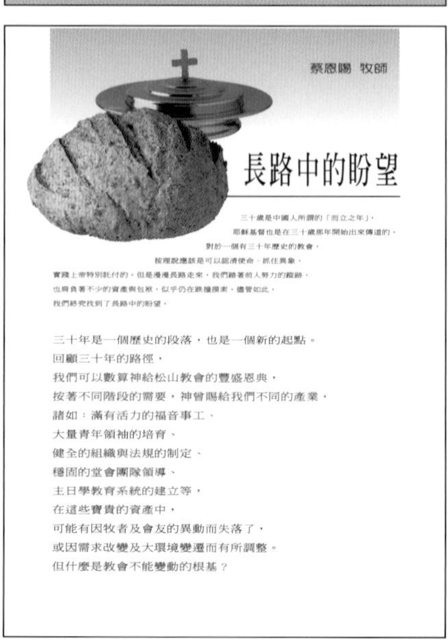
蔡恩賜 牧師
長路中的盼望
三十年是一個歷史的段落，也是一個新的起點。
回顧三十年的路徑，
我們可以數算神給松山教會的豐盛恩典，
按著不同階段的需要，神曾賜給我們不同的產業，
諸如：滿有活力的福音事工、
大量青年領袖的培育、
健全的組織與法規的制定、
穩固的堂會團隊領導、
主日學教育系統的建立等，
在這些寶貴的資產中，
可能有因牧者及會友的異動而失落了，
或因需求改變及大環境變遷而有所調整。
但什麼是教會不能變動的根基？

新世紀生涯規劃

榮耀，榮耀主
G調 4/4
Glory, Glory Lord / Bob Fitts
向主歡呼
A調 4/4
Shout to the Lord / Darlene Zschech

文繞圖實例

長路中的盼望
蔡恩賜 牧師

長路中的盼望
蔡恩賜 牧師

長路中的盼望
蔡恩賜 牧師

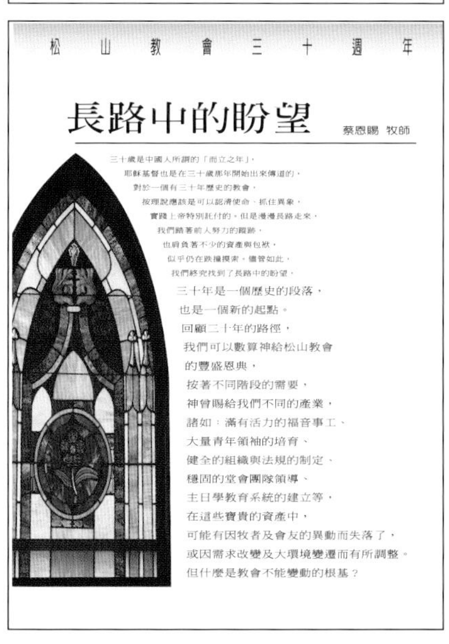
松 山 教 會 三 十 週 年
長路中的盼望
蔡恩賜 牧師
三十歲是中國人所謂的「而立之年」，
耶穌基督也是在三十歲那年開始出來傳道的，
對於一個有三十年歷史的教會，
按理說應該是可以認清使命、抓住異象，
實踐上帝特別託付的。但是漫漫長路走來，
我們踏著前人努力的蹤跡，
也肩負著不少的資產與包袱，
似乎仍在跌撞摸索。儘管如此，
我們終究找到了長路中的盼望，
三十年是一個歷史的段落，
也是一個新的起點。
回顧三十年的路徑，
我們可以數算神給松山教會
的豐盛恩典，
按著不同階段的需要，
神曾賜給我們不同的產業，
諸如：滿有活力的福音事工、
大量青年領袖的培育、
健全的組織與法規的制定、
穩固的堂會團隊領導、
主日學教育系統的建立等，
在這些寶貴的資產中，
可能有因牧者及會友的異動而失落了，
或因需求改變及大環境變遷而有所調整。
但什麼是教會不能變動的根基？

(二)文字編排應考慮的要點

1.直排與橫排的特性

中文的編排方式可直亦可橫，完全依文章內容來決定該採直排或橫排，但若沒有特別規定或需要時，橫排的視覺律動會優於直排的視覺律動。同時根據長度原則與變形原則，在採用直排文字編排時，字體宜採用長一的字體較利於閱讀。反之，若採用橫排時，則宜採用平一或平二的字體較利於閱讀。

2.字體的選定

內文的目的是以傳達爲主要訴求，因此，一般字體的選擇以字體結構簡單的宋體字與黑體字爲主，易讀性較高。特殊慶典的請柬及節目單亦可選用莊重典雅大方的字體，如仿宋體、隸書體、楷書體；兒童圖書期刊的內文字，則大多選用字形容易辨識的楷書體。至於標題字可大膽選用裝飾性較重的字體，凸顯主題意涵。

3.方便閱讀的第一行

爲了閱讀方便，現在期刊雜誌常會在內文的第一行字首做下列處理：(1)將字首往後空一個字或兩個字。(2)將字首的第一個字加大。(3)在第一行字首之前加上特定圖案或記號。

4.文字大小的決定

文字大小的決定要考慮下列因素：(1)文字的用途是當大標題、中標題、小標題還是內文字、說明文、附註。(2)閱讀者的年齡、視力因素。(3)閱讀距離的遠近。(4)廣告物的性質，如車廂外廣告、全開海報、報紙稿、雜誌、指示牌、信封、信紙、名片。

一般期刊雜誌、圖書的內文字體大小約在9pt～10pt左右，但是老人與兒童的閱讀刊物則宜適當的放大，通常學齡前後的兒童圖書字體大小約在12pt～18pt左右，以方便兒童閱讀。

5.字間、行距

文字與文字之間的間距要適當才有利於閱讀，若字間太密或太鬆時皆會影響閱讀速率。因此，現在的電腦排版軟體，在字體密打時其字間設計上已預先保留十分之一字體大小的字間，所以，在打字時只要字間密打，必能得到合適的字間。至於行距一般以1/2～1行的行距，較適宜閱讀，其中行距空2/3～3/4行是易讀性最佳的行距。

6.每行的字數

內文一行字數約在15字至25字爲宜。因若每行字數少於15字時，換行太快，眼睛容易疲倦。每行文字若太長超過30字以上時，容易跳行，造成閱讀不便。爲了防止跳行現象，當每行字數愈長時，其行距也應些微的調寬，但行距還是不宜超過一行爲原則。

7.段落距離與欄間

一篇內文編排，好像一首樂章，需要有適當的間奏與休止符才能襯托全首樂曲，而段落之間的段距與欄間，正是版面編排空間必要的休止符。

一般雜誌期刊內文的段距約要空二～三行的空間，較易閱讀。而欄間大多數約空兩個字的空間，形成長條空白間距，使文章分隔成幾個段落，不但富有變化性與整齊性，也利於閱讀。

8.強調重點的文字

一篇文章中，有某些段落文章需特別強調時，可考慮用下列的方法：(1)將該段文章獨立成一段，並在段落之前後各空一行，凸顯其地位。(2)可將要強調的文字稍做調整，字體點數大小不變，但較粗或變斜的字體。(3)可在需強調的文字下面或旁邊畫線標示。(4)改變該段文章印刷色彩。以上方法皆可達到強調重點文字的作用。

在文字編排前若能考慮上述因素，必能使閱讀速度加快，達到便於閱讀、容易理解的功能，編輯合乎美感與視覺傳達效果的版面構成。

愛是恆久忍耐，又有恩慈；愛是不嫉妒；愛是不自誇，不張狂，不作害羞的事，不求自己的益處，不輕易發怒，不計算人的惡，不喜歡不義，只喜歡真理；凡事包容，凡事相信，凡事盼望，凡事忍耐。愛是永不止息。

愛是恆久忍耐，又有恩慈；愛是不嫉妒；愛是不自誇，不張狂，不作害羞的事，不求自己的益處，不輕易發怒，不計算人的惡，不喜歡不義，只喜歡真理；*凡事包容，凡事相信，凡事盼望，凡事忍耐。愛是永不止息。*

愛是恆久忍耐，又有恩慈；
愛是不嫉妒；愛是不自誇，
不張狂，不作害羞的事，
不求自己的益處，不輕易發怒，
不計算人的惡，不喜歡不義，
只喜歡眞理；
凡事包容，凡事相信，
凡事盼望，凡事忍耐。
愛是永不止息。

愛是
恆久忍耐，又有恩慈；
愛是不嫉妒；
愛是不自誇，
不張狂，不作害羞的事，
不求自己的益處，不輕易發怒，
不計算人的惡，不喜歡不義，
只喜歡真理；
凡事包容，凡事相信，
凡事盼望，凡事忍耐。
愛是永不止息。

愛是恆久忍耐，
又有恩慈；
愛是不嫉妒；
愛是不自誇，
不張狂，
不作害羞的事，
不求自己的益處，
不輕易發怒，
不計算人的惡，
不喜歡不義，
只喜歡真理；
凡事包容，
凡事相信，
凡事盼望，
凡事忍耐。
愛是永不止息。

肆、圖片原稿的製作與處理技術

各類印刷出版品的圖片原稿除可用數位拍攝取得數位圖檔外，大多數圖片原稿如：黑白照片、彩色照片、彩色正片、半色調印刷品、手繪漫畫、插畫…等，皆需要經由數位掃描機將原稿轉換成數位圖檔。因此，無論是原稿的數位拍攝及掃描皆要對數位影像的處理有基本的認識與了解。

一、圖片原稿的數位處理技術

一般印刷圖片原稿的數位處理技術，應有的認識如下：

1.掃描機：掃描機是一種捕捉影像的輸入裝置，它能將補捉來的影像轉換成電腦可以顯示、編輯、儲存的數位格式。掃描機獲得影像的方式，是將一固定光源照射到掃描文件上，掃描光線反射回來後會折射入CCD (電荷耦合元件) 的感光元件上。當掃描文件上較暗的部份會反射較弱的光，較亮的部份反射較強的光，CCD感應到不同強弱的光後，會將不同的強弱光線轉換成數位訊號。

2.掃描模式：掃描機可依不同的原稿色調再現選擇下列模式進行掃描。

a. 黑白模式 是1位元的掃描深度，每一畫素只能呈現黑白兩階調。

b. 灰階模式 是8位元的掃描深度，共可呈現256個不同的灰階。

c. 全彩模式 是24位元的掃描深度，共可呈現一千六百萬個不同的顏色。

3.掃描解析度：ppi（Pixel Per Inch）是掃描解析度所使用的單位，意思是：在圖像中每英吋所表達的像素數目。掃描解析度越高，所列印出來的圖像也就越細緻與精密。ppi 與dpi是不同的！

4.輸出解析度：dpi（Dot Per Inch）是指印表機在每英吋所能列印的點數，即輸出解析度（dpi），這是衡量輸出品質的一個重要標準。一般印表機的輸出解析度應至少達到300dpi-720dpi之間，但dpi指標不是越大越好。

5.網線數：網線數lpi (Line Per Inch)

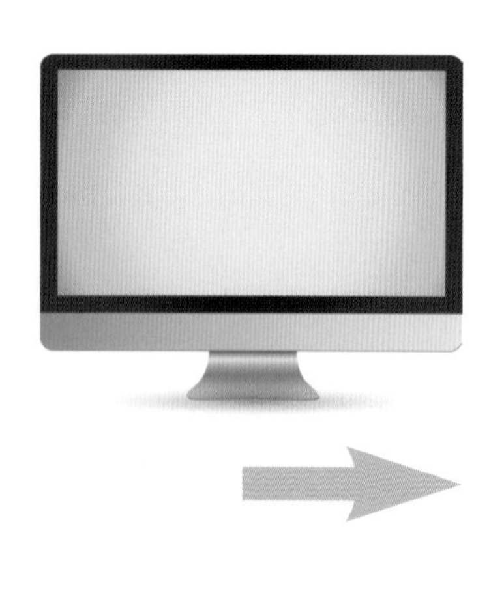

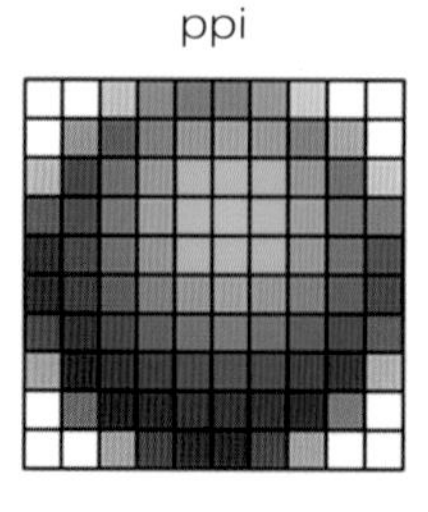

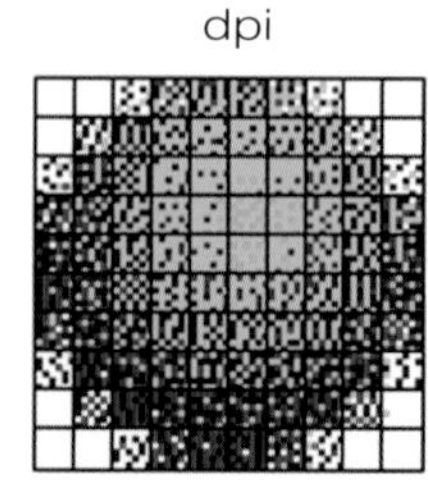

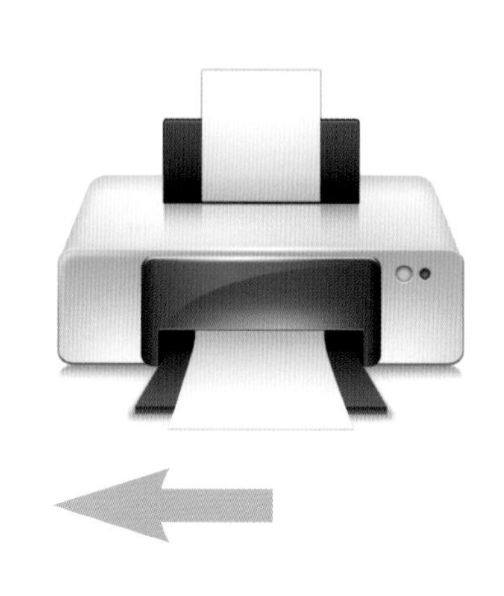

是印刷時精密度的度量單位，網線數意指在每一英吋所包含的網點、網線數，所以lpi的數值越高，所列印出來的精密度越高。報紙印刷爲85lpi-100lpi；一般印刷品爲133lpi-150lpi；精美印刷品爲175lpi-200lpi。

6.線條原稿如何設定掃描解析度：1200 ppi是線條原稿掃描解析度的上限，因爲更高的掃描解析度對品質沒有多大影響。一般線條原稿的掃描解析度設立爲800ppi-1200ppi，建議掃描設定法則如下 ：

ppi = dpi × 縮放比例

7.灰階、彩色原稿如何設定掃描解析度

在掃描灰階影像、彩色原稿時應考慮的四大因素是：網線數、原稿與輸出格式的縮放比、正常階調範圍、銳利度。其掃描解析度設定法則如下：

a.傳統AM網點半色調印刷：

當lpi小於或等於133時

ppi = lpi×2〔品質參數〕×縮放比例

當lpi 大於133時

ppi = lpi×1.5~2〔品質參數〕×縮放比例

現有一圖片要掃描成175lpi並放大輸出200%爲例，其掃描解析度應設定爲525ppi (175lpi × 1.5 〔品質參數〕× 2 = 525ppi)即可。倘若圖片中含有幾何圖形，包括直線或是重複圖案或花紋，要將品質參數提高到2才能得到更佳的效果。所以掃描解析度應設定爲700ppi (175lpi × 2〔品質參數〕 × 2 = 700ppi)

b.隨機FM網點半色調印刷：

掃描解析度設定法則：

ppi = lpi×1~1.5〔品質參數〕×縮放比例

當lpi小於300時，品質參數爲1.5，隨著lpi的提高，品質參數逐漸調降。當lpi大於600時，品質參數爲1。

c.連續調紙張、底片輸出：

在製作連續調複製品、燈箱片或底片時，要依輸出列印設備達到的dpi和縮放比例，設定掃描機的ppi。掃描解析度設定法則 ： ppi = dpi × 縮放比例

8.半色調印刷圖片去網花：對印刷品進行掃描時容易出現撞網現象，要解決這個問題，可在掃描中設定去網線數進行修改，一般設定規則如下： 200網線及以上印刷品設爲175lpi； 175網線設爲150 lpi；133或150網線印刷品設定值應小於130 lpi；報紙上的圖片一般設爲80 lpi；對無灰階的文字或圖形進行黑白掃描時，該項值設爲無。

二、圖片的格放與去背

圖片原稿有時因拍攝時角度不佳，造成不必要的背景出現，或為配合版面位置需將橫幅的畫面改為直幅的畫面，或為了版面美觀需將圖片之背景去除時，皆需靠圖片格放與去背的處理技法，才能達到去蕪存菁的圖片美學效果。

圖片在進行格放及去背處理時，皆需先在圖片上裱貼描圖紙後才能進行格放與去背的標示工作。裱貼所使用膠帶宜採用紙膠帶，裱貼方法如圖所示。

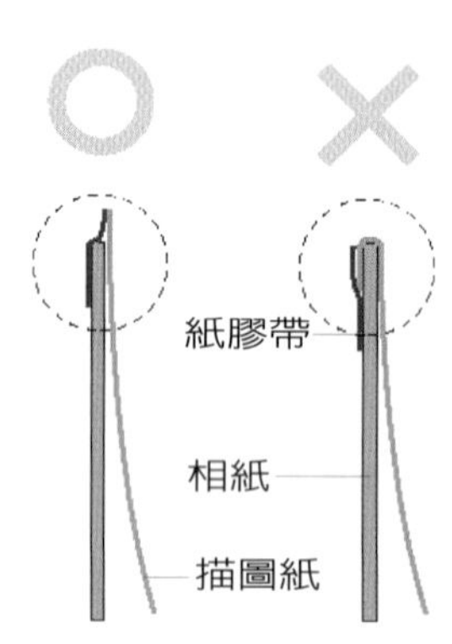

描圖紙裱貼方式

正面
在格放前須將原稿照片上面覆蓋一張描圖紙

背面
描圖紙大小要比圖片原稿上下左右各超出5mm，在圖片背面用紙膠帶將描圖紙與圖片固定，描圖紙不可反摺再貼紙膠帶。

通常圖片格放與去背景的技法有下列五種：

1.直角格放法

在已裱貼描圖紙之圖片原稿上，用直尺、三角板或格放尺（兩片用硬紙板製作長約30cm，呈直角L型的工具尺），及紅色軟質絨頭簽字筆(不可使用金屬筆頭所製作的原子筆或鋼珠筆，否則容易在圖片原稿留下筆尖壓力所形成的筆痕)，在描圖紙上將所要的畫面範圍，輕輕畫出直角的四邊矩形，並在框線外之空白處，畫上間距約3～4mm的紅色斜線。此直角紅框線內的畫面即是要保留的格放區域，而斜線部份則表示要刪除不要印刷出來的畫面。此種格放法，稱爲直角格放法，百分之八十以上的圖片皆採用此格放法，如圖所示。

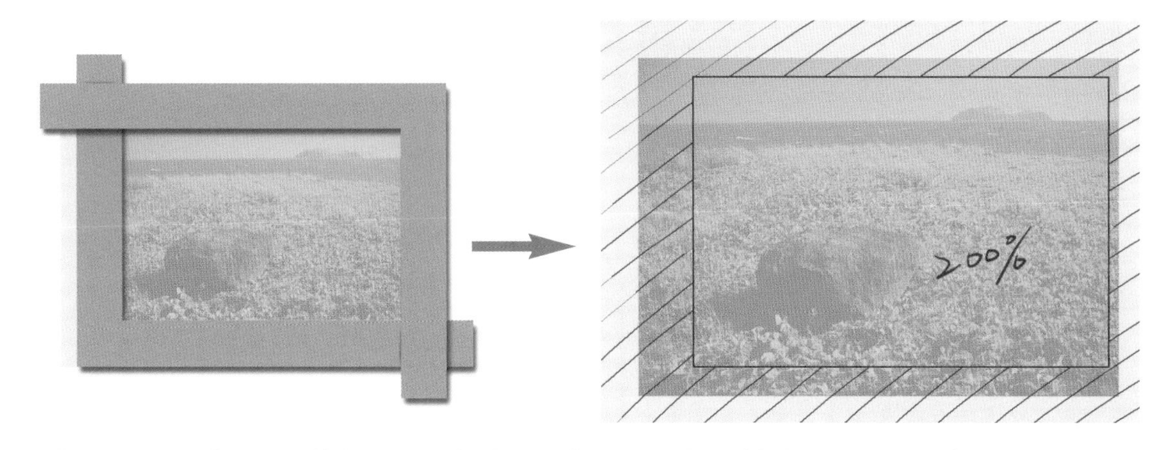

格放尺使用情形：沿格放尺的內框畫上紅框線，再加上斜線即可如右圖情形。

將格放後的紅框線，沿著對角線畫兩倍長的直線，再由對角線的尖端，畫出與原紅框線相互平行的框線，此框線即是放大200％後的圖框。

2.幾何圖形格放法

此種格放法和直角格放法大致相同，只是格放區域是呈幾何形，常用的幾何圖形格放法有圓形，橢圓形、三角形、五角星形、六角星形、八角星形、多邊形等。在使用幾何圖形格放法時，首先需正確畫出幾何圖形的線稿，再利用影印機的放大縮小功能將幾何圖形之框線，影印在描圖紙上，再將描圖紙經對位後，裱貼在圖片原稿上，再用紅色軟質絨頭簽字筆在幾何框線外之空白處，畫上３～４ｍｍ等間距斜線，即完成幾何圖形格放法。

原稿

原稿加蓋描圖紙情形

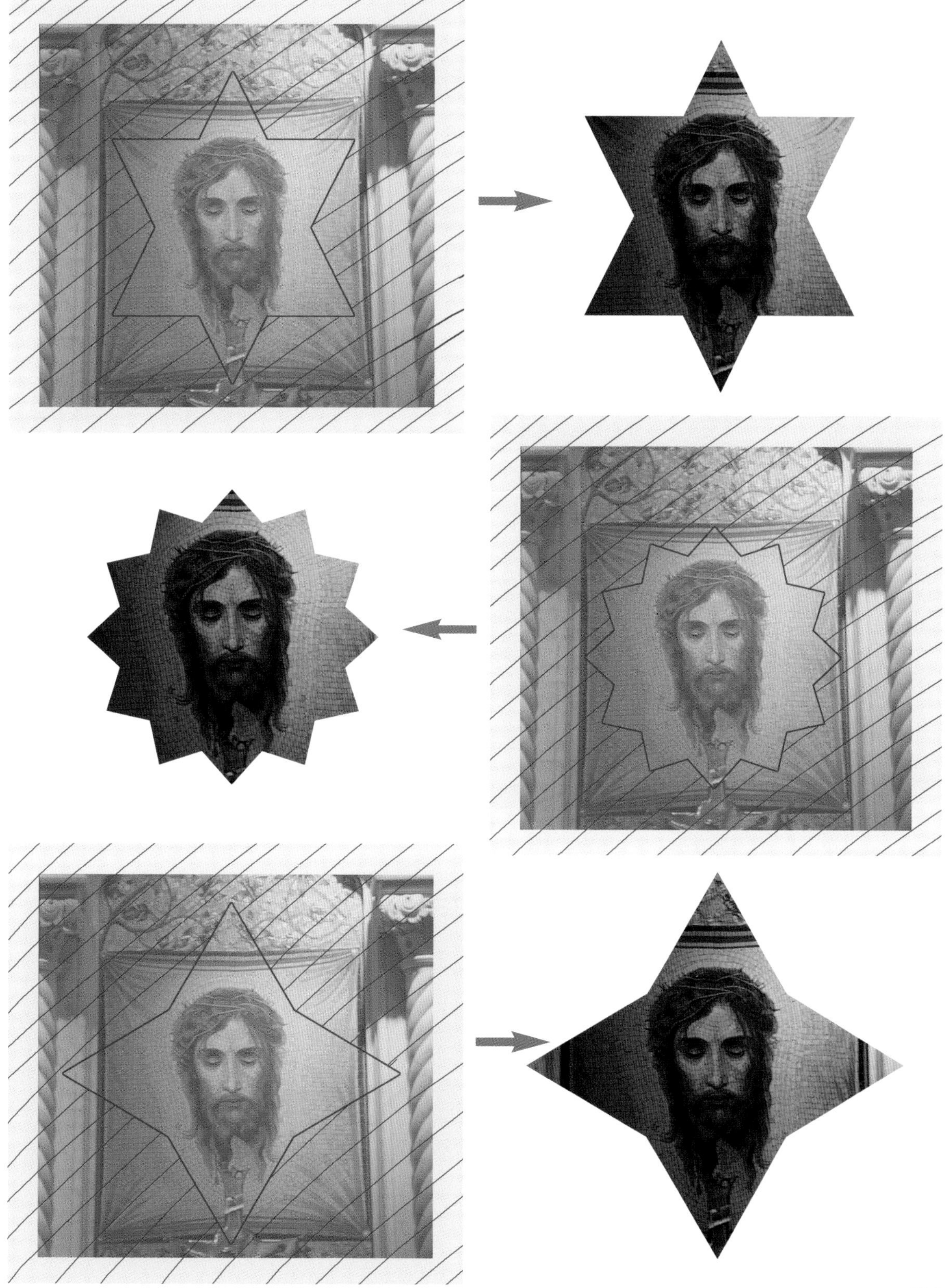

3.不規則、自由曲線格放法：

不規則與自由曲線格放法常使用於需特別處理的情境效果圖片，例如撕去一角的圖片，被火燒過留有火痕的圖片、有筆刷外框的圖片、花朵樹葉外框形的圖片、心形邊飾的圖片……等。在使用不規則與自由曲線格放法時，需先將不規則與自由曲線或圖案畫在卡紙上，再利用影印機的線條化處理功能與放大縮小功能，將不規則的自由曲線外框線條印在描圖紙上，再將描圖紙與圖片原稿用紙膠帶黏貼固定，連同畫在卡紙上的筆刷圖案進行掩色照相即可完成不規則與自由曲線的格放。最新的電腦繪圖與影像處理軟體皆有此功能，只需將不規則圖案與自由曲線做成Mask（掩色片），即可將圖片原稿進行不規則格放。

原稿

原稿（筆刷圖案）

4.去背景格放法

爲了配合版面的需要或圖片原稿背景太亂影響主題物時，常會使用去背景格放技法。此技法很簡單，只需將已裱貼好描圖紙之圖片原稿，在描圖紙上用紅色軟質絨頭簽字筆將畫面主題物之外框描繪出來，在背景部份畫上斜線並註明「去背景」即可。現有的電腦製版軟體皆有自動尋邊的功能，細如髮絲、絨毛的主題物皆能毫髮不傷將背景去除，而保留長髮飄逸，毛絨絨的絨毛感覺。

原稿

去背景結果

5.局部去背景格放法

此種格放法是將原稿圖片之背景局部去除，使圖片具有立體感的版面效果。其格放法如圖所示。

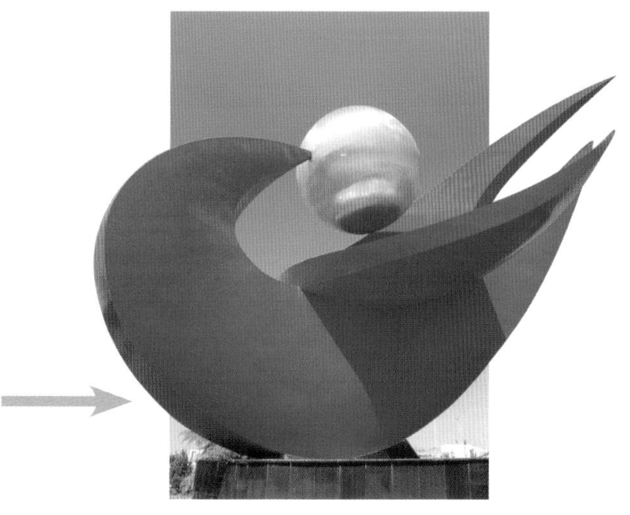

三、圖片的放大、縮小

圖片原稿經格放處理後，除原寸圖片外，都需要配合版面的需求進行圖片原稿的放大縮小，才能得到合宜的版面效果。但圖片原稿要放多大或縮多少才合宜呢？若圖片放大倍率過高，容易造成圖片原稿的畫質粗化、模糊不清，相反地將圖片原稿大幅縮小時，則會使畫面的細節部份壓縮混濁不清。因此，要如何進行圖片的放大、縮小，才能使原稿豐富階調忠實再現，是圖文傳播設計工作者必須確實了解的課題。

若想獲得一張印刷精美的圖片或海報，其圖片原稿的放大縮小比例範圍，通常以400%～50%為宜。圖片的放大縮小是以百分比（%）表示，400%是表示圖片將放大為原稿長邊和寬邊各四倍長，面積

50%

320%

比則爲原稿的16倍。50%是表示圖片將縮小爲原稿圖片長邊和寬邊各一半的長度，其面積比例爲原稿的1/4。若原稿圖片要以原寸重現在印刷品上則以100%來表示。

嚴格說來印刷所使用圖片原稿皆是由攝影軟片所拍攝而成，其圖片的放大縮小

面積的極限，與所使用軟片的種類、感光度、規格尺寸有著密不可分的關係。一般而言感光度低(ISO 50° 左右)的軟片，其構成影像的顆粒性愈細小，其印刷分色效果愈佳，可製得階調層次豐富、色彩飽和的高品質印刷品，且其放大倍率可增加到1000%(十倍)，都不容易產生粗顆粒、影像粗化模糊的現象。相反的，若使用高感度的軟片(ISO 400° 以上)，其放大倍率超過400%以上時，其畫面很明顯有顆粒粗化、階調平淡的現象出現。

其次攝影軟片的尺寸規格大小與放大後的面積大小有著很大的關聯性。例如有一張低感度的135軟片，其放大倍率極限爲10倍(1000%)，所能印製的印刷品最大面積爲10"×15"左右。若使用同底片欲印製一張圖片滿版出血的菊對開海報（17"×24"左右)，因其放大倍率達 17倍（1700%)，遠超過所能放大的極限，其印刷製版的結果，一定是影像模糊、顆粒粗化、色調平淡之粗劣印刷品。若要用同一軟片再放大爲菊全開海報時，其畫質將更粗糙、模糊不清。因此，配合不同圖片面積大小的印刷品，需使用不同尺寸規格大小的軟片，才能印製符合印刷適性的印刷品。

印刷原稿使用的軟片規格尺寸如下：

·135型軟片（又稱35mm軟片）：
24×36mm

·120天差地別軟片（使用不同片盒及機型拍攝的軟片尺寸也不同）

6×4.5cm：畫面爲40×55mm
6×6　cm：畫面爲55×55mm
6×7　cm：畫面爲55×68mm
6×9　cm：畫面爲55×85mm

·單張型軟片（座架式蛇腹相機專用）

4"×5"軟片：畫面爲96×121mm
5"×7"軟片：畫面爲120×170mm
8"×10"軟片：畫面爲195×245mm

135 底片

6 X 6 公分 120 底片

6 X 7 公分 120 底片

通常印刷的圖片面積在菊八開以下者使用135型軟片即可得良好的印刷品質；版面的圖片面積在菊八開以上至菊對開左右者，宜使用6×4.5～6×9不同尺寸之120型軟片當原稿圖片，才能印得符合印刷適性的印刷品；圖片面積超過菊對開以上之印刷品，則依其印刷面積大小分別採用4×5、5×7、8×10圖片原稿底片來放大製版。國內使用最大圖片原稿底片爲8"×10"，是國立故宮博物院多年前委託日本二玄社複製原寸歷代名畫時所使用，其印刷面積皆超過雙全開以上。

由以上可知，印刷圖片原稿在拍攝製作前，必須考慮其圖片將來要印刷的面積與品質，選用合適的感光度與軟片尺寸大小，才能製作出階調層次豐富、色彩飽和忠實再現的精美高品質印刷品。

綜合以上論點，特將圖片的放大縮小倍率建議如下：

1.圖片的放大縮小倍率範圍以400%～50%其色彩階調、質感的再現性最佳。

2.一般中感度的原稿軟片，其放大縮小的倍率極限爲700%～25%；而低感度的原稿軟片，其放大縮小的倍率極限則可擴大爲1000%～50%；柯達公司出品的超低感度軟片：Kodachrome 25° 及2415軟片，若使用小光圈拍攝，其原稿軟片之放大倍率超過2000%（20倍）以上，尙能保持階調的再現性，粒子性也沒有明顯粗化現象，但非萬不得已，不要將此類超低感度的底片，做超大倍率的放大，才能保持其超微粒性的質感。

4X5底片

3.因應不同圖片放大面積的印刷需要，應採用不同尺寸大小的軟片製作原稿圖片，方能印製出高品質的印刷品。儘量不要將圖片放大縮小到其極限範圍，當放大面積不夠時，應立即改用更大底片爲宜。

一般圖片的放大縮小方法，是採用對角線放大法。其方法是將已格放好之矩形圖框用藍色鉛筆畫在將要放置圖片的一角落上，選擇四角中的一角爲圖根點（通常會選矩形左下角爲圖根點），用尺將左下角的圖根點與右上角的對角點間，畫出一條對角線。若要將圖片放大200%則將對角線往外延伸畫出一條長度爲對角線二倍的直線，自此直線之端點，畫兩條直線分別平行於矩形框線的長短邊，此兩直線與圖根點相鄰兩邊的延長線將垂直相交，即完成圖形的放大。例如：有一圖片之格放框爲2.4×3.6cm，欲將此圖形放大200%，此時只要畫出其對角線，使其向外延伸長度爲8.65cm，再從對角線的端點，畫兩直線分別平行於原圖片之框線與圖根點兩邊之延長線垂直相交，所形成之矩形圖框即爲放大200%後之圖片大小。縮小時其對角線是向內縮短計算，如圖所示。

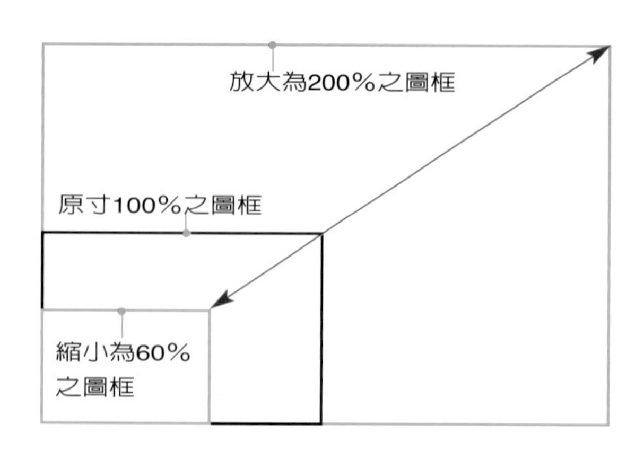

四、圖片的表現技法

圖片的表現技法除在製版技法中所介紹的版調反差變化、網點網線變化、複色調、高反差、色調分離、線條化處理、色版互換、圖片反轉、鏡映、合成……等技法外，尙有下列圖片的表現技法，常使用於各類版面設計中，分別介紹如下：

(一)變形

爲了配合版面的需要與視覺效果，有時可將圖片加以拉長、壓扁、變斜、彎曲、折、球面、魚眼變形等。

原稿

上下壓縮變形圖例

對角斜拉變形圖例

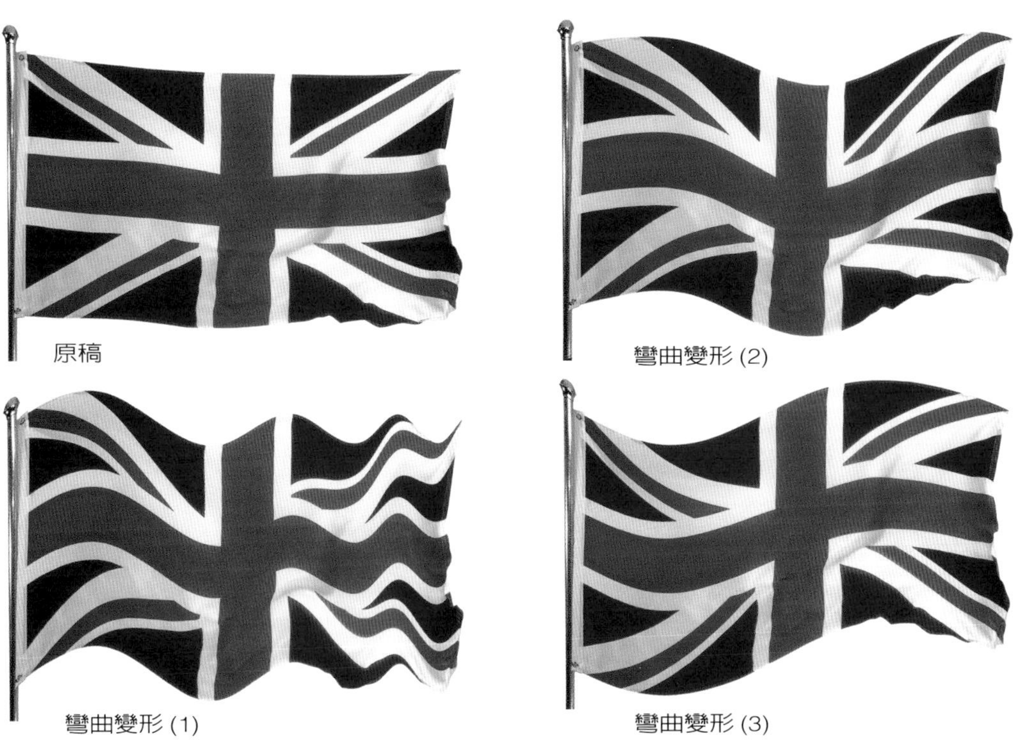

原稿

彎曲變形 (2)

彎曲變形 (1)

彎曲變形 (3)

原稿

左右壓縮 73% 變形

左右壓縮 50% 變形

(二)透視調整

現在版面設計中，常將圖片貼於立方體，或立方體空間上，此時必須先將圖片進行透視調整再進行貼圖，其視覺才不會穿幫不自然。

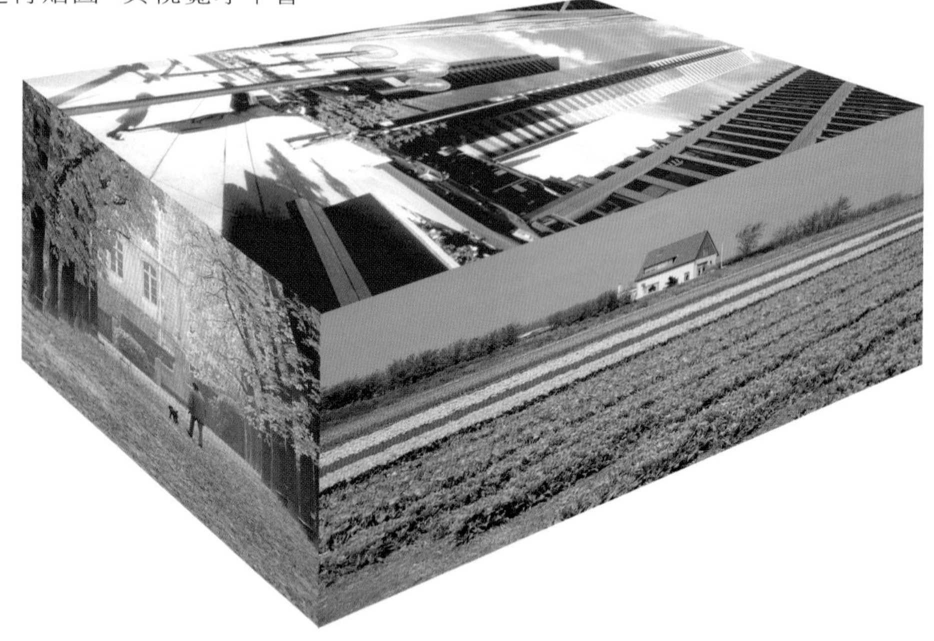

(三)加框的技法

一般圖片在經格放及放大縮小後不用加框即可在版面具有不錯的效果，但有些圖片是必須加框才能使圖片有明顯的邊界區域，例如：冰天雪地的極地景觀、佈滿白雲的陰天景色。這些圖片若不加圖框，將無法使畫面完整呈現。另有些圖片爲了配合版面的需要，在圖片的外緣加上不同粗細色彩的邊框後，可以增加圖片的說明性、美感條件及版面的效果與突顯的地位。在進行圖片加框時若有好而合宜的效果，應考慮掌握下列四個重要的因素：

1.框的大小

圖框與圖片之間距離大小，會產生不同的圖片效果。如圖例中圖框與圖片完全密接者，具有不干擾畫面兼使畫面完整的作用；圖框與圖片保持2～3mm左右的距離，則有邊襯美化的作用；有時圖框可增大爲圖片面積的4～5倍，看起來像似西式裝裱方式，可以用於不適合放大的圖片而又希望其能在版面中具有突顯的地位時。

2.框的粗細

由圖例的框線粗細變化，可以發現圖框愈粗，畫面感覺愈厚重，我們可以依圖片的性質加上不同粗細的邊框，當然框的粗細與色彩也有密切的關係，將在下一節介紹。

3.框的色彩與質感

在一張人像照片的外緣加上金碧輝煌的粗邊框，人們會因外框亮麗的色彩質感，而感覺看到一張明星或偉人式的照片。相反的，若將圖框改爲粗黑邊框，很容易讓人聯想到遺照。所以，框的色彩與質感會給人不同情感的聯結，宜配合版面適當的選用。

4.框的形狀

各類不同造形的圖框，可以強化不同的畫面情境與聯想。一般常用者有手繪的心形圖框，插畫裝飾圖案，及實體的各式畫框、鏡框、窗框、電視框、底片框……等。

任何圖片只要能依上述四個加框的原則，綜合應用必能製作適宜版面的圖框表現。

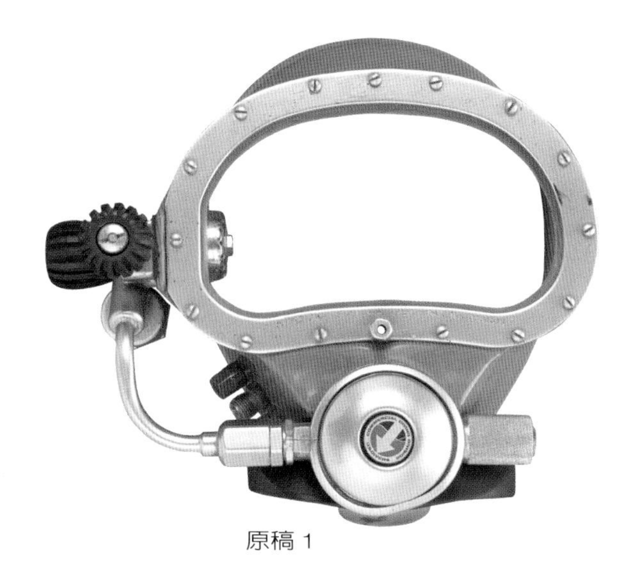

原稿 1

原稿 2

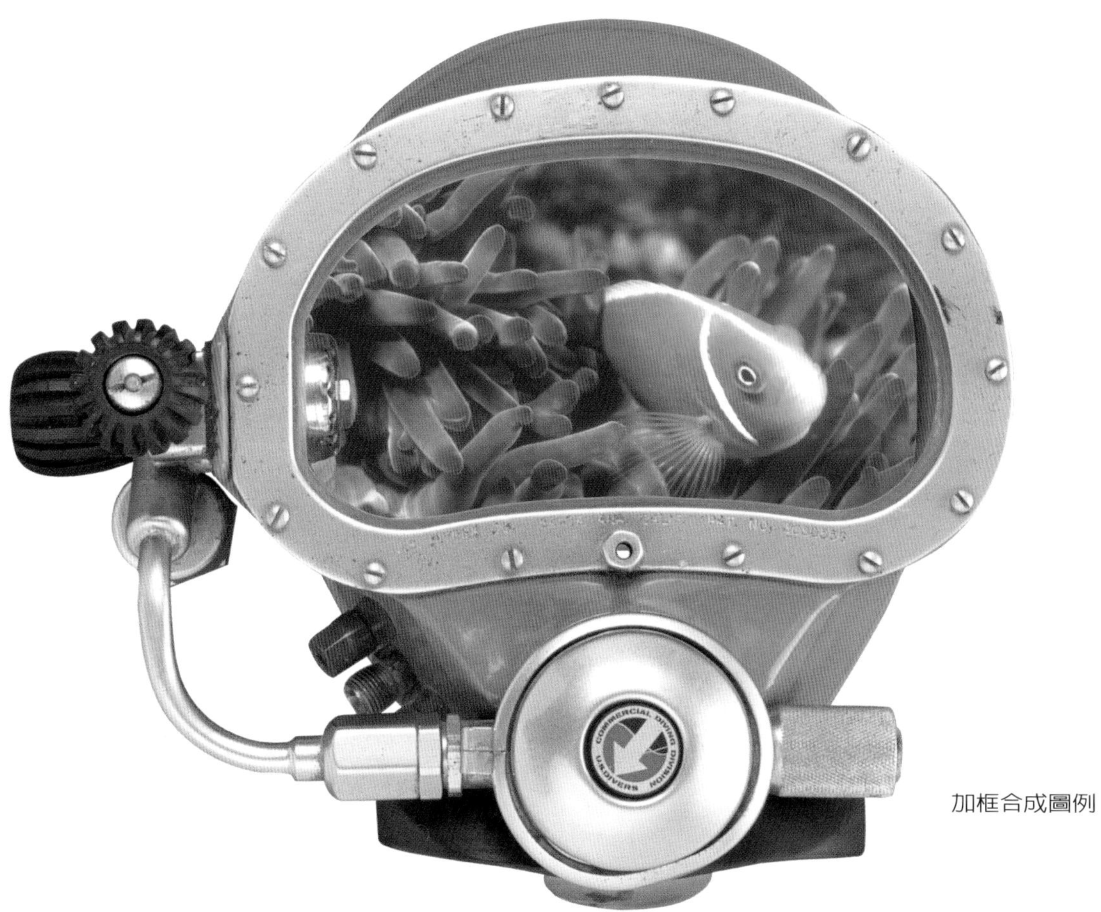

加框合成圖例

伍、印刷正稿製作的程序

當印刷品的設計稿經由三階段草圖發展後，完成理解性精稿(又稱精細色稿或預想圖)時，就可依據理解性精稿的圖文構成要素，進行文字原稿的輸入、編排處理與圖片原稿的拍攝、繪製與影像處理等工作。待文字原稿與圖片原稿處理完成後，再點選文件在工作區域繪上印刷規線，再將文字與圖片原稿在電腦上整合編排在版面上，進行標色、出血處理與印刷輸出設定，即可完成一張可供印刷輸出製版用的電腦「印刷正稿」，俗稱電腦完稿。

現代的電腦印前軟體的作業流程，皆是延續傳統手工完稿的製作要求而來。因此，在了認識電腦印刷正稿製作前，應先了解傳統手工印刷正稿的做法，將有助於電腦完稿能力的提昇。

一、傳統印刷正稿製作

傳統手工完稿製作前要先完成三階段草圖發展，再依據理解性精稿爲範本進行正稿製作，其製作程序如下 ： 首先在印有藍色方格線的完稿紙上，用完稿專用的紅、藍、黑三色筆，畫上印刷規線 （ 完成尺寸線、出血線、裁切線 ） 及圖框線，並進行文字原稿手工拼貼，即可完成印刷正稿的底稿 (如圖所示)。其次，是在完成的底稿上裱貼描圖紙，再用麥克筆在要印刷的色塊或底紋區域塗上類似的顏色，接下來用針筆在描圖紙上標示0% - 100% CMYK的色彩組合及印刷製版技法指定(如:文字反白、漸層...等)，即可完成手工印刷正稿製作，交印刷廠付印。所以，由此可知印刷正稿製作的目的，即是將印刷品上圖文位置、印刷表現技法，依印刷規線的規範進行圖文整合編排、色彩標示及印刷技法指定。

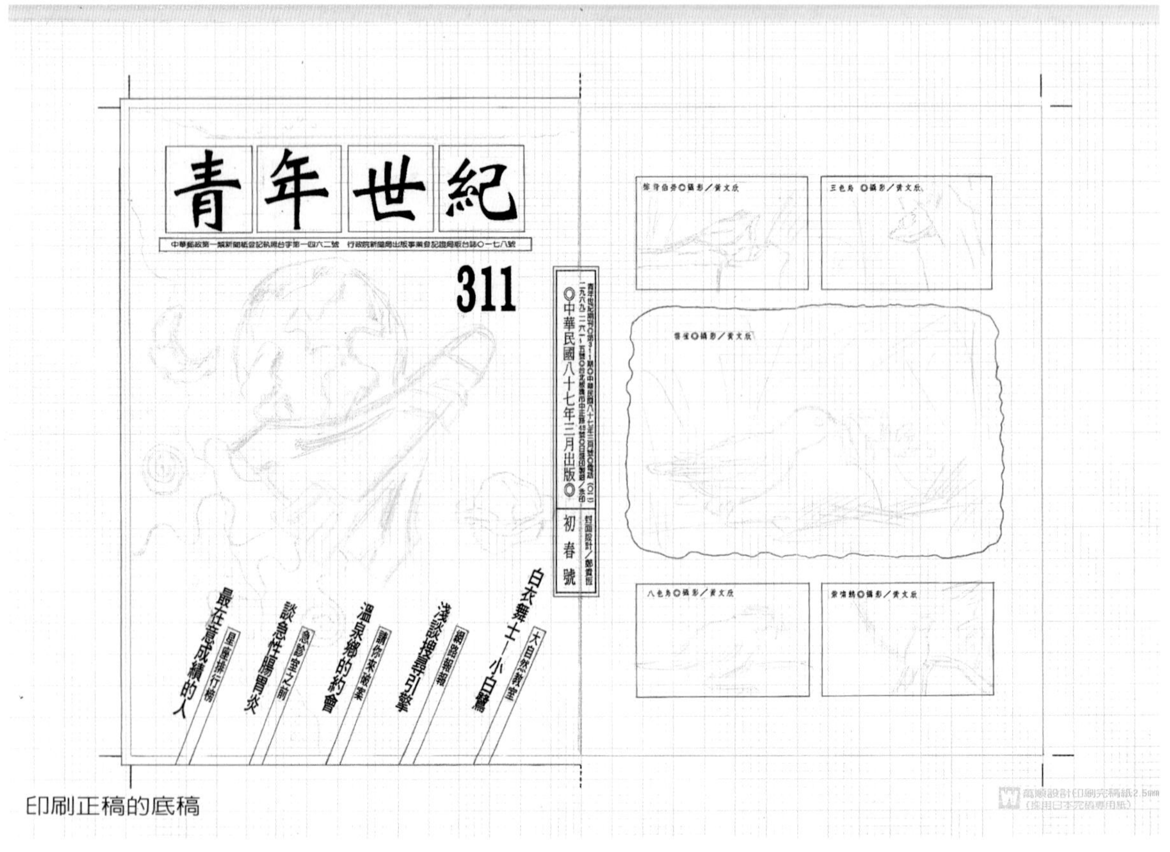

印刷正稿的底稿

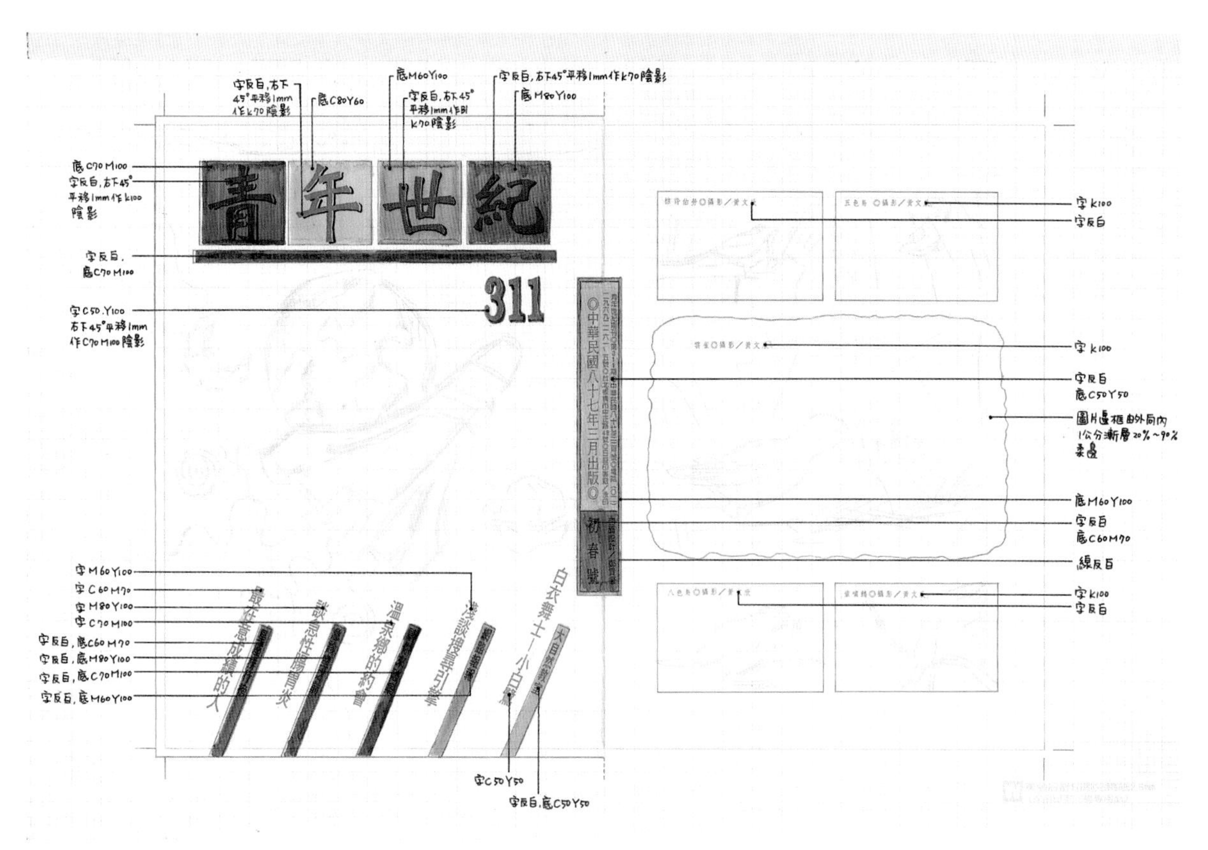

印刷正稿覆蓋描圖紙標色情形

印刷成品

二、認識印刷規線

何謂印刷規線？印刷規線是指繪製在「印刷正稿」上符合印刷製版套印、對位、裁切、摺紙等規範的作圖線。因此，在進行印刷正稿製作前的首要工作，即是認識各項印刷規線，包括：完成尺寸線、製版尺寸線(又稱出血線)、裁切線、摺線、切線、十字對位線等。若在製作印刷正稿前未能對各項印刷規線的功用及畫法沒有正確的了解，將無法製作出符合印刷製版需求的「印刷正稿」。各項印刷規線的功用與繪製法說明如下：

1.完成尺寸線

是指印刷品印製完成後，經裁切處理好交給客戶的最後成品尺寸。傳統的手工印刷正稿是用Nonphoto-blue 的藍色鉛筆繪製在完稿上，現在的電腦完稿則是以1:1原寸的0.5 - 1pt黑色圖框線來繪製完成尺寸線，再將完成尺寸線轉換設定爲藍色參考線。因爲，已設定爲藍色參考線的完成尺寸線在印刷正稿的製作過程中必須在電腦螢幕上清楚呈現，以確認版面上的圖文編排是否在正確位置，而不會被錯誤裁切到，但在最後輸出印刷時又不會被印出來的作圖線，稱之爲完成尺寸線。

2.製版尺寸線(又稱出血線)

一般印刷正稿開始製作時，無論手工完稿與電腦完稿皆要將其完成尺寸線畫在畫板的中央適當位置，再在完成尺寸的上下左右各多出3mm處，以0.5 - 1pt的紅色圖框線來繪製，此框線即是製版尺寸線，也就是印刷品上圖文所能印刷製版的最大尺寸範圍。而藉於完成尺寸與製版尺寸線之間的3mm帶狀區域，即是所謂「出血」區域。因此，製版尺寸線又稱爲出血線。一般製版尺寸線的畫法可分爲下列三

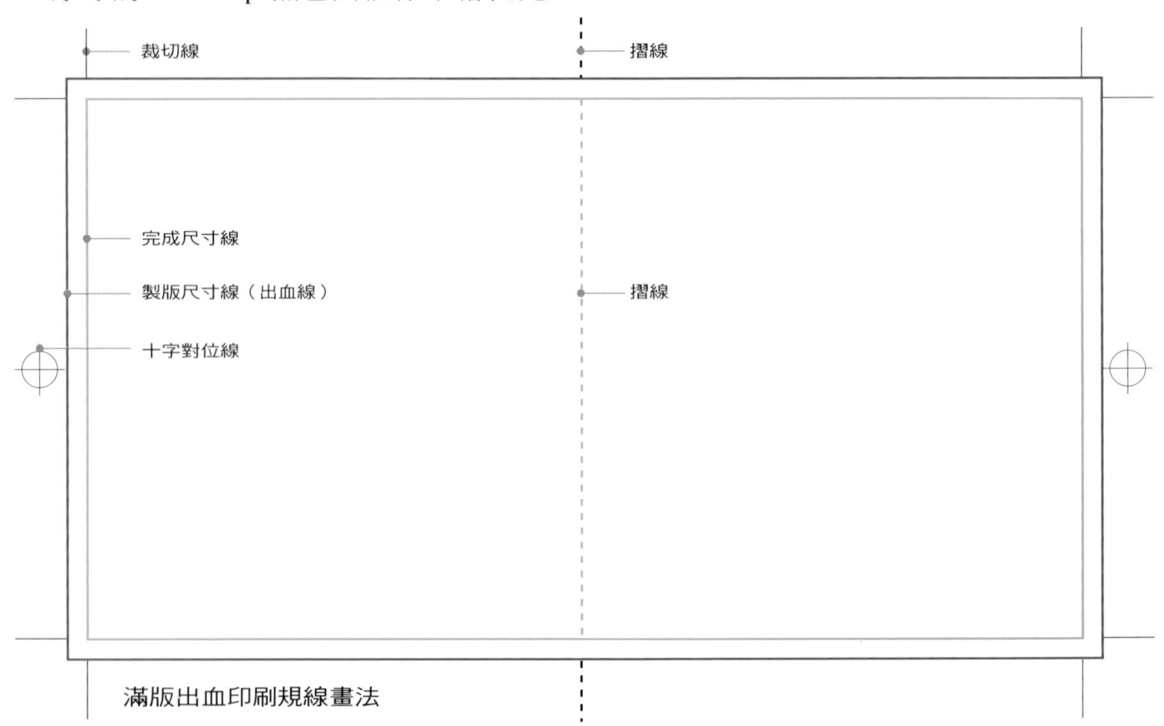

滿版出血印刷規線畫法

種情況：

a. 滿版圖紋出血(界)時：其製版尺寸比完成尺寸線上下左右各多出3mm，以0.5 - 1pt紅色圖框線來繪製製版尺寸線。

b. 局部圖紋出血(界)時：將出血部分的圖紋超出完成尺寸線向外延伸3mm，以0.5 - 1pt紅色圖框線來繪製製版尺寸線，其餘沒有出血部分，依其圖紋印刷範圍繪製製版尺寸線。

c. 無圖紋出血(界)時：直接將圖紋依印刷範圍原寸繪製，並設定圖框線顏色或是去邊框處理。

爲何印刷品需要「出血」處理？在印刷過程中紙張會因溫濕度的變化而膨脹或收縮，使得同一塊印版所印的第一張到第二千張印刷品上的圖文都無法那麼精準的落印在完全一樣的位置。所以，在裁切的時候如果圖紋沒有出血處理，所裁出來的東西可能會上下左右其中一邊畫面會因紙張收縮後漏出白邊的現象。因此，出血線主要是讓印刷畫面超出完成尺寸線到達出血線的位置，然後在裁切的時候即使有一點點的偏差也不會讓印出來的東西因露出白邊而做廢。 一般出血線都是留3mm，但是不是絕對的，也可以留到5mm，這是依紙張的厚度和印刷面積大小和摺紙時產生的紙張外擠性來決定。留出血線只有一個目的，其作用是避免印刷及裁切誤差而露出白邊，使畫面更加完整美觀，更方便於裁切。

一般出血的設定爲3mm，但配合不同印刷品的面積大小可將出血的設定改爲1-5mm。例如名片的出血設定爲1-2mm即可；明信片、酷卡的出血設定則爲2mm；書籍、海報的出血設定爲3mm ；大型購物袋、包裝盒的出血可設定爲4-5mm。

3.裁切線(又稱角線)

裁切線又稱角線，是指印在紙張周邊用於指示裁切部位的線條。因爲完成尺寸線(藍色參考線)在製版照輸出後不會出現，爲了便於最後精確裁切對位，需在完成尺寸線之各邊頂角向外延伸3mm處，向外畫長約5-7mm的黑色0.1mm或0.25pt的裁切線。一般印前軟體裡的裁切線設定分爲 ：美式裁切線與日式裁切線兩種。日式裁切線是指繪圖軟體Illustrator中的「日式裁切標記」。請點擊Illustrator上方功能表「編輯 > 偏好設定 > 一般」即可看到「使用日式裁切標記」選項，若【未勾選】即是使用美式裁切線；若【有勾選】時即會變成日式裁切線。兩者所製作出來的裁切線有何不同（如下圖所示），其目的是一樣的，只是日式裁切線的標示不同且多了出血線及十字對位線。

美式裁切線

日式裁切線

4.十字對位線

任何使用兩個以上印版套印而成印刷品，例如：雙色到多色的印件、燙金、壓凸、局部上光及紙張前後面的套印，爲了使各版能套印準確，必須於印刷正稿製作時，在正稿各個版四邊的中心線上或四個角落的裁切線旁，繪製或用電腦設定0.25pt或0.1mm的四個十字對位線，印刷套印時就可以十字對位線來作爲是否套印準確的依據。套印準確時，三、四個版上的十字對位線會疊印成一個十字對位線。反之，若套印不準確時，就會變成二~四個版錯位疊印的十字對位線。

常見十字對位線有〝+〞和〝⊕〞兩種，有些印前軟體則採用圓形星狀的對位標。一般書刊雜誌編輯常用〝+〞的十字對位線；包裝設計較常用〝⊕〞的十字對位線；其餘印件則按需要採用不同的十字對位線。

5.摺線與裂線

・摺線：

印刷品如賀卡、信封、書籍封面、包裝盒、購物袋等印件，在印刷後皆需經過印後的摺紙加工處理。因此，在印刷正稿製作時，在距離摺線外3mm處的兩側以0.25-05pt黑色的「摺線」符號來設定標示，才能折出正確的摺線。摺線的畫法一般可分爲：山線(向外凸摺的線)與谷線(向內凹摺的線)兩種。

切線與摺線畫法

切線/1pt

裂線/1pt

山線（凸摺線）/ 0.5pt

谷線（凹摺線）/ 0.5pt

・裂線：

印刷品如摸彩券的母子聯、面紙盒等印件，在印刷後皆需經過印後的打裂線的加工處理，才能按裂線位置整齊撕開。因此，在印刷正稿製作時，需正確繪製裂線的位置。裂線分爲：「直線」與「波折線」兩種，可以依需求選擇不同大小齒距的「直線刀」與「波折線刀」的形狀來繪製。

三、印刷規線的繪製與設定

認識印刷規線之後，要如何應用印前軟體來繪製完成印刷正稿製作呢？在此僅以Illustrator繪圖軟體爲例，說明印刷正稿製作的程序。目前使用Illustrator進行印刷正稿製作可爲：先設定裁切線與後設定裁切線的兩種完稿方式。

1.先設定裁切線完稿法

在完稿前，首先要選擇是使用美式裁切線或日式裁切線。現以選擇日式裁切線完稿爲例，開啓Adobe Illustrator程式後:

1.選擇「編輯 > 偏好設定 > 一般」(PC)，或「Illustrator > 偏好設定 > 一般」(Mac)。再選取使用「日式裁切標記」，再按一下「確定」。

2.選擇「檔案 > 新增文件 > 工作區域(大小設定比完成此尺寸各邊長多5cm以上)」

3.選擇「矩形工具 > 輕按兩下: 對話框 > 輸入：完成尺寸的大小」

4.將完成尺寸的矩形 > 移置工作區域的中央位置。

5.選擇「完成尺寸 > 物件 > 建立剪裁標記：日式裁切線」

6.選擇「完成尺寸 > 物件 > 路徑 > 位移複製 > 輸入3mm：出血尺寸」

7.將「出血尺寸」設定爲紅色框線

8.選擇「完成尺寸 > 檢視 > 參考線 > 製作參考線：藍色完成尺寸線」

完成以上八步驟之後，即可依印刷品的需求，進行圖片的置入與文字的輸入，進行圖文整合編排的等電腦完稿作業。

此種完稿方式適合非矩形的印刷品，但由軟體自動生成的剪裁標記受限於矩形。所以，有關包裝設計的裁切線，就要用電腦另行繪製。

2.後設定裁切線完稿法

1.選擇「檔案 > 新增文件 > 大小(設定完成尺寸)、出血(設定3-5mm) > 按下「確定」。

2.依印刷品的需求，進行圖片的置入與文字的輸入，進行圖文整合編排，完成作品。

3.選擇「檔案 > 另存新檔 > 選擇儲存PDF檔」

4.選擇「標記與出血 > 1. 標記：點選美式/日式裁切線 2.點選:使用文件出血設定(3-5mm) > 點選：儲存PDF」

完成以上步驟後，即可將儲存的PDF檔交給印刷廠付印。

此種完稿方式適合各式矩形的印刷品，如卡片、傳單、海報、書籍等。

四、印刷正稿製作應注意事項

1.印刷規線是否正確標示與設定，並做好圖紋出血處理。

2.框線和填色一律以「CMYK」模式設定，勿使用「RGB」模式填色。標示CMYK的0~100%時，請以2或5的倍數標示爲宜，不應出現11.3%或19.5%的非整數。

3.轉存 Photoshop psd檔時，請將所有圖層平面化，並確認是否爲CMYK色彩模式。

4.圖像檔解析度至少300 ppi以上，若爲線條稿則解析度設爲800~1200 ppi。

5.在Illustrator製稿時，請將所有連結圖檔嵌入；若圖檔設定爲連結時，則必須附上圖檔以避免缺圖無法印製。

6.任何內文和標題文字先進行編排確認後，需將所有文字轉換成曲線(建立外框)，以免造成無法輸出或文字錯亂之狀況。

7.請勿使用作業系統提供的細明體、新細明體、標楷體，這些字體轉換成外框字，易造成字體筆劃交錯處鏤空有白點破洞字產生。

8.不要使用0.25pt以下的線條製作稿件，否則印刷時會印不出來。

9.重要文字或圖片擺放位置請離裁切線(邊)3-5mm以上，以避免裁切到。

10.書籍有中西式翻法：中式（內文通常爲直排）爲右翻，西式（內文橫排）爲左翻，請留意完稿時封面及封底對應關係。

11.使用K100標色，無法印出眞正的黑色，建議使用下列組合來標示黑K100＋C80(偏寒的黑)、K100＋M80 (偏暖的黑)及K100＋C30＋M30＋Y30。

12.局部上光、燙金、燙漆、壓凸、刀模線…等的黑版，一律用K100製稿。

陸、印刷正稿的種類

爲了配合印刷製版作業的需要，印刷正稿的種類依製版方式不同，可區分爲單色稿、複色稿、拆色稿、全色稿、包裝稿等五種。

一、單色稿製作

單色稿是用單一種顏色來表現印刷效果的原稿，爲最早的印刷正稿製作方式，其使用範圍極爲廣泛。如：名片、文具表格、稿紙、單據、報紙稿、宣傳單張、書刊雜誌的內文頁、POP底稿紙、海報……等皆常使用單色稿來表現。因爲，單色稿是用最基本的印刷條件來表現，所以好處是價格低廉、印製速度最快速，能符合商業行銷推廣所需價廉、複製迅速的要求。

單色稿的表現技法有：滿版色塊、反

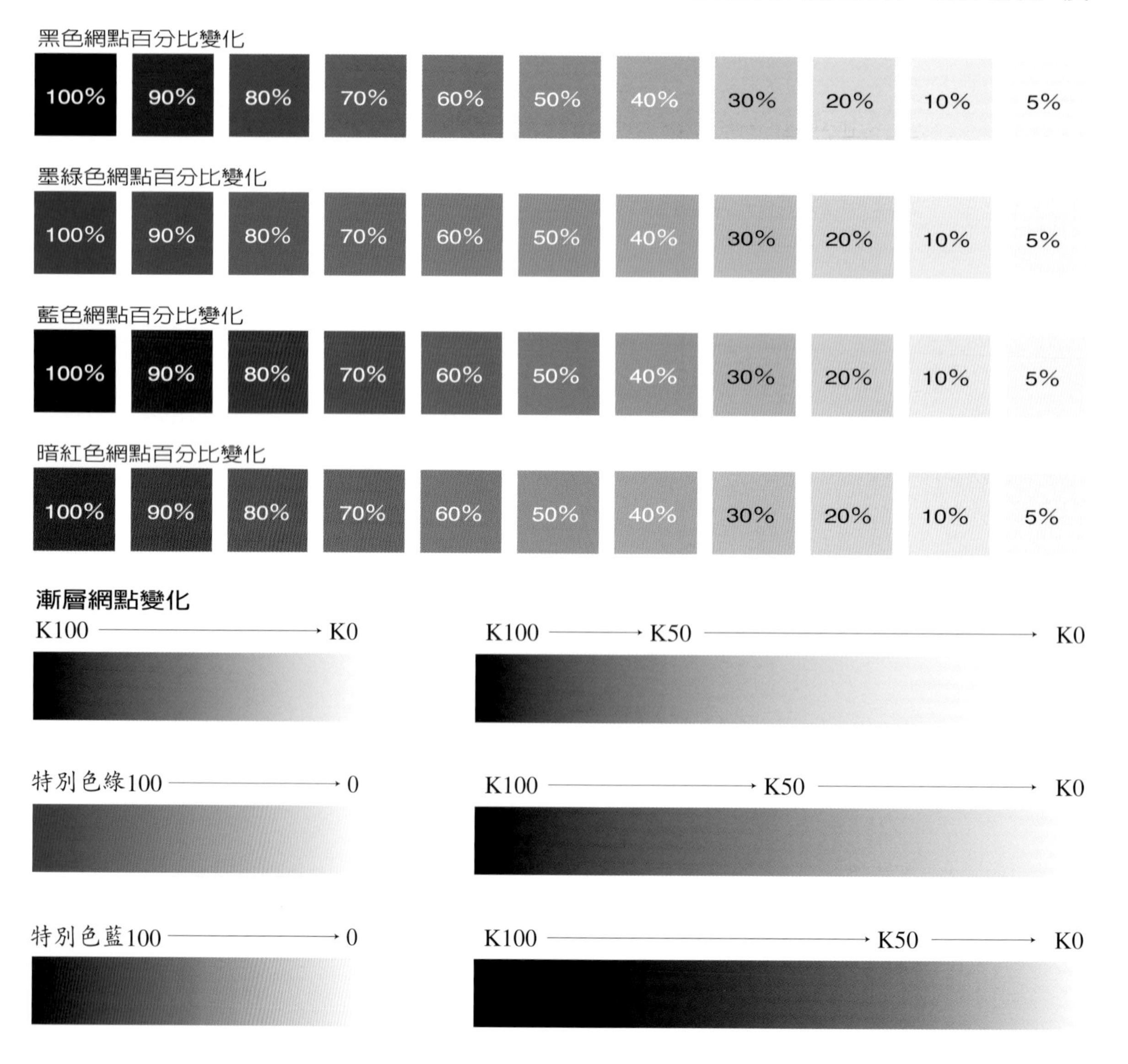

白、10%～95%之各種平網、漸層網的變化、特殊網屏的應用、高反差、色調分離圖片之應用……等技法，只要能熟悉上述表現技法自然可製作出合適的單色調印刷品。同時單色稿的印刷顏色選擇，並不限於黑色，任何顏色皆可。一般書刊內文常使用墨綠色、深灰藍色、暗紅色、咖啡色皆有不錯的印刷與視覺效果。稿紙則宜使用較不刺激眼睛的中明度的灰色印刷。除特別需要外，一般單色稿所使用顏色宜偏暗色調，才能印刷出豐富的色調變化。

單色稿的製作程序：首先繪製印刷規線，再進行文字稿的拼貼與圖框的繪製，最後裱貼上描圖紙進行印刷標色與印刷製版技法指定。除非用黑色印刷，不然單色稿標色一律要用色票標示色彩。

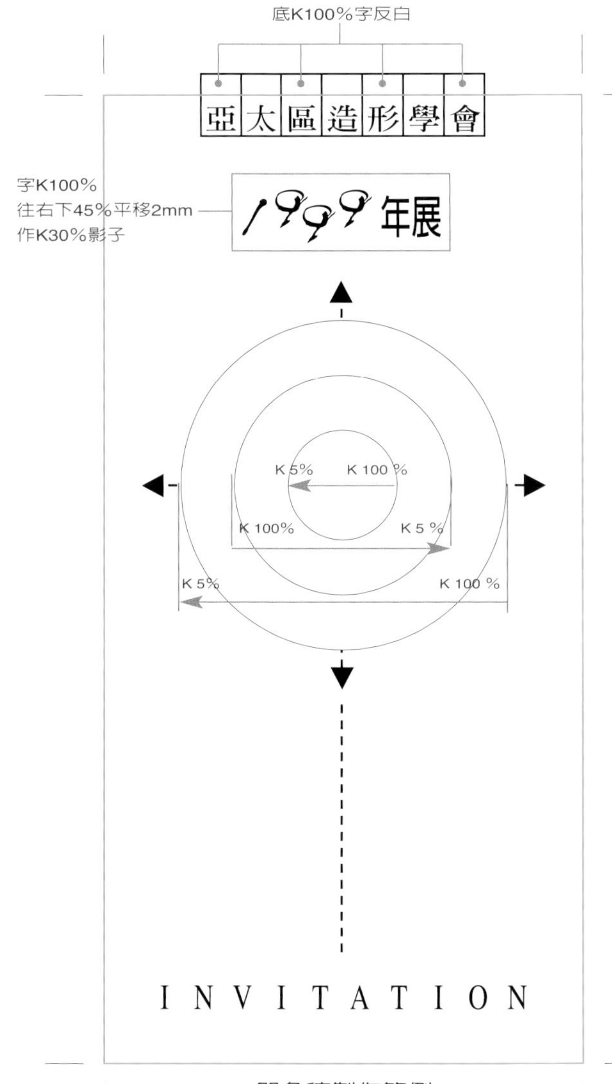

單色稿製作範例

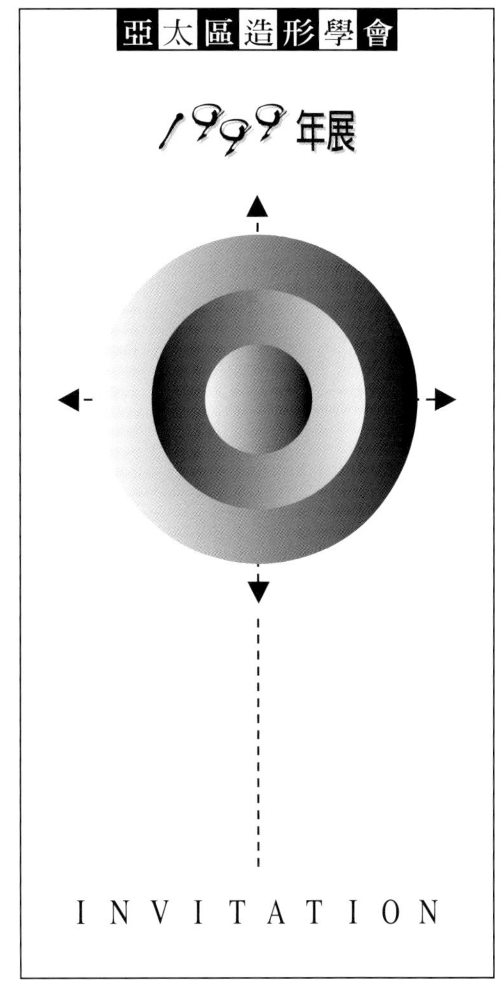

單色稿印刷品

單色稿正稿製作範例

上面單色正稿製作完成後，需附上圖片原稿及色票，方能印製出正確的單色印刷品

單色稿印刷品

上面圖例所指特別色為PANTONE 2597 C
在送廠印刷時，除正稿外尚需附上右圖PANTONE色票

二、複色稿製作

複色稿是指用雙色或三色版來表現印刷效果的印刷正稿製作方式，因大多數複色稿是採用雙色調印刷，只有少數情形使用三色調印刷，所以通常複色稿又稱爲雙色稿。（實際上複色稿尚包括三色稿製作。）

複色稿和單色稿製作程序大致相同，只是在印刷標色時，複色稿需先在描圖紙上用兩種以上不同顏色麥克筆，勾畫出不同配色位置，再標示其印刷色彩網點百分比，及製版技法指示。通常複色稿的雙色調色彩標示法有下列兩種：一種是黑色與另一顏色組合的雙色調，常用於書刊雜誌之內文套色頁之印刷。另一種是任意兩種顏色所組合的雙色調，其雙色調是用不同

百分比之網點所混色的效果，需參考雙色調演色表才能配出適當的色彩組合。此兩種標色方式皆要附上色票，印刷廠才能按所附色票及印刷標示，製作出合適的印刷品。

複色稿在印刷表現上肯定比單色稿佳，不但在圖片的複製上能有更豐富的階調表現，甚至有時用雙色調即可複製出和彩色稿沒什麼差異的色彩效果。因此，在日本的量販店及超商之購物指南常採用雙色調印刷，不但可達到和彩色稿接近的效果，且可降低印刷成本。國內的複色稿則出現在教科書、參考書較多。因雙色效果可強調標題及內文重點，並可使圖表、圖解、插圖、圖片表現更加活潑、生動。

左頁複色調正稿製作在標色時，需附上兩張特別色色票，並要分別設定A色票與B色票，以利標色作業，色票標示方法如下：

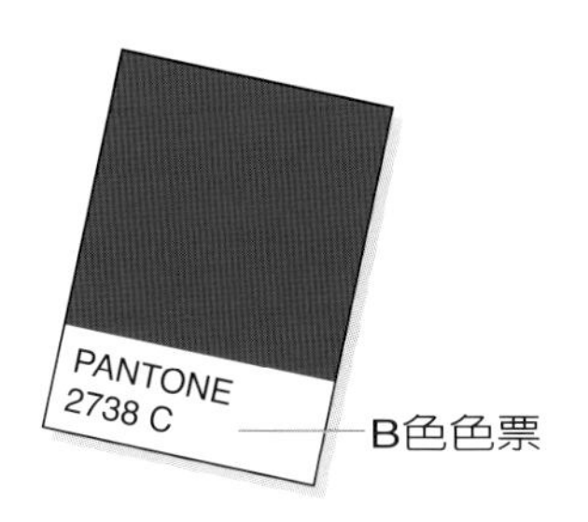

黑色與青色版複色調正稿製作範例

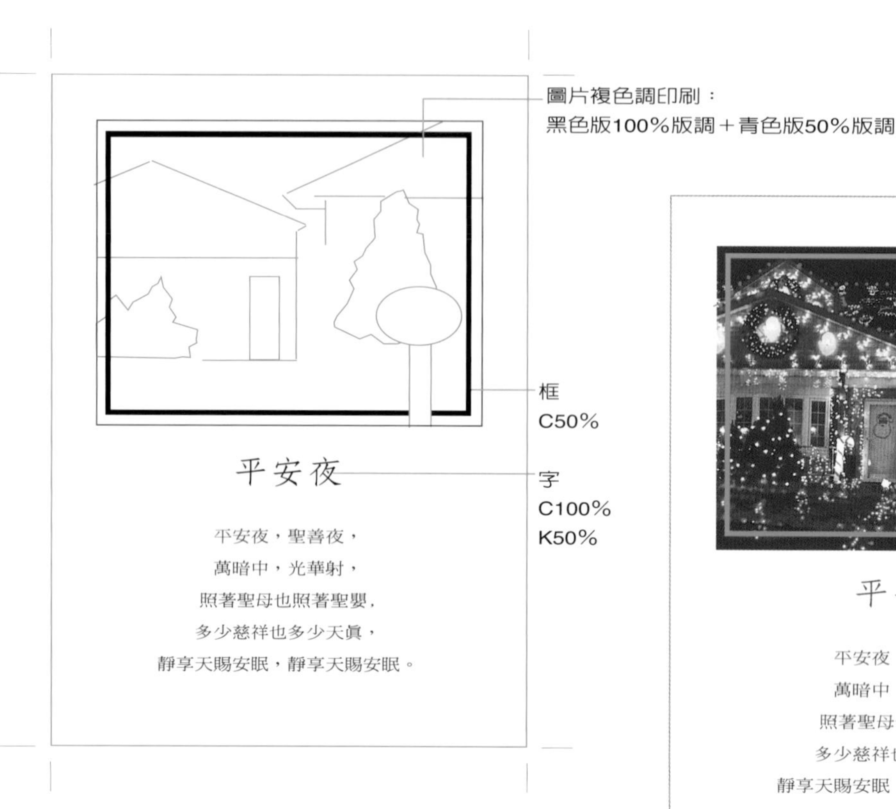

平安夜

平安夜，聖善夜，
萬暗中，光華射，
照著聖母也照著聖嬰，
多少慈祥也多少天眞，
靜享天賜安眠，靜享天賜安眠。

黑色與洋紅色版複色調印刷範例

聖誕歌聲

緬想當年時方夜半，
忽來榮耀歌聲，
天使屈身俯向塵寰，
怡然手撥金琴。
地上平安人增友誼，
天增特殊奇恩，
當晚世界沉寂之中，
靜聽天使歌聲。

紅色與綠色版複色調印刷範例

原稿

洋紅版改印紅色

紅色色票

青色版改印綠色

綠色色票

葉子：綠100%

號角：紅60%＋綠30%

字：紅100%＋綠50%→0
由下往上2mm漸層

點：紅100%＋綠40%

字：綠100%

愛・溫馨・分享

是聖誕佳節的唯一主題

願在這個時節

與所有朋友分享我們的快樂與平安

本圖是由右上角洋紅色版改印紅色＋青色版改印綠色所疊印的複色調效果

字
紅100%＋綠40%

字
紅100%

三、拆色稿製作

文具禮品、T恤及貼紙上的卡通圖案，都是採用滿版色塊經多版套印而成，其製稿方式，即是將同一顏色畫成一張原稿。若卡通圖案上共計有六色，這時印刷正稿製稿員，即需將卡通圖案依不同顏色分別拆解成六張圖稿，並在每一張圖稿上標貼上十字對位標，以利印刷疊印對位之用，此六張一套的原稿即是此卡通圖案的拆色稿。有那些原稿必須透過拆色稿製作

本頁為拆色稿各色版分解情形，每一色版皆要附上色票，才能忠實複製原稿

呢？例如：傳統木刻水印、印花布樣、卡通圖案造形的原稿，在製版前皆需將原稿依色彩區隔分解製作成拆色稿，才能有利於印刷製版作業。另外如：多重圖文相疊極爲複雜的地圖，也大都採用拆色稿製作。其製作方式主要是將地形圖、河川、公路、鐵路、地名標示分別拆開各繪成一張圖稿，成爲一整套的拆色稿，再經製版疊印成地圖。

上列五個拆色版，依所附的色票顏色相互疊印，即可印成如右圖之印刷成品

印刷成品

四、全色稿製作

全色稿(Full Color)是指由全彩色來表現的印刷原稿。一般的全彩色的圖片如：彩色相片、幻燈片、水彩畫、油畫、插畫等之色彩要忠實複製再現時，通常採用黃(Yellow)、洋紅(Magenta)、青(Cyan)、黑(Black)四色版來印刷。因此，全色稿又稱四色稿。有時全色稿爲了達到更好的複製效果，會增加一～四色版來增強其色彩的忠實再現，所以，全色稿也可能用五色、

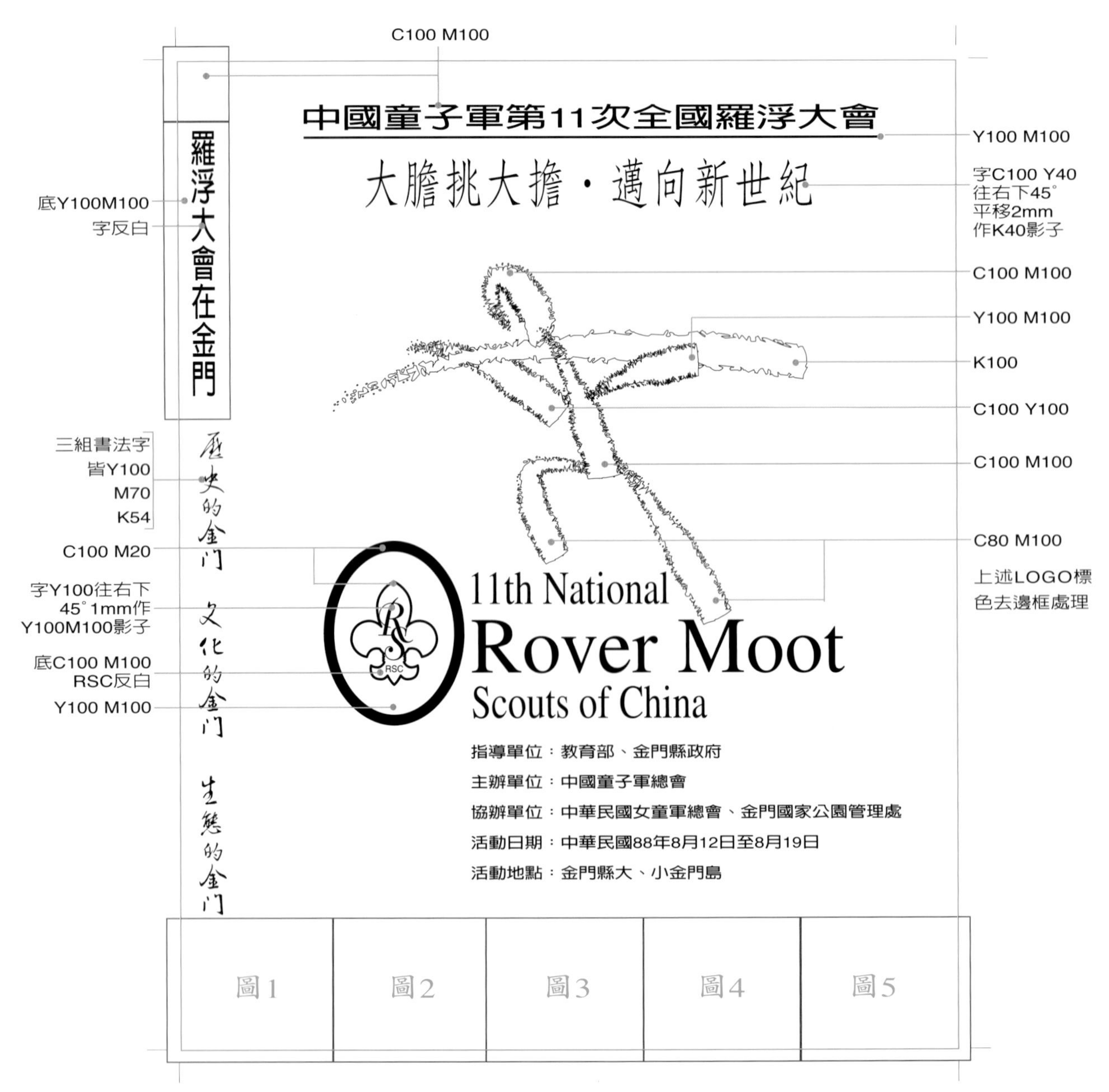

附註：上面正稿中沒有標示色彩的文字或圖框一律K100

六色、八色來印刷。

全色稿的製作，在前階段和單色稿、複色稿沒多大差異，只是在印刷標色上，改採用Y、M、C、K四色的印刷演色表來標示色彩。若有加印特別色時，則需另增附色票做爲分色製版的依據。

全色稿因爲能充分表現所有色彩的印刷效果，其適用範圍已廣及所有印刷品，例如：海報、書籍雜誌封面、內文版面、報紙稿、雜誌稿、型錄、DM、卡片、文具禮品……等精美印刷品。

五、包裝正稿製作

包裝正稿製作，是所有印刷正稿中技巧、專業知識最高的製稿技術，除要應用單色稿、複色稿、拆色稿、全色稿的各項技法與製稿方法外，尚需要充分了解包裝盒的展開圖法與刀模圖的繪製法，才能製作出一份合適正確的包裝正稿。

一般印刷正稿只要完成印刷規線繪製、圖文整合拼貼、出血處理、印刷技法設定、輸出轉檔設定，即可完成印刷正稿作業。而包裝正稿則需多繪製一張包裝刀模圖才算完成。其製作程序、技巧也與上述各種印刷正稿略有不同，茲將電腦包裝正稿製作分述於下：

一、首先用繪圖軟體畫出包裝盒的展開圖，將其分別設置於兩個圖層。其一，是正稿圖層(作爲完稿底圖用)，其二，是刀

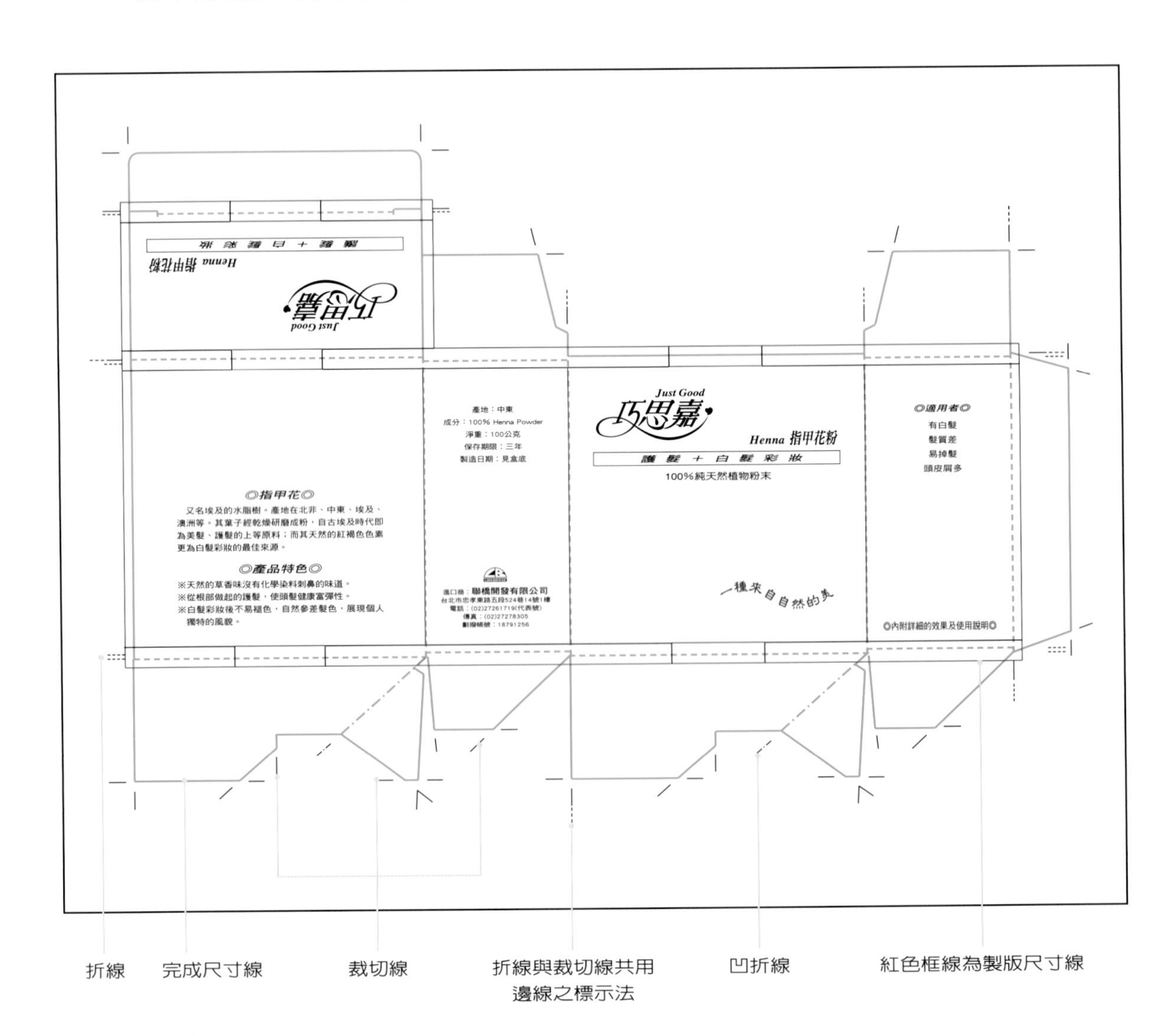

模圖層(提供廠商製作刀模圖之用)。

二、選擇正稿圖層，將包裝盒的展開圖圈選設定爲藍色參考線。並在展開圖上繪製各項印刷規線，包括：製版尺寸線(又稱出血線)、裁切線、折線(凸折線、凹折線)、十字對位線等。

三、繪製圖框線，標示印刷色彩。

四、拼貼文字原稿與圖像檔，進行印刷技法設定。

五、設定輸出標記如：星標、色導表等。

完成上述步驟後，就可儲存檔案送交印刷付印。印刷廠會將「正稿圖層」交給製版廠製版、印刷。另外將「刀模圖層」的刀模圖送刀模廠製作刀模。最後將印好的包裝盒展開圖及刀模送裝訂廠進行軋型（模切）、成盒等加工，才能完成印刷紙盒。

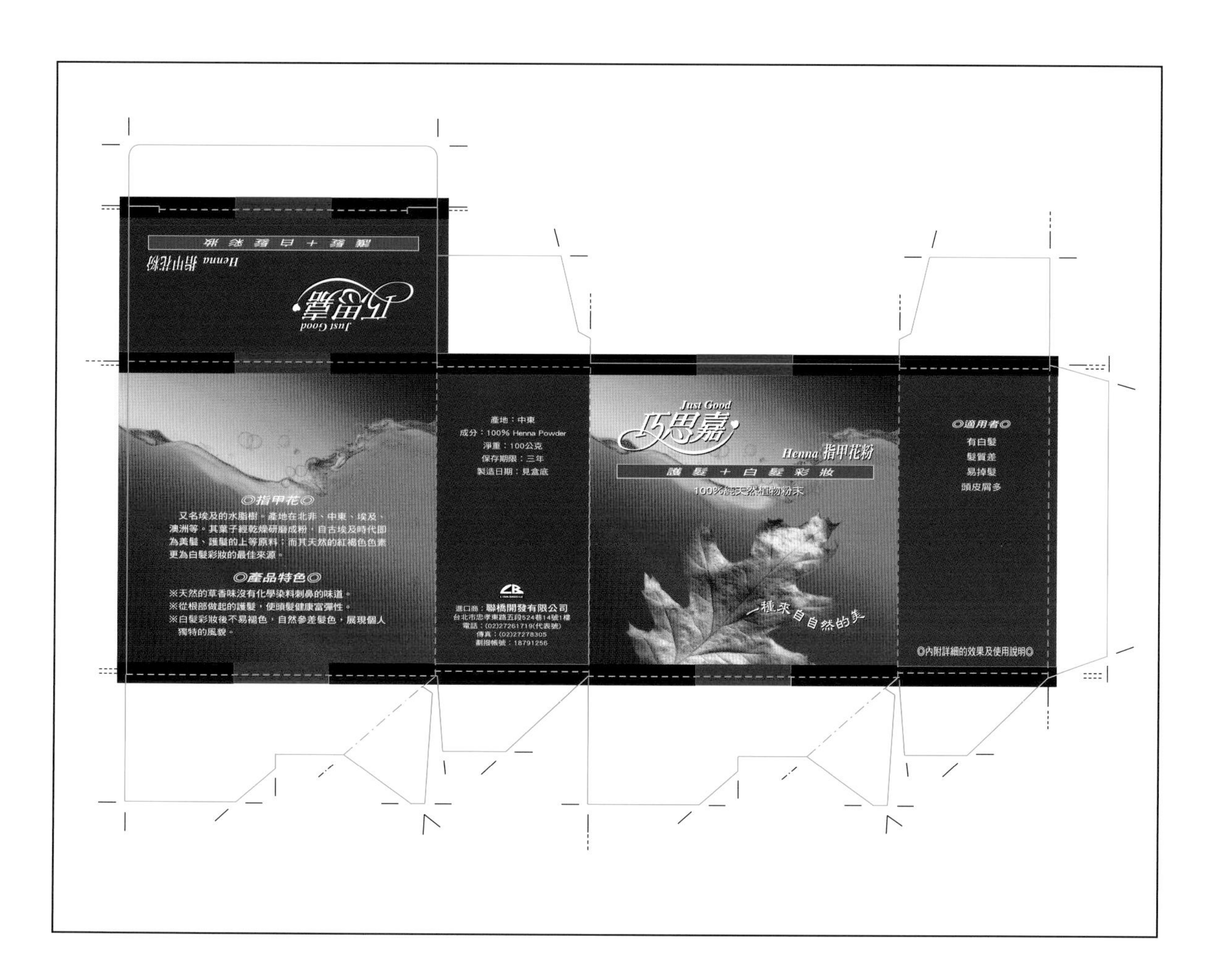

電腦螢幕上進行包裝正稿製作

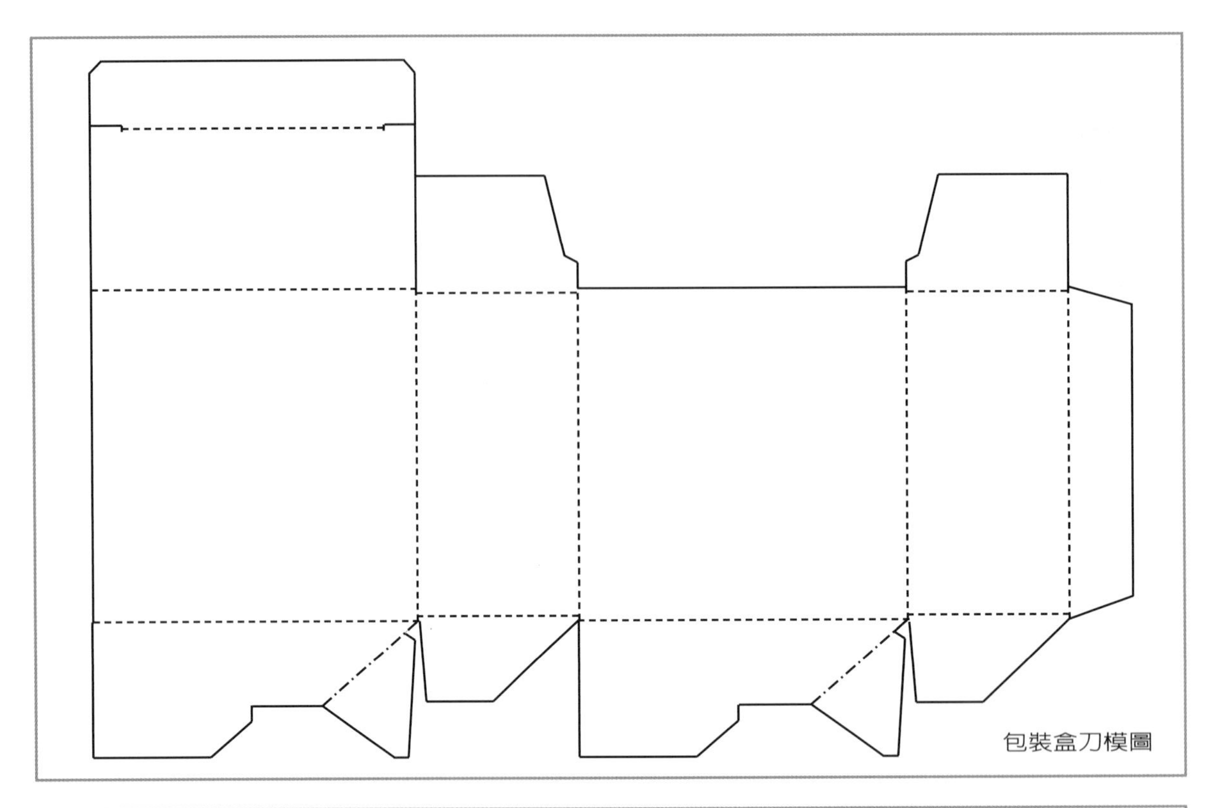

包裝盒刀模圖

包裝盒印刷成品

柒、印刷正稿的色彩標示法

一、單色印刷網點標示法

單色版印刷通常以0～100%分10階或20階不同網點的變化，來標示色調變化，同時也用深淺濃淡變化的漸層網來表現空間立體感，最常使用之單色印刷網點標示法示範如下：

單一紅色版色彩標示範例

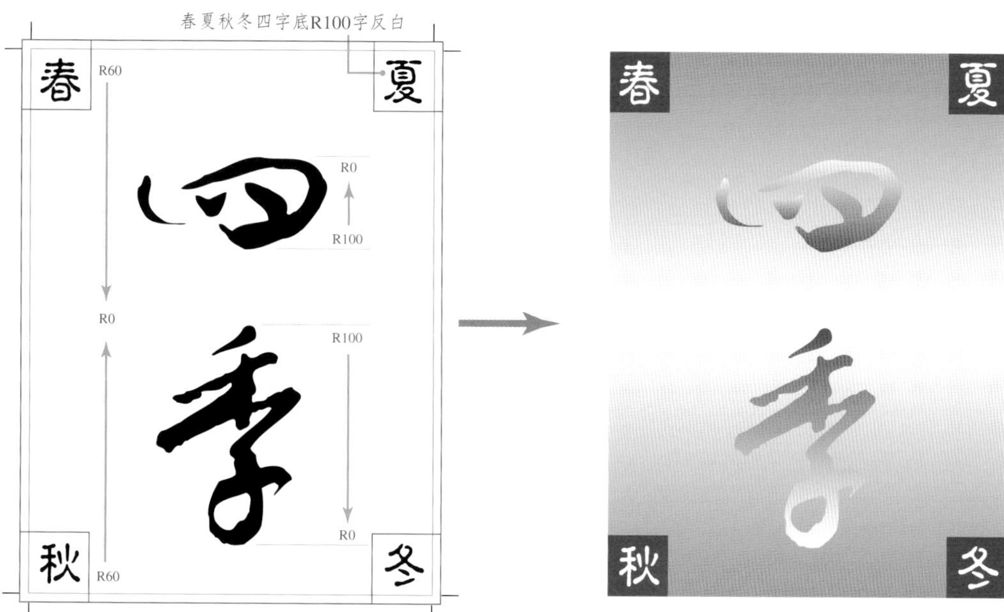

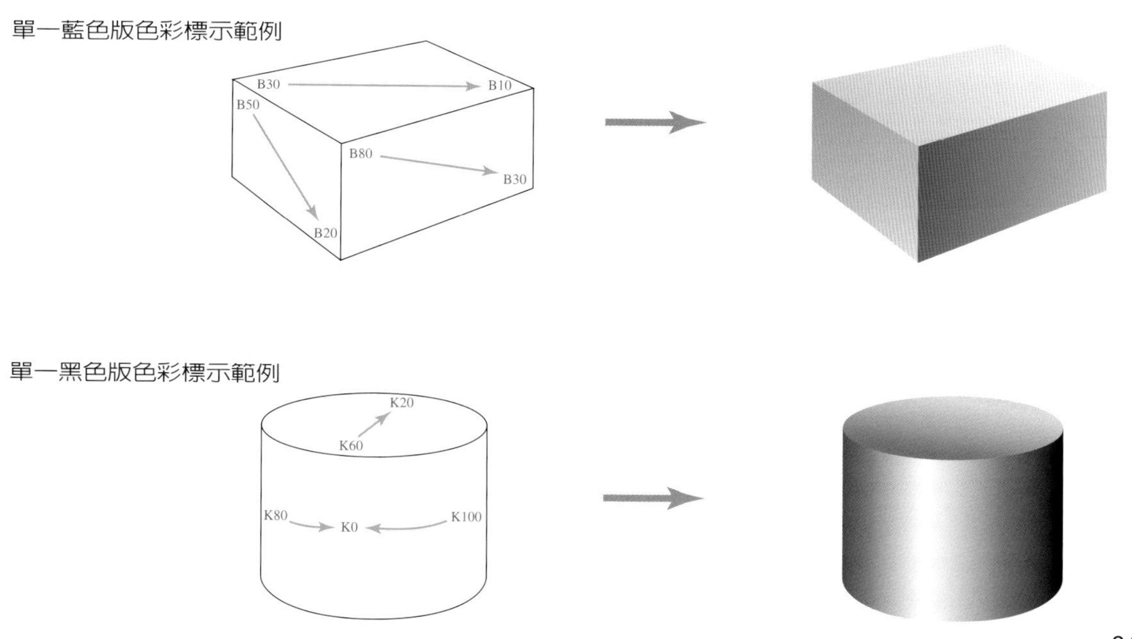

二、複色印刷之色彩標示法

在80s年代以前複色印刷是一般美術設計工作者最不容易掌握的印刷方式，因爲當時一般演色表皆是由四原色相互疊印的效果，由特別色疊印之複色調演色表是少之又少，所以美術設計工作者在標示色彩時，常是憑空想像，隨便亂標，結果造成印刷出來的複色效果和預期的標色有很大出入。但在90年代由於電腦繪圖科技的進步，使美術工作者可自行利用電腦繪圖製作複色調演色後，再進行標色或微調顏色，如此即可得到不錯複色調效果。

PANTONE 專業複色調演色表提供了各種複色調疊印效果，是美術工作設計者標示複色調最佳工具
(本書所有 PANTONE 色票的圖片皆為誠美堂所提供)

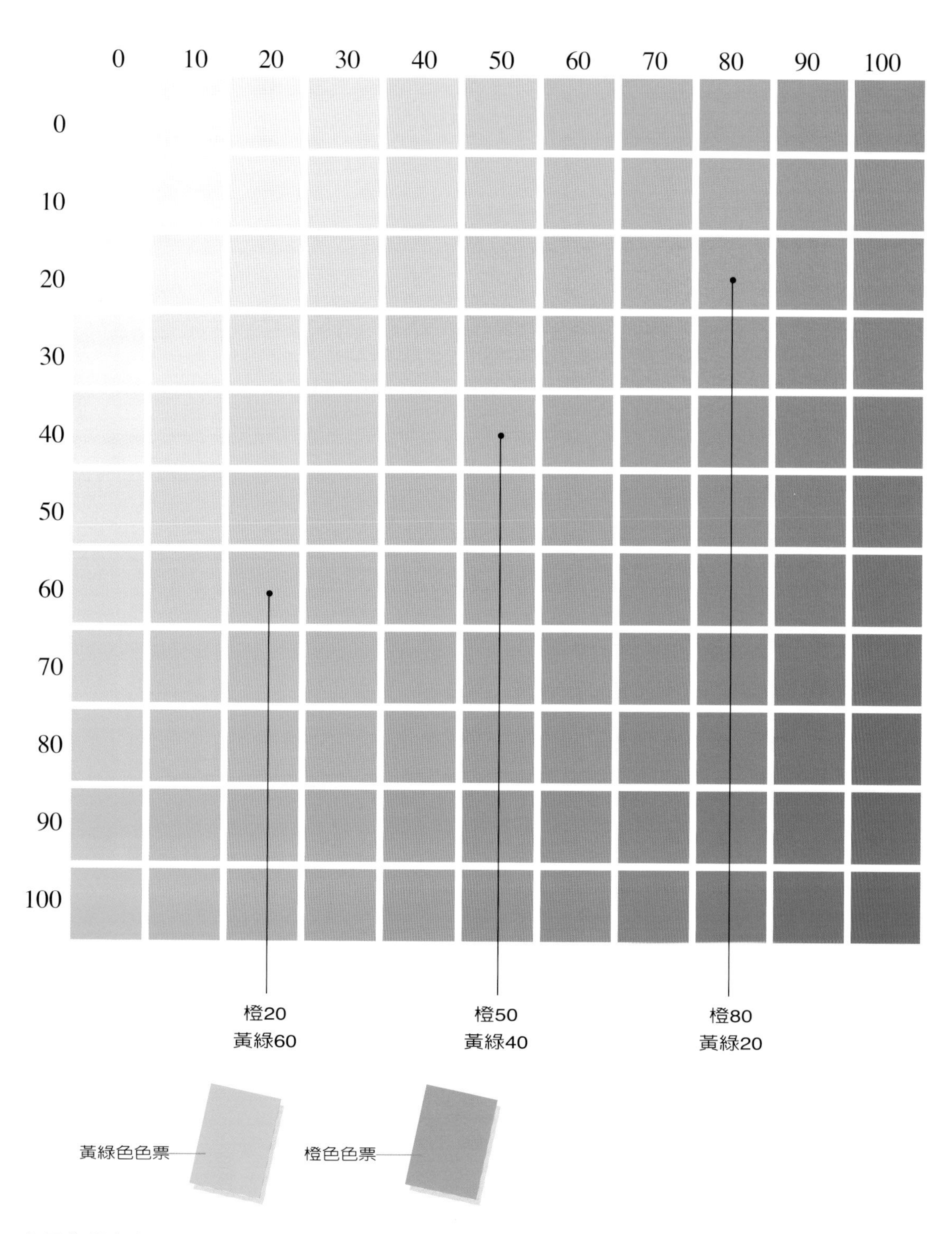

上圖為橙色與黃綠色二特別色利用電腦所疊印出來的複色調演色效果，美術設計者在進行複色調標色時，須先將要印製的特別色疊印成上圖的演色效果，再進行標色，才能得到合適的複色印刷效果。

三、彩色印刷之四原色標示法

彩色印刷之色塊、色帶、底紋、框邊、圖案是由Y(黃)、M(洋紅)、C(青)、K(黑)四色版，以滿版色、各階調平網、漸層網相互疊印所構成的。所以想要正確標示出自然界所有色彩，必須對Y、M、C、K四原色之演色過程徹底了解，才能標示出合適的色彩。下面為Y、M、C、K各色之演色過程與標示方法。

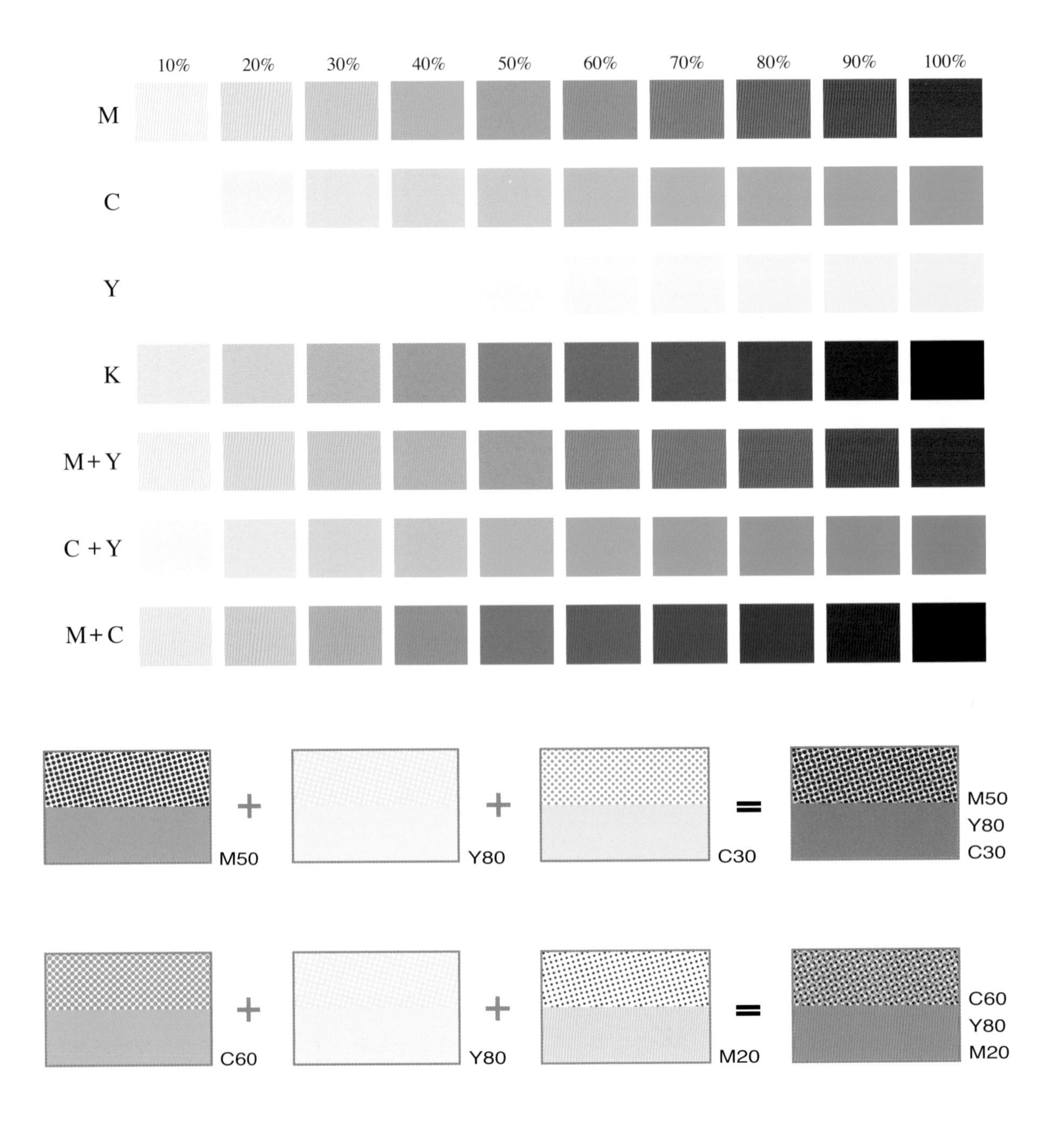

漸層色標示範例

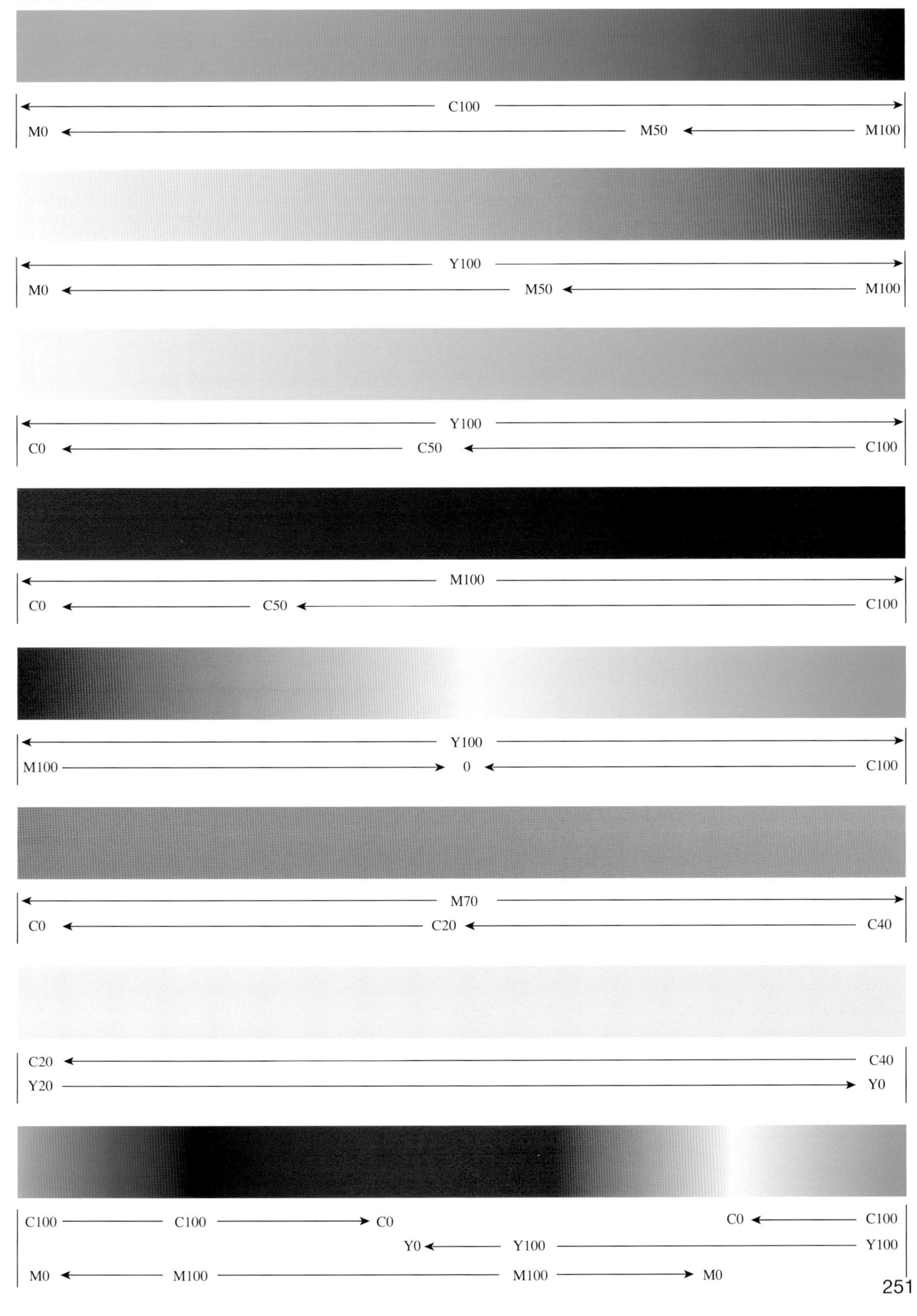
C100
M0
M50
M100
Y100
M0
M50
M100
Y100
C0
C50
C100
M100
C0
C50
C100
Y100
M100
0
C100
M70
C0
C20
C40
C20
C40
Y20
Y0
C100
C100
C0
C0
C100
Y0
Y100
Y100
M0
M100
M100
M0

演色表標示範例

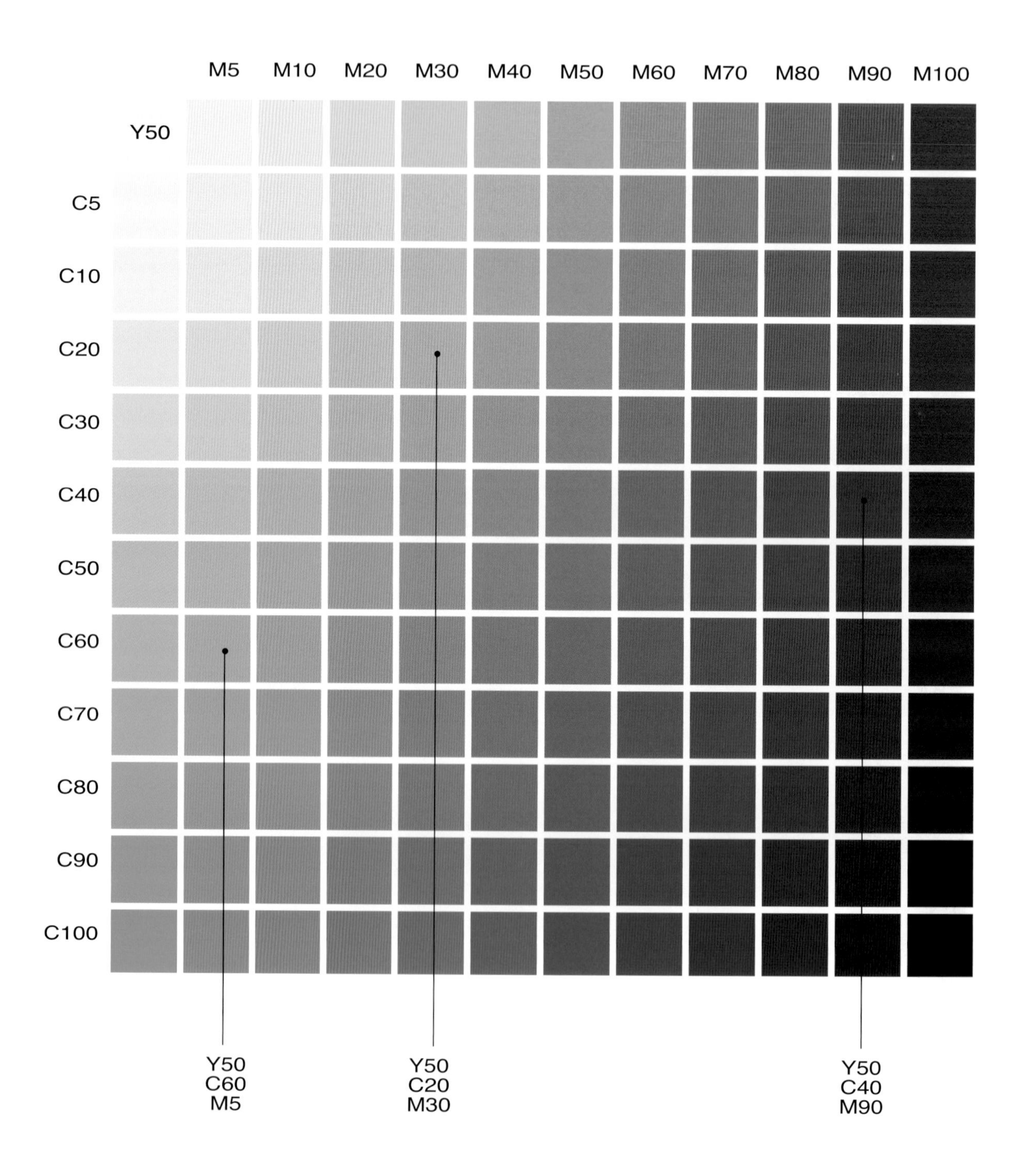

上面演色表為C5～C100與M5～M100相互疊印的效果且每一格皆含有Y50。

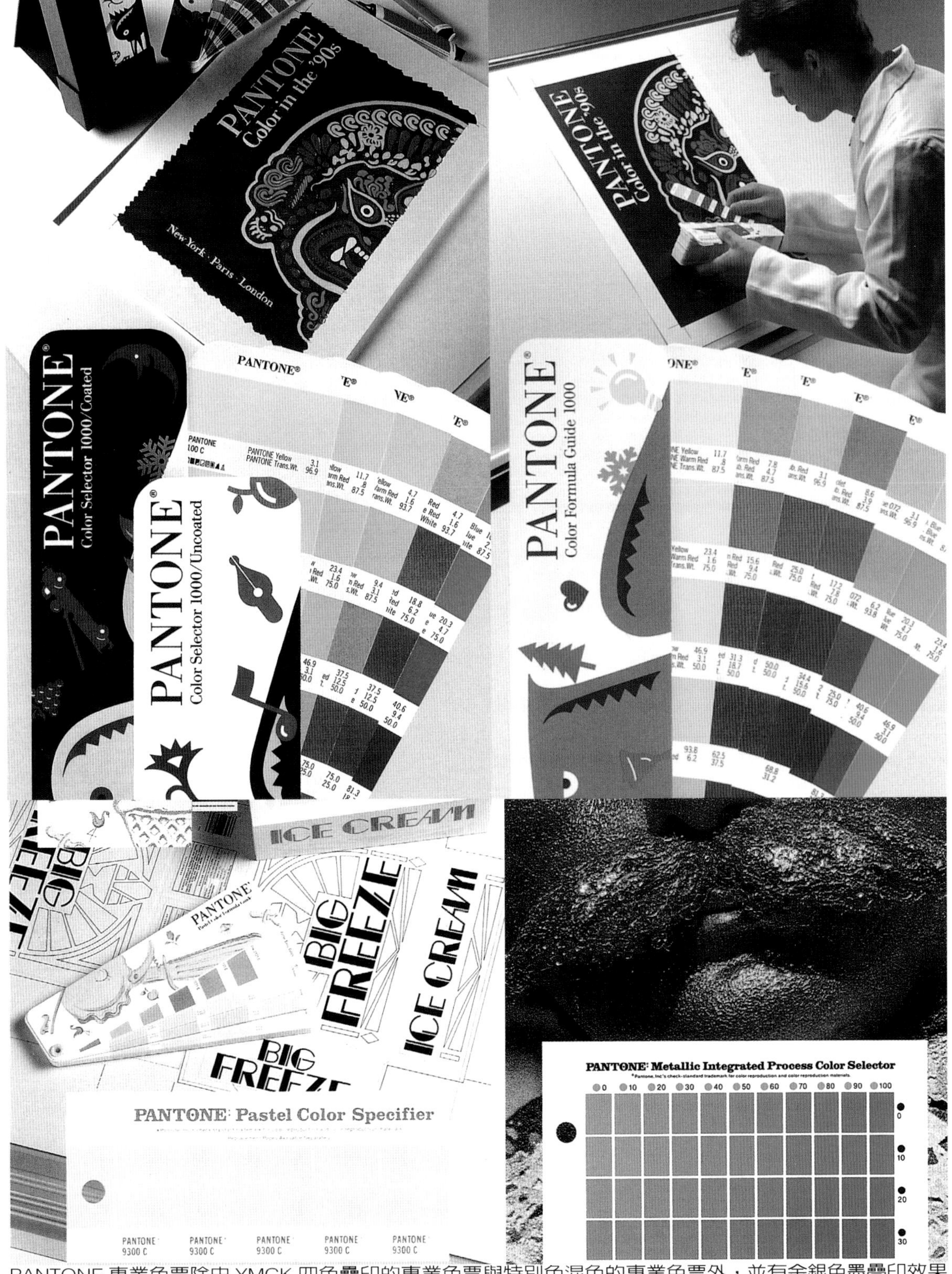

PANTONE 專業色票除由 YMCK 四色疊印的專業色票與特別色混色的專業色票外，並有金銀色墨疊印效果的專業色票，可供特殊用途使用。

四、色彩標示範例

範例(一)

C100 M20 Y100 K30
C35 M50 Y80 K75
C100 Y100 K20
C35 Y80 K25
C80 M100 K45
C50 M60 K25
M60 Y100 K20
C6 M45 Y100 K10
C45 M80 K28
M60 Y100 K45
C30
C40 M55 Y80 K40
C5 M55 Y13 K 32
C20 M45 Y50 K45
C45 M95 Y30
C20 M50 Y25
C5 M30 Y40 K30
M20 Y25 K15
C20 M45 Y55 K 45
C100 M300 K15
C55 M5
C90 M25
C15 M45 Y70 K60
C25 M45 Y60 K20
C10 M30 Y40 K15
M60 Y100 K35
C20 M45 Y55 K45
C20 M45 Y60 K25
C100 M50 K15
C5 M45 Y100 K10
M30 Y80 K10
C85 M15 Y30
M50 Y80 K45
M55 Y90 K60
C48 M64 K8
C60 M80 K10
C100 M65 K35
C100 M100 K25
C75 M65 K15
M15 Y80 K15
M25 Y80 K25
C25 M40 Y80 K40

範例（二）

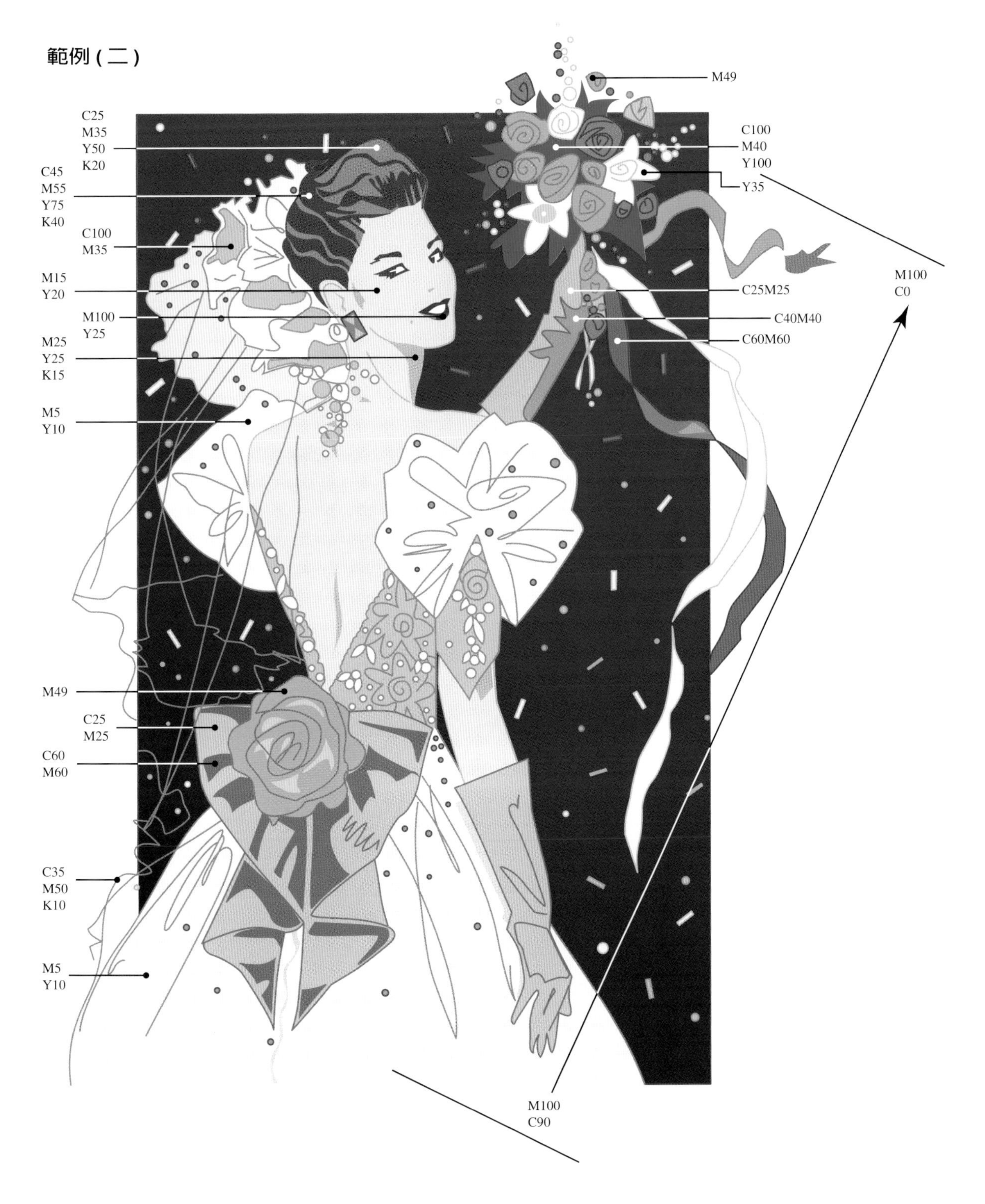
M49
C25
M35
Y50
K20
C100
M40
Y100
Y35
C45
M55
Y75
K40
C100
M35
M15
Y20
M100
Y25
M25
Y25
K15
M5
Y10
C25M25
C40M40
C60M60
M100
C0
M49
C25
M25
C60
M60
C35
M50
K10
M5
Y10
M100
C90

參考文獻

·印刷工業概論

羅福林、李興才著　台北：華崗出版有限公司

·印刷技術手冊叢書

李興才主編　台北：中華學術院印刷工業研究所

·印刷的故事（The story of printing）

DAVID CAREY著　ROBERT AYTON繪圖　台北：科學圖書社

·中國圖書裝訂的變遷

林行健著　中國文化大學華岡印刷學報第十六期

·圖文編排之研究

林行健著　第五屆全國技術及職業教育研討會

·成功的編輯

李凌霄著　台北：世界文物供應社

·文字造形與文字編排

蘇宗雄著　台北：檸檬黃文化公司

·平面設計手冊

鍾錦燊編著　香港：廣告製作公司

·印刷名詞詳解

余鴻建、謝德隆著　香港：印藝學會

·印刷設計紙樣應用百科

印刷設計雜誌社企畫　台北：設計家文化公司印行

·中國印刷發展史

史梅岑著　台北：台灣商務印書館印行

·篆刻藝術

王北岳著　台北：漢光文化出版

·印刷手冊（Printing Guide Bood 1）基礎篇　日本：玄光社

·印刷手冊（Printing Guide Book 2）實戰篇　日本：玄光社

·印刷手冊（Printing Guide Book 3）應用篇　日本：玄光社

·印刷手冊（Printing Guide Book 4）進階篇　日本：玄光社

·印刷實驗室PART Ⅰ：色版互換、版調變換
日本：GE企畫中心印行
·印刷實驗室PART Ⅱ：文字、寫眞、製版
日本：GE企畫中心印行
·印刷實驗室PART Ⅲ：印刷油墨、印刷用紙
日本：GE企畫中心印行
·印刷實驗室PART Ⅳ：色之實驗室
日本：GE企畫中心印行
·DAINIPPON PRINTING SPECIMEN BOOK
日本：大日本印刷CDC事業部製作印行
·The Lithographers Manual Eighth Edition
Ray Blair, Thomas M. Destree GATF
·Graphic Arts Photography：Black and white
John E. Cogol：GATF
·Color and Its Reproduction
Gary G. Field GATF
·How It Works Printing Processes
David Carey Ladybird Books LTD.
·An Introduction to Digital Color Prepress AGFA
·An Introduction to Digital Scanning AGFA
·An Introduction to Digital Color Printing AGFA
·Working With Processes and Printing Suppliers AGFA

特別感謝
保龍洋行提供海德堡各式印刷、製版及墨控系統機材圖片。
誠美堂提供Pantone各式色票及麥克筆圖片。

後　記

歐洲文藝復興時期的人文藝術，曾是學生時代心嚮往之的「桃花源」。其中的文學、繪畫、建築、雕塑豐富多采的表現，更令人有親炙各藝術大師的渴望。

18年前受邀撰述本書，有機會將近四百年來的印刷傳播科技作一回顧與整理。特別是近三十年來拜數位科技之賜，印刷傳播的發展常有出人意表的成果。由傳統手工鉛字組版到電子分色、鐳射分色到電腦排版、電腦繪圖、電腦圖文整合組版系統的數位化電腦印刷時代。而每一階段的印刷發展與轉變更替皆有幸經歷；亦親眼目睹印刷與人類生活有更緊密的結合。原本須由專業印刷人員處理的圖文編排、製版、印製工作，如今一般大眾即可輕易藉由電腦軟、硬體設備，完成小型印件之設計、打字、分色掃描製版、印刷的全套作業。

處此風雲際會、世紀交替的關鍵時刻，昔日學生時代的渴望，而今卻也了無遺憾。因爲在著述過程中，從印刷發展史沿革到近代印刷科技的發明與改進，深深體悟印刷科技幾乎全方位的提升了人類文明，使文化生活更精緻而多樣。對於此一正向、多元的改變，心裡充滿了愉悅之情，而這也是伏案多年，絲毫不覺疲累的主因。

今年第三次改版，幸蒙鄭貴恆、陳聆智兩位學棣再次全力協助下，歷經半年編輯作業，終於大功告成。其間爲達精益求精之效果，多次修正改寫。有時爲了一張插圖或範例，常需花費數小時的電腦繪圖製作時間，才能得到滿意的作品，對他們的辛勞，謹致最深的謝忱。

最後感謝所有家人的鼓勵與支持，使我能無後顧之憂，專心創作，願日後能有更好的成果分享讀者。

林行健 謹誌

2016年4月23日

國家圖書館出版品預行編目資料

印刷設計概論/林行健著．--四版．--〔新北市〕
中和區：視傳文化，2017〔民106〕
面；　公分．--（印刷設計系列）
ISBN 957-98193-0-0　（平裝）

1.印刷術　　4778700773

印刷設計系列
印刷設計概論
每冊新台幣580元

著　作　人：林行健
內文校對：栗子菁
文字編輯：陳聆智
版面構成：陳聆智
封面設計：鄭貴恆
發　行　人：顏義勇
出　版　者：視傳文化事業有限公司
新北市中和區中正路908號B1
電話：(02)2226-3121
傳真：(02)2226-3123
經　銷　商：北星文化事業有限公司
新北市永和區中正路456號B1
電話：(02)2922-9000
傳真：(02)2922-9041
印　　刷：上海印刷廠股份有限公司
郵政劃撥：50078231新一代圖書有限公司

行政院新聞局局版臺業字第6068號

ISBN 957-98193-0-0

2019年8月 四版三刷